AÑOS LUZ

James Salter

AÑOS LUZ

Traducción del inglés de
Jaime Zulaika

narrativa
salamandra

Papel certificado por el Forest Stewardship Council®

MIXTO
Papel | Apoyando la silvicultura responsable
FSC® C117695

Penguin Random House Grupo Editorial

Título original: *Light Years*
Primera edición en este formato: marzo de 2024

Printed in Spain – Impreso en España

ISBN: 978-84-19851-03-1
Depósito legal: B-695-2024

Impreso en Romanyà-Valls
Capellades (Barcelona)

SM5103A

PRÓLOGO

Vida bebida

por Inés Martín Rodrigo

No tiendo a la grandilocuencia, ni cuando hablo ni al escribir. Intento no dejarme llevar por ella, de la misma manera que evito, en ambas circunstancias, la vital y la literaria, la nostalgia, que es como la memoria corrompida. Por eso no he dudado a la hora de comenzar estas líneas asegurando, con la certeza de la experiencia, que hay autores y libros que te cambian la vida. Semejante afirmación no busca conmover conciencias lectoras. Tampoco persuadir de que quien la escribe está en posesión de la verdad, siempre esquiva, por inaprensible, en la ficción y sus muchos derroteros narrativos. Sólo se atiene a los hechos, al menos a los míos, que es el contexto, subjetivo, desde el que siempre se escribe. En mi caso, ese autor fue James Salter (1925-2015).

Cuando lo descubrí, hace ya más de una década, en mitad de una severa convalecencia, en un artículo de opinión en el que un escritor al que sigo admirando describía el gozo de pasarse «Noches leyendo a James Salter» (así se titulaba la pieza), puso mi mundo patas arriba, y no sólo el literario. Me fiaba, con la ilusionante ceguera que comporta siempre el hallazgo, del criterio de aquel autor culto pero no pedante ni impostado. Confiaba en él, lo mismo que espero que ahora haya lectores que se fíen de mí si les digo que se adentren en el delicado universo creativo de

Salter, y lo hagan empezando por *Años luz*. Así lo hice yo entonces, comencé leyendo aquella novela que una década después tengo la suerte de prologar, porque la vida es un puro cuento. «Sabemos que la mayoría de las grandes novelas e historias surgen de un perfecto conocimiento y de una minuciosa observación.» Son palabras de Salter, pero las hago mías, pues, como él, sospecho de los escritores que aseguran, vanagloriándose además de ello, que se lo inventan todo. No es posible, ni siquiera cosa de ciencia ficción.

La suerte a la que he hecho referencia en el párrafo anterior me acompañó aquel año, el de mi descubrimiento de James Salter. Tengo la fortuna de poder ganarme la vida mediante la grata y fértil convivencia de mis dos mayores pasiones: la literatura y el periodismo. Gracias a este último, oficio de tantas entregas y desvelos como el literario, pero más ingrato, tuve la oportunidad de conocer a aquel autor cuya lectura me había cambiado la vida. En breve me caducará el pasaporte que a mediados de diciembre de 2013 renové para poder volar hasta Nueva York y, una vez allí, coger un autobús que me llevó hasta la localidad de Bridgehampton, en los míticos Hamptons, donde Salter tenía una casa.

La noche previa a nuestra conversación, fijada por el autor a las once de la mañana en un breve intercambio de correos electrónicos que todavía conservo, en un hotel en el que yo era la única huésped, y no es una licencia literaria, terminé de leer *Años luz*. Recuerdo, con la misma intensidad que si lo estuviera haciendo ahora, que al cerrar la novela me puse a llorar. Soy sensible, pero no de lágrima fácil. Aquel fue un llanto sereno, no provocado por el final del libro, sea éste el que sea, sino debido a la belleza que, a lo largo de 381 páginas, había visto recreada sin que perdiera, en ningún párrafo, en ninguna frase, un ápice de luminosa intensidad. Estaba maravillada. Bendito asombro, el literario.

Dormí poco, a ratos. Fue una curiosa vigilia durante la que no paré de evocar, entre el ensueño y la noctámbula realidad, la historia contada por Salter en la novela, la de Viri y Nedra, el matrimonio Berland, su concepción y ocaso a lo largo de los años que devienen en décadas... y en fracaso. Es eso lo que narra Salter: el final de un amor que, en realidad, no se acaba mientras la vida continúa. Su prosa, adictiva y sugerente, artesanal, llena de matices, es capaz de describir, sin caer en la cursilería, la pasión que, pese a todo, desprende una ruptura amorosa. Eso sentí entonces, aquella noche, y eso he vuelto a experimentar diez años después al volver a los párrafos marcados en la novela, a los de hace una década y a los de ahora, frases que te explican a ti y a quien duerme a tu lado: «El corazón está a oscuras, sin saber, como esos animales que viven en minas y nunca han visto la luz del día. No tiene lealtades ni esperanzas; cumple su cometido.»

A la mañana siguiente, acudí a mi cita con aquel escritor que me había cambiado la vida antes de conocerlo. Todavía lo cuento con deleite. No me canso de hacerlo. Me abrió la puerta, sorprendido de que me hubiera cruzado el océano sólo para charlar con él, y me invitó a entrar. Pasamos juntos varias horas durante las que, claro, le pregunté por *Años luz*. «En realidad, hay dos vidas: la que aparentamos vivir y la que realmente vivimos. Es algo obvio. No creo que sea una tragedia, es la condición humana», me dijo como resumen de un libro que me llevé firmado de su casa y que conservo en mi biblioteca como el tesoro que es.

En una ocasión, según recuerda en *El arte de la ficción* (Salamandra, 2018), Salter dijo que *Años luz* era «como las losas gastadas de la vida conyugal: todo lo ordinario, todo lo prodigioso, todo lo que la hace plena o la amarga; se prolonga durante años, décadas, y al final da la impresión de haber visto pasar las cosas como desde la ventanilla de un tren, un prado allí, árboles, casas, pueblos oscuros, una estación de vez en cuando». En ese libro, un pequeño pero hermoso tratado sobre la escritura, Salter también explica que cuando volvió a leer la novela se dio cuenta de que era «una composición musical, entreverada, melancólica por momentos, que se hace pasar por libro. Pretende ser heroica, sobre cómo aprovechar el regalo de la vida. [...] De creer al libro, y el libro es sincero, la historia gira en torno a ese mundo denso construido sobre el matrimonio, una vida cercada por muros ancestrales. Gira en torno al recuerdo de esos tiempos».

Unos tiempos muy concretos, y reales, que transcurren en Nueva York. En 1975, James Salter publicó *Años luz* y ese mismo año se divorció de su primera mujer, Ann Altemus. Pero no fue en su fracaso matrimonial en el que se inspiró para escribir la novela. Los recreados en la ficción fueron Laurence y Barbara Rosenthal, amigos de Salter y de su esposa y con los que compartían vecindario en la ribera del Hudson. Quiso la causalidad que una tarde de verano el autor se cruzara en Lexington Avenue con Barbara y su hija Nadia. Salter salía de las oficinas de la editorial Random House y llevaba un ejemplar de *Años luz*, que ese día había llegado a las librerías. «Esto es para ti», le dijo el escritor a su amiga, y le tendió el libro.

De vuelta a casa, mientras madre e hija atravesaban en coche el puente George Washington, Nadia empezó a leer en voz alta fragmentos de la novela. Había tantos detalles que les resultaban familiares... La frase con la que arrancaba el segundo párrafo del segundo capítulo fue definitiva: «Nedra trabajaba en la cocina, se había quitado los anillos.» Era lo que Barbara siempre hacía, quitarse los anillos para cocinar. Entonces lo supo: Viri y Nedra eran Laurence y ella. Esa misma noche, leyó el libro y su marido lo hizo después. Se quedaron asombrados. No sabían si sentirse halagados o molestos. Su amigo Jim, su vecino, no les había dicho nada de la novela. Los dos matrimonios se distanciaron y, al poco tiempo, ambos acabaron divorciándose. Salter fue capaz de anticiparse al curso de la vida, la previó en la ficción, pero nada pudo hacer para cambiar el desenlace.

Cuando, en *Años luz*, los personajes llegan a los cuarenta, la edad que yo tengo ahora, parecen haber vivido ya lo suficiente de ese sentimiento turbador, quizá irrepetible, que los llevó a casarse y a tener dos hijas, aunque fueran circunstancias sobrevenidas. La pasión entre ellos se ha extinguido, pero no renuncian a volver a experimentarla con otra persona. Es una decisión valiente, admirable y aterradora, ese momento en el que eliges vivir tu vida, no la de los demás, no la de tu familia. Y tiene mucho que ver con las elecciones que los autores tomamos al escribir. Si no las adoptamos, corremos el mismo riesgo: dejar de vivir. Por eso Salter llevaba siempre una libreta en la que iba apuntando trozos de realidad. Sólo así pudo componer, cual partitura, *Años luz*, un libro hecho de versos en prosa como estos: «No hay una vida completa. Hay sólo fragmentos. Hemos nacido para no tener nada, para que todo se nos escurra entre los dedos. Y, sin embargo, esta pérdida, este diluvio de encuentros, luchas, sueños, hay que ser irreflexivo como una tortuga. Hay que ser resuelto, ciego. Porque cualquier cosa que hagamos, incluso que no hagamos, nos impide hacer la cosa opuesta. Los actos demuelen sus alternativas, he aquí la paradoja. La vida, por tanto, consiste en elecciones, cada cual definitiva y de poca trascendencia, como tirar piedras al mar.»

Lo dice el narrador, en tercera persona, en uno de los últimos capítulos de la novela, en los que, pese a la proximidad del crepúsculo, el fulgor no desaparece: «Hay horas en las que uno literalmente bebe vida.» Y está en lo cierto. Cada hora leyendo a James Salter es una de vida bebida.

INÉS MARTÍN RODRIGO

AÑOS LUZ

PRIMERA PARTE

1

Surcamos el río negro, sus bancos lisos como piedras. Ni un barco, ni un bote, ni una mota de blanco. El viento ha roto, agrietado la superficie del agua. Es ancho, interminable este gran estuario. El río es salobre, azul por el frío. Discurre borroso por debajo de nosotros. Las aves marinas que lo sobrevuelan giran y desaparecen. Surcamos velozmente el ancho río, un sueño del pasado. Rebasadas sus aguas profundas, el fondo empalidece la superficie, traspasamos los bajíos, las embarcaciones varadas en la playa para pasar el invierno, los embarcaderos desolados. Y, alados como gaviotas, nos elevamos, viramos, miramos atrás.

El día es blanco como papel. Las ventanas están congeladas. Las canteras están vacías, la mina de plata inundada. El Hudson es aquí vasto, vasto e inmóvil. Una región oscura, un paraje de esturiones y de carpas. En otoño plateaba de sábalos. Los gansos dibujaban en el cielo su larga y cambiante uve. La marea sube desde el mar.

Dicen que los indios buscaban un río que «discurriera en los dos sentidos». Lo encontraron aquí. La cuña de sal penetra no menos de cincuenta kilómetros; a veces llega hasta Poughkeepsie. Aquí había lechos enormes de ostras, focas en el puerto, caza inagotable en los bosques. Este gran tajo glacial, con sus bahías nupciales, las calas de apio silvestre y arroz, el río majestuoso. Los pájaros, como signos de puntuación, cruzan en vuelo uniforme. Parece que se aproximan despacio, luego aceleran y pasan por encima como flechas. El cielo es incoloro. Atisbo de lluvia.

Todo esto era holandés. Después fue inglés, como tantas otras cosas. El río es un reflejo. Contiene sólo silencio, un frío relumbrante. Los árboles están pelados. Las anguilas duermen. El cauce es tan hondo que podrían surcarlo transatlánticos; si quisieran, dejarían pasmadas a las ciudades de tierra adentro. En las marismas hay tortugas y cangrejos, garzas, gaviotas Bonaparte. Las cloacas de las ciudades vierten más arriba. El río es sucio, pero se lava a sí mismo. Los peces, aletargados, fluyen con la marea.

A lo largo de las riberas hay casas de piedra, que ya no están de moda, y casas de madera, oreadas y escuetas. Todavía existen fincas, pervivencias de las grandes parcelas del pasado. Cerca del agua, una espaciosa mansión victoriana, de ladrillo pintado de blanco, sobrevolada por altas copas de árboles, un jardín tapiado, un invernadero derruido con herrajes a lo largo de la cubierta. Una casa junto al río, demasiado baja para el sol de la tarde. La inundaba, en cambio, la luz de la mañana, la luz del este. El mediodía era glorioso. La pintura se ha oscurecido en ciertos puntos desnudos. Los senderos de grava se deshacen; en los cobertizos anidan pájaros.

Paseábamos por el jardín, comiendo las manzanas pequeñas y ácidas. Los árboles eran secos y nudosos. Estaban encendidas las luces de la cocina.

Un coche que regresa de la ciudad sube el sendero de entrada. El conductor entra en la casa un momento, hasta que oye la noticia: el poni se ha escapado.

Se enfurece.

—¿Dónde está? ¿Quién ha dejado el pestillo descorrido?

—Oh, Dios, Viri. No lo sé.

En una habitación con muchas plantas, una especie de solárium, hay un lagarto, una serpiente parda, una tortuga dormida. El peldaño de la entrada es alto, y la tortuga no puede escaparse. Duerme en la grava, con las patas muy juntas. Sus uñas son de color marfil, curvadas y largas. La serpiente duerme, y también el lagarto.

Viri, con el cuello de la chaqueta alzado, sube la cuesta trabajosamente.

—¡*Ursula*! —llama. Silba.

Ha oscurecido. La hierba está seca; cruje al hollarla. Ha sido un día sin sol. Avanza hacia los rincones alejados, la carretera, los campos contiguos, gritando el nombre del poni. Quietud en todas partes. Empieza a llover. Ve al perro tuerto que pertenece a un vecino, una especie de husky de hocico gris. Tiene el ojo cerrado por completo, cegado; hace tanto tiempo que lo perdió que se le ha recubierto de pelaje, como si nunca hubiera existido.

—¡*Ursula*! —grita.

—Está aquí —dice su esposa cuando él vuelve.

El poni está cerca de la puerta de la cocina, sosegado, oscuro, comiendo una manzana. Él le toca los belfos. El animal le muerde distraídamente en la muñeca. Tiene los ojos negros, brillantes, y las pestañas largas y erráticas de una mujer borracha. Su pelaje es espeso y su aliento muy dulce.

—*Ursula* —dice. El poni gira ligeramente las orejas y luego se olvida—. ¿Dónde has estado? ¿Quién te ha abierto la cuadra?

Ursula no le presta atención.

—¿Has aprendido a abrir sola?

Le toca una oreja; está caliente, fuerte como una herradura. La lleva a la cuadra, cuya puerta está entornada. Fuera de la cocina se sacude la tierra de los zapatos.

Hay luces por todas partes: una casa espaciosa, iluminada. Moscas muertas del tamaño de judías yacen detrás de las cortinas de terciopelo, hay bultos en las esquinas del empapelado, el cristal de la ventana desfigura las cosas. Viven en un aviario, en un panal. Los tejados son de pizarra gruesa, las habitaciones como comercios. Esa casa no emite ningún sonido; en la oscuridad es como un barco. Dentro, si uno aguza el oído, se oye de todo: agua, voces tenues, la lenta y medida criba del grano.

En el cuarto de baño principal, con sus tintes, esponjas, jabones de color té, libros, ejemplares de *Vogue* abarquillados por el agua, Viri humea, en paz. El agua le llega por encima de las rodillas; le penetra hasta el hueso. Hay alfombras en el suelo, hay una canasta llena de cantos lisos, un vaso vacío de un azul muy intenso.

—Papá —llaman las niñas desde el otro lado de la puerta.

—Sí.

Está leyendo el *Times*.

—¿Dónde estaba *Ursula*?

—¿*Ursula*?

—¿Dónde estaba?

—No lo sé —les responde él—. Se ha ido a dar un paseo.

Ellas aguardan a que les diga algo más. Es un narrador, un cuentista de prodigios. Escuchan a la espera de sonidos, de que la puerta se abra.

—Pero ¿dónde estaba?

—Tenía las patas mojadas —anuncia él.

—¿Las patas?

—Creo que ha estado nadando.

—No, papá, ¿qué dices?

—Intentando coger las cebollas del fondo.

—Ahí no hay cebollas.

—Ah, sí.

—¿Hay?

—Es donde crecen.

Ellas se lo explican la una a la otra al otro lado de la puerta. Es cierto, deciden. Lo esperan, dos niñitas en cuclillas como mendigos.

—Sal, papá —dicen—. Queremos hablar contigo.

Él deja el periódico y se sumerge una última vez en el abrazo del baño.

—¿Papá?

—Sí.

—¿Vas a salir?

El poni las fascina. Las asusta. Echan a correr si hace un sonido inesperado. *Ursula* permanece paciente, silenciosa, en su cuadra; es un animal que pasta, que come durante horas. Su hocico tiene un nimbo de pelusa fina, sus dientes son parduscos.

—Los dientes le crecen continuamente —les dijo el hombre que se la vendió. Era un borracho de ropas andrajosas—. Se van desgastando y siguen creciendo.

—¿Qué pasaría si dejara de comer?

—¿Si dejara de comer?

—¿Qué les pasaría a sus dientes?

—Aseguraos de que coma —dijo él.

La observan a menudo; escuchan su quijada. Este animal mítico, fragante en la oscuridad, es más grande que ellas, más fuerte, más inteligente. Anhelan aproximarse al poni, granjearse su amor.

2

Era el otoño de 1958. Sus hijas tenían siete y cinco años. La luz se derramaba sobre el río de color pizarra. Una luz suave, la ociosidad de Dios. El puente nuevo, a lo lejos, brillaba como una afirmación, como una línea en una carta que le llama a uno la atención.

Nedra trabajaba en la cocina, se había quitado los anillos. Era alta, seria; llevaba el cuello desnudo. Cuando hacía un alto para leer una receta, con la cabeza agachada, su concentración y su aire de obediencia eran deslumbrantes. Llevaba puesto su reloj de pulsera, sus mejores zapatos. Por debajo del delantal, estaba vestida para la velada. Venía gente a cenar.

Había recortado los tallos de las flores extendidas sobre la encimera de madera y empezó a prepararlas. Delante de ella tenía unas tijeras, envases de queso de cartón muy fino, cuchillos franceses. Se había perfumado los hombros. Voy a describir su vida desde dentro hacia fuera, desde su médula, y también la casa, las habitaciones en donde la vida se congregaba, cuartos a la luz de la mañana, los suelos tapizados con alfombras orientales que habían sido de la suegra de Nedra, de color albaricoque, carmín y habano, y que por muy astrosa que fuese su apariencia parecían beber el sol, absorber su calor; libros, arreglos de flores secas, almohadones con colores de Matisse, objetos relucientes como testimonio, muchos de los cuales, de haber pertenecido a pueblos antiguos, podrían haber sido sepultados en tumbas para la otra vida: dados cristalinos, fragmentos de coral, cuentas de ámbar, cajas, esculturas, bolas de madera, revistas que contenían fotografías de mujeres con las que ella se comparaba.

¿Quién limpia esta casa grande, quién friega los suelos? Ella, esta mujer, lo hace todo; no hace nada. Viste un jersey de color avena, esbelta como una espiga, con su pelo largo recogido, la lumbre crepitando. Lo que le preocupa de verdad es lo esencial de la vida: la comida, la ropa de cama, las prendas de vestir. Todo lo demás no significa nada; se arregla sobre la marcha. Tiene una boca grande, la boca de una actriz, emocionante, intensa. Manchas oscuras en las axilas, menta en su aliento. Es derrochadora por naturaleza. Compra obedeciendo un impulso, visita Bendel como quien visita a un amigo, reúne cinco o seis vestidos y entra en un probador sin molestarse en correr del todo la cortina, se la vislumbra desvistiéndose, brazos delgados, tronco menudo, bragas de bikini. Sí, friega suelos, recoge la ropa sucia. Tiene veintiocho años. Sus sueños, que todavía perduran en ella, la adornan; es confiada, serena, está emparentada con criaturas de cuello largo, con rumiantes, santos abandonados. Es precavida, difícil de abordar. Esconde su vida. Uno la ve a través del humo y de la conversación de muchas cenas: cenas campestres, cenas en el Russian Tea Room, el Café Chauveron, con los clientes de Viri, el St. Regis, el Minotaur.

De la ciudad llegaban invitados en coche, Peter Daro y su mujer.

—¿A qué hora vienen?

—A eso de las siete —dijo Viri.

—¿Has abierto el vino?

—Todavía no.

Corría el agua y ella tenía las manos mojadas.

—Ten, lleva esta bandeja —dijo—. Las niñas quieren comer junto al fuego. Cuéntales un cuento.

Durante un momento, Nedra supervisó sus preparativos. Echó un vistazo al reloj.

Los Daro llegaron en la oscuridad. Las puertas de su automóvil dieron un débil portazo. Unos instantes después aparecieron en la entrada, con la cara radiante.

—Traigo un pequeño regalo —dijo Peter.

—Viri, Peter ha traído vino.

—Dadme los abrigos.

El atardecer era frío. En las habitaciones, el aura del otoño.

—Es un trayecto precioso —dijo Peter, alisándose la ropa—. Me encanta ese recorrido. En cuanto cruzas el puente, estás entre árboles, en la oscuridad, la ciudad desaparece.

—Es casi primigenio —dijo Catherine.

—Y estás en el camino hacia la hermosa casa de los Berland. —Peter sonrió. Qué aplomo, qué triunfo hay en la cara de un hombre a los treinta.

—Tenéis un aspecto magnífico los dos —les dijo Viri.

—Catherine adora de verdad esta casa.

—Yo también —sonrió Nedra.

Velada de noviembre, inmemorial, clara. Trucha de arroyo ahumada, cordero, ensalada de endivias, una botella de Margaux abierta en el aparador. La cena se sirvió debajo de un grabado de Chagall, la sirena sobre la bahía de Niza. La firma era probablemente falsa, pero qué más daba, como había dicho Peter, valía lo mismo que la auténtica de Chagall, incluso aún más, con aquel grado justo de descuido. Y el póster, en definitiva, era una copia entre miles, aquel ángel flotando en la noche pura, casi ninguna de ellas llevaba siquiera una rúbrica, aunque fuese fraudulenta.

—¿Te gustan las truchas? —preguntó Nedra, con la bandeja en las manos.

—No sé qué me gusta más, pescarlas o comerlas.

—En serio, ¿sabes pescarlas?

—Hay veces en que me lo pregunto —dijo Peter. Se estaba sirviendo una ración generosa—. ¿Sabes?, he pescado en todas partes. El pescador de truchas es un individuo muy especial, solitario, perverso. Nedra, están deliciosas.

Sus cabellos raleaban, y tenía la cara tersa y llena de un heredero, de alguien que trabaja en el departamento de fondos de inversiones de un banco. Sin embargo, se pasaba el día de pie, sacando Gauloises de un paquete arrugado. Tenía una galería de arte.

—Así conquisté a Catherine —dijo—. La llevé a pescar. En realidad, la llevé a leer; estuvo sentada en la orilla con un libro mientras yo pescaba truchas. ¿Alguna vez os he contado la historia de la pesca en Inglaterra? Fui a un río pequeño, perfecto. No era el Test, que es el famoso presidido durante muchos años por un hombre que se llama Lunn. Un anciano maravilloso, típicamente inglés. Hay una fotografía fantástica de él clasificando insectos con unas pinzas. Es una leyenda.

»Era cerca de una posada, una de las más antiguas de Inglaterra. Se llama The Old Bell. Cuando llegué a aquel paraje absolutamente precioso, había dos hombres sentados en la orilla, no demasiado contentos de que apareciera un intruso, pero como eran ingleses hicieron como si ni siquiera me hubiesen visto.

—Perdona, Peter —lo interrumpió Nedra—. Toma un poco más.

Él se sirvió.

—De todos modos, dije: «¿Cómo va eso?». «Hermoso día», dijo uno de ellos. «Me refiero a cómo va la pesca.» Un largo silencio. Finalmente, uno de ellos dijo: «Truchas aquí». Nuevo silencio. «Una allí, junto a esa roca», dijo. «¿De veras?» «La he visto hará una hora», dijo él. Otro largo silencio. «Grande la cabrona, además.»

—¿La pescaste? —preguntó ella.

—Oh, no. Era una trucha que ellos conocían. Ya sabes cómo es, has estado en Inglaterra.

—No he estado nunca en ningún sitio.

—Venga ya.

—Pero he hecho de todo —dijo ella—. Lo que es más importante. —Una amplia sonrisa sobre su copa de vino—. Oh, Viri —dijo—, este vino es maravilloso.

—Está bueno, ¿eh? Es increíble, pero hay algunas tienduchas donde encuentras buen vino, y nada caro.

—¿Dónde has comprado éste? —preguntó Peter.

—Bueno, conoces la calle Cincuenta y seis...

—Cerca del Carnegie Hall.

—Eso es.

—En la esquina.

—Tienen muy buenos vinos.

—Sí, lo sé. ¿Cómo se llama el dependiente? Hay uno en concreto...

—Sí, uno calvo.

—No sólo sabe de vinos: conoce su poesía.

—Es fantástico. Se llama Jack.

—Exacto —dijo Peter—. Un tipo agradable.

—Viri, cuenta la conversación que oíste —dijo Nedra.

—No fue allí.

—Ya lo sé.

—Fue en la librería.

—Cuenta, Viri —dijo ella.

—Es simplemente algo que oí —explicó él—. Estaba buscando un libro y había allí dos hombres. Uno le dijo al otro —su imitación ceceante era perfecta—: «Sartre tenía razón, ¿sabes?»

—¿Ah, sí? —Viri imitó al otro—. ¿En qué?

—Genet es un santo —dijo—. Ese hombre es un santo.

Nedra se rió. Su risa era vibrante y clara.

—¡Lo haces tan bien! —le dijo.

—No —protestó él, vagamente.

—Lo imitas perfectamente —dijo ella.

Cenas en el campo, la mesa rebosante de vasos, flores, comer hasta saciarse, cenas que acababan en humo de tabaco, una sensación de bienestar. Cenas pausadas. La conversación no se interrumpe. Su vida de pareja es especial, fervorosa, prefieren pasar el tiempo con sus hijos, sólo tienen unos pocos amigos.

—Ya ves, soy adicto a una serie de cosas —comenzó Peter.

—¿Como por ejemplo? —preguntó Nedra.

—Bueno, las vidas de pintores —dijo él—. Me encanta leerlas. —Reflexionó un momento—. Las mujeres que beben.

—¿En serio?

—Irlandesas. Les tengo mucho cariño.

—¿Beben?

—¿Beber? Todos los irlandeses beben. He estado con Catherine en cenas donde grandes damas irlandesas se han caído de narices sobre el plato, borrachas como cubas.

—Peter, no te creo.

—Los mayordomos no les hacen ningún caso —dijo él—. Lo llaman el punto flaco. La condesa de... ¿cómo era, querida? Aquella que nos causó tantos problemas, bebida a las diez de la mañana. Una mujer más bien morena, sospechosamente morena. Hay algunas irlandesas así.

—¿Quieres decir de tez morena?

—Negra.

—¿Cómo es eso? —preguntó Nedra.

—Bueno, como diría un amigo mío, es porque el conde tiene la polla grande.

—Sabes muchas cosas de Irlanda.

—Me gustaría vivir allí —dijo Peter.

Una breve pausa.

—¿Qué es lo que más te gusta? —inquirió ella.

—¿Lo que más? ¿Hablas en serio? Lo que más me gusta en el mundo es pasar un día pescando.

—A mí no me gusta madrugar —dijo Nedra.

—No tienes por qué madrugar.

—Creía que sí.

—Te aseguro que no.

Las botellas de vino se habían acabado. Su color, vacías, era el de las naves de una catedral.

—Tienes que ponerte botas y demás —dijo ella.

—Sólo para pescar truchas.

—Se te llenan siempre de agua y hay gente que se ahoga.

—De vez en cuando —dijo él—. No sabes lo que te pierdes.

Ella se llevó la mano a la nuca, como si no escuchara, se soltó el pelo y lo agitó.

—Tengo un champú fabuloso —anunció—. Es sueco. Lo compro en Bonwit Teller's. Realmente fabuloso.

Le había hecho efecto el vino, la luz suave. Su tarea había terminado. Dejaba el café y el Grand Marnier para Viri.

Se sentaron en los sofás junto al fuego. Nedra se acercó al fonógrafo.

—Escuchad esto —dijo—. Os diré cuál es.

Comenzó a sonar un disco de canciones griegas.

—Es la siguiente —dijo ella. Aguardaron. Los asaltó la música, apasionada y plañidera—. Escuchad. Es una canción sobre una chica cuyo padre quiere que se case con uno de sus atractivos pretendientes...

Ella movió las caderas. Sonrió. Se descalzó y se sentó con las piernas recogidas debajo del cuerpo.

—... pero ella no quiere. Quiere casarse con el borracho del pueblo porque le hará el amor maravillosamente todas las noches.

Peter la observó. Había momentos en que parecía que ella lo revelaba todo. En la barbilla tenía un hoyuelo claro y redondo como una perdigonada. Una señal de inteligencia, de desnudez, que ella lucía como una joya. Intentó imaginar escenas que se producían en aquella casa, pero lo distrajo la risa de Nedra. Era un desahogo, una prenda de la que se despojaba, como de unas medias ya quitadas, como de un albornoz en la playa.

Hablaron hasta medianoche sentados en los mullidos almohadones. Nedra bebía sin restricciones, tendía el vaso para que se lo llenaran. Mantenía una conversación aparte con Peter, como si fueran íntimos, como si ella lo comprendiera enteramente. Todos los cuartos y los recintos cerrados de la casa eran de Nedra, las cucharas, las telas, el suelo debajo de los pies. Era su provincia, su serrallo, donde ella podía caminar descalza, donde era libre de dormir con los brazos desnudos y el cabello suelto. Cuando dio las buenas noches, su cara parecía ya lavada, como por adelantado. El vino la había amodorrado.

—La próxima vez que te cases —dijo Catherine al volante, de vuelta a casa con su marido—, deberías casarte con una mujer como ella.

—¿Qué quieres decir?

—No te asustes. Sólo quiero decir que es evidente que te gustaría vivir toda esa experiencia...

—Catherine, no digas tonterías.

—... y yo creo que deberías hacerlo.

—Es una mujer muy generosa, eso es todo.

—¿Generosa?

—Empleo la palabra en el sentido de abundante, rico.

—Es la mujer más egoísta del mundo.

3

Era judío, un judío de lo más elegante y romántico, con un asomo de fatiga en sus facciones, los rasgos inteligentes que todo el mundo envidiaba, y el cabello seco, las ropas extrañamente raídas: es decir, claramente descuidadas, un botón que falta, una mancha en el borde de un puño, el ligero mal aliento, como el de un familiar que ya no se encuentra bien. Era bajo. Tenía las manos blandas y ningún sentido del dinero, prácticamente ninguno. En eso era un albino, un fenómeno anormal. Un judío sin dinero es como un perro sin dientes. El apremio de dinero sí, lo conoció a menudo, pero su aparición era puramente fortuita, como la lluvia, que cae o no cae. Él era ajeno a todo instinto auténtico.

Sus amigos eran Arnaud, Peter, Larry Vern. Todos los amigos lo son de un modo distinto. Arnaud era su amigo más íntimo; Peter, el más antiguo.

Se entretuvo delante del mostrador, examinando rollos de tela de colores.

—¿Le hemos hecho camisas antes, señor? —preguntó una voz, una voz segura de sí misma, inmensamente juiciosa.

—¿Es usted el señor...?

—Conrad.

—El señor Daro me ha dado su nombre —dijo Viri.

—¿Cómo está el señor Daro?

—Lo recomendó a usted vivamente.

El dependiente asintió. Sonrió a Viri, la sonrisa de un colega.

Tres de la tarde. Las mesas de los restaurantes se han vaciado, el día ha empezado a apagarse. Todo está en calma, aparte de unas cuantas mujeres que merodean entre los muestrarios más distantes del comercio. Conrad tenía un ligero acento que al principio era difícil de situar. No se trataba tanto de un acento extranjero como de algo un poco especial, un sello de modales impecables. De hecho, era vienés. Había en ello una sabiduría profunda, la de un hombre que sabía ser discreto, que cenaba solo, sensata, incluso frugalmente, y que leía el periódico página a página. Tenía las uñas cuidadas y la barbilla bien afeitada.

—El señor Daro es un hombre muy simpático —dijo, mientras cogía el abrigo de Viri y lo colgaba con cuidado cerca del espejo—. Tiene una característica infrecuente. Su medida de cuello es diecisiete y medio.

—¿Es ancho eso?

—De los hombros para arriba, podría ser un boxeador.

—Tiene la nariz demasiado fina.

—De los hombros para arriba y del mentón para abajo —dijo Conrad.

Estaba tomando las medidas de Viri con delicadeza y atención femeninas, la longitud de cada brazo, el pecho, la cintura, la circunferencia de las muñecas. Anotaba cada cifra en un tarjetón impreso, un formato que explicó que existiría siempre.

—Tengo clientes de antes de la guerra —señaló—. Siguen viniendo a verme. Los martes y jueves; son los únicos días que estoy aquí.

Depositó los libros de muestras en el mostrador, y los fue abriendo como quien dobla una servilleta.

—Eche un vistazo a éstas —dijo—. Hay más, pero éstas son las mejores.

Las páginas contenían retales de telas, de color limón, magenta, chocolate, gris. Los había de rayas, batiks, algodones egipcios tan livianos que se veía a través de ellos.

—Aquí hay una buena. No, no es del todo adecuada —decidió Conrad.

—¿Y ésta? —dijo Viri. Sujetaba una tela—. ¿No sería demasiado, una camisa entera?

—Sería mejor que media camisa —dijo Conrad—. No, en serio... —Reflexionó—. Sería fabulosa.

—O ésta —dijo Viri.

—Ya veo. Le conozco desde hace unos minutos, pero veo que es usted un hombre de gustos y opiniones definidos. Sí, creo que no hay duda.

Eran como viejos amigos; un amplio entendimiento se había establecido entre ellos. Las líneas de la cara de Conrad eran las de un viudo, un hombre que se había ganado sus conocimientos. Había aplomo en su estilo, pero también respeto.

—Pruébese estos cuellos —dijo—. Voy a hacerle unas camisas maravillosas.

Viri se inspeccionó delante del espejo, luciendo diversos cuellos, largos, puntiagudos, redondeados.

—No está mal.

—No son lo bastante altos para usted —sugirió Conrad—. ¿No le importa que se lo diga?

—En absoluto. Pero hay una cosa —dijo Viri, cambiándose de cuello—. Las mangas. He visto que ha apuntado treinta y tres.

Conrad consultó la tarjeta.

—Treinta y tres —confirmó—. Correcto. El metro no se equivoca.

—No me gustan tan largas.

—No son largas. Para usted largo sería treinta y cuatro.

—¿Y treinta y dos?

—No, no. Sería gracioso —dijo Conrad—, pero ¿qué tienen las mangas que lo empujan hacia lo grotesco?

—Me gusta verme los nudillos —dijo Viri.

—Señor Berland...

—Créame, treinta y tres es demasiado largo.

Conrad invirtió el lápiz.

—Estoy cometiendo un crimen —dijo, borrando un centímetro.

—No serán demasiado cortas, se lo aseguro. No me gustan las mangas largas.

—Señor Berland, una camisa... no, no necesito explicárselo.

—Claro que no.

—Una mala camisa es como la historia de una chica guapa que es soltera y un buen día descubre que está embarazada. No es el fin del mundo, pero es serio.

—¿Y el bolsillo? Me gustan los bolsillos bastante hondos.

Conrad parecía apenado.

—Un bolsillo —dijo—. ¿Para qué demonios sirve un bolsillo? Estropea la camisa.

—No del todo, ¿no?

—Cuando una camisa tiene ya las mangas un poco cortas y, encima, un bolsillo...

—El bolsillo no está encima de las mangas. Yo me lo figuro más o menos entre ellas.

—¿Qué quiere que le diga? ¿Para qué quiere un bolsillo?

—Tengo que llevar un lápiz —dijo Viri.

—Ahí no. Ése —dijo, aludiendo al cuello que Viri se había puesto—, ese cuello es una preciosidad, ¿no le parece?

—¿No me queda muy alto por detrás?

Giraba la cabeza hacia un costado para verlo mejor.

—No, no creo, pero si quiere podemos ponerlo un poco más abajo. Medio centímetro, digamos.

—No pretendo ser demasiado exigente.

—No, no —le aseguró Conrad—. Nada de eso. Simplemente tomaré nota... —Escribía mientras hablaba—. Los detalles lo son todo. He tenido clientes... Tuve a uno de una familia famosa en la ciudad, muy importante políticamente, que tenía dos pasiones: los perros y los relojes. Poseía muchos de los dos. Apuntaba la hora exacta en que se acostaba y se levantaba todos los días. Le hacíamos el puño izquierdo dos centímetros más holgado que el derecho, para sus relojes de pulsera, por supuesto. Llevaba sobre todo Vacheron Constantin. En realidad, medio centímetro habría bastado. Su mujer, que en todo lo demás era una santa, lo llamaba Chuchi. Llevaba en sus monogramas el perfil de un schnauzer.

»También he tenido clientes del tipo... no le doy detalles, pero del tipo Lepke-Buchalter. ¿Sabe quién era?

—Sí.

—Gángsters. Bueno, usted sabe que las modas criminales muchas veces han derivado hacia la elegancia, pero lo cierto es que aquellos hombres eran clientes magníficos.

—¿Gastaban mucho dinero?

—Oh, dinero... aparte del dinero. —Conrad hizo un ademán amplio—. El dinero no se tenía en cuenta. Les agradaba tanto que alguien les prestase atención, que tratara de vestirlos correctamente. Perdone, pero ¿a qué se dedica usted?

—¿Yo?

—Sí.

—Soy arquitecto.

Sonaba un poco flojo a continuación de reyes del crimen.

—Arquitecto —dijo Conrad. Hizo una pausa como para digerir la idea—. ¿Ha construido algún edificio por aquí?

—Por aquí no.

—¿Es un buen arquitecto? ¿Me enseñará algunas de sus obras?

—Eso depende, señor Conrad, de cómo sean las camisas.

Conrad emitió un sonido débil de gratitud y entendimiento.

—En ese sentido puede estar tranquilo —dijo—. Llevo treinta, no, treinta y un años en el oficio. He hecho algunas camisas muy buenas, he hecho algunas malas, pero en conjunto he conseguido aprender mi arte plenamente. Puedo decirme, «Conrad, te han faltado, por desgracia, estudios, y tus arcas no están muy boyantes, pero hay algo indiscutible: sabes de camisas. Las conoces de un puño a otro, por decirlo así». A ver, ¿cuándo estoy aquí?

—Los martes y los jueves.

—Lo estaba poniendo a prueba —dijo Conrad.

Escogieron una tela con estampado de plumas, plumas verde oscuro, negro, otra de color piel de ciervo, y una tercera azul policía.

—¿No le parece demasiado azul?

—No hay azul que sea demasiado azul —dijo Conrad—. ¿Cuántas hacemos?

—Bueno, una de cada —dijo Viri.

—¿Tres camisas?

—Le decepciona.

—Sólo estaré decepcionado si no figuran entre sus prendas favoritas —dijo Conrad. Parecía un poco resignado.

—Voy a enviarle muchos clientes.

—No tengo la menor duda.

—Le voy a dar ahora mismo el nombre de uno. No sé cuándo vendrá, pero será muy pronto.

—Martes y jueves —lo previno Conrad.

—Naturalmente. Se llama Arnaud Roth.

—Roth —dijo Conrad.

—Arnaud.

—Dígale que lo espero impaciente.

—Pero ¿se acordará del nombre?

—Por favor —protestó Conrad. Era como un paciente al que se le hace demasiado larga la visita; parecía algo fatigado.

—Le parecerá muy divertido —dijo Viri.

—Estoy seguro.

—¿Cuándo estarán las camisas? —dijo, poniéndose el abrigo.

—Dentro de cuatro a seis semanas, señor.

—¿Tanto tiempo?

—Cuando las vea se quedará asombrado de lo rápido que se han hecho.

Viri sonrió.

—Ha sido un verdadero placer, señor Conrad —dijo.

—El placer ha sido mío.

La avenida estaba concurrida, el sol brillaba todavía; bien vestidos, los primeros que habían terminado su jornada de trabajo se encaminaban hacia los trenes de regreso a su casa en la periferia. El bullicio del tráfico le resultaba grato mientras caminaba entre los transeúntes. En aquel momento sabía lo que todos ellos estaban buscando. Comprendía la ciudad, el hormigueo callejero, los días de otoño que destellaban como cuchillos en las ventanas más altas, a los hombres de negocios que salían por la puerta giratoria del Sherry-Netherland, el parque barrido por el viento.

Marcó un número conocido en una cabina de teléfono.

—Sí, dígame —dijo una voz lánguida.

—Arnaud...

—Hola, Viri.

—Oye, ¿qué día es hoy? Martes. El jueves quiero que conozcas a alguien. Me estarás agradecido hasta el fin de tus días.

—¿Dónde estás, en un burdel?

—¿Cómo es esa historia sobre los doce hombres absolutamente puros cuya existencia es vital para el mundo?

—Dime cómo acaba.

—No, es como un cuento de Sholom Aleichem. Esos doce hombres... tienes que conocerlo. Están desperdigados por la tierra. Nadie sabe quiénes son, pero cuando muere uno de ellos se lo sustituye inmediatamente. Sin ellos, la civilización se desplomaría y quedaríamos sumidos en el caos, el crimen y la desilusión total.

—Probablemente es lo que ha ocurrido; deben de quedarnos cuatro o cinco.

—He conocido a uno de ellos.

—Así que lo has conocido.

—Se llama Conrad.

—¿Conrad? ¿Es una broma? Es un granuja.

—No, éste es otro Conrad. Tienes que conocerlo.

—La última vez que me dijiste esto, ¿sabes lo que pasó?

—Trato de recordar.

—Acabé invirtiendo quinientos dólares en una película.

—Ah, ya recuerdo.

—Conrad, ¿eh? ¿Para qué va a servirme?

Viri observaba el tráfico, sus sonidos le llegaban débilmente, el metal temblaba debajo de sus pies y su mirada enfocaba más allá de los coches relucientes.

—Te va a hacer unas camisas.

4

Llega el invierno. Un frío cortante. La nieve cruje bajo las pisadas con un eco sonoro, quejumbroso. La casa está rodeada de blancura. Horas de sueño, el aire fresco. El sueño más delicioso, ¿es la muerte tan cálida, tan confortable? Apenas está despierto, emerge por un momento a la primera luz con una especie de instinto, sepultado, perdido. Abre los ojos ligeramente, como hace un animal. Por un instante se desprende de los sueños y ve el cielo, la luz, nada se mueve, no se oye nada. Esa hora es la última, las niñas duermen, el poni está silencioso en su cuadra.

El río está helado. Lo han sabido por teléfono.

—¿Está realmente helado?

—Sí —le aseguraron—. Hay gente patinando.

—Iremos.

Más abajo del puente había grandes faldones de hielo circundando las orillas, y ya había gente allí, hombres con abrigos y mujeres arropadas contra el frío. Patinaron bajo el sol cegador, con bufandas alrededor del cuello, se gritaban entre ellos, los tobillos de los niños más pequeños se doblaban como papel. Al fondo del cauce, el río estaba gris, la sombra del hielo hecho pedazos. Soplaba viento, un viento frío que quemaba las puntas de los dedos. Estaba allí la chiquilla con una sola pierna. Tenía tres años, padecía cáncer, le habían amputado una pierna. Antes de eso había sido una presencia invisible. Después, con muletas, se volvió luminosa; tardaba un buen rato en recorrer la acera, o sentada en el coche, incapaz de apearse, con su carita de perfil, inerte. Se llamaba Monica. Tenía dos hermanos, dientes pequeños, nunca sonreía. Era la mártir de una familia desesperada; se odiaban a sí mismos cuando se impacientaban con ella. Vivían en una casa fea, de color sabañón, ladrillo, y unos cuantos arbustos pelados en cada extremo. En el frío punzante, el padre la arrastraba por el hielo en una especie de plancha curva de aluminio. Sentada muy seria, sin hablar, la niña aferraba el borde con sus manos enguantadas.

—¡Hola, Monica! —la llamaron.

Formaron un corro alrededor de ella y la saludaron con la mano. Ella parecía no verlos; estaba inmóvil, como una anciana que ha vivido demasiado tiempo.

—¡Agárrate! —le gritaron—. ¡Agárrate fuerte!

Su padre llevaba la cabeza descubierta. Viri sólo lo conocía de vista. Trabajaba en una compañía de seguros e iba en coche a la ciudad todos los días. «Agárrate, Moni», le dijo. Empezó un recorrido circular. La plancha, ladeándose, giraba.

—¡Agárrate! —gritaban.

En el aire se entrecruzaban voces, gritos, el chirrido de patines. Se podía ir más allá de lo que nadie recordaba; el hielo era espeso hasta media milla río adentro. La gente había encendido hogueras y se congregaba en la orilla, alrededor del fuego, calentándose con los patines puestos. Algunos perros trataban de correr por el hielo.

Nedra no había ido con ellos. Estaba en la cocina. Ardía un fuego. Había servido un plato de leche caliente y el cachorro bebía a lengüetazos breves, desmañados, y la leche le brillaba en la boca. Era pardo, del color de un zorro, y blanco por debajo. Sus movimientos eran irremediablemente burdos.

—Te gusta, ¿verdad? —dijo ella. Le tocó el pelaje suave mientras el perro bebía bajo su mano—. *Hadji* —dijo—. Vas a hacerte grandote. Vas a ladrar y ladrar.

Viri volvió de patinar, frotándose las manos. Tras él, muy cerca, las niñas se quitaban el abrigo en el pasillo.

—Le he puesto nombre.

—Bien. ¿Qué nombre?

—*Hadji* —dijo ella.

—*Hadji*.

—¿No le cuadra?

—Sí. ¿Qué significa?

—¿Los nombres significan algo?

Hadji estaba lamiendo el plato vacío. Repiqueteaba contra el suelo.

—Hemos visto a la niña sin pierna.

—Monica.

—Sí.

—Qué pena.

—No soporto mirarla. Me desmoraliza.

—Hacía un frío que pelaba.

A primeras horas de la tarde tomaron chocolate y peras. La luz había cambiado. El sol se había escondido detrás de unas nubes; el día perdió su fuente. Viri jugó con ellas a un juego árabe con alubias. Al final las dejó ganar.

—¿Hay más chocolate caliente? —preguntó.

—Haré más —dijo Nedra.

Las gaviotas en el río parecían estar de pie sobre el agua. El hielo era invisible. El reflejo de las aves era oscuro; sus patas se veían como líneas negras. Un dosel de música en la habitación, una bandeja con tres tazas, terrones blancos de azúcar en un cuenco, muchos libros.

Su vida es misteriosa, es como un bosque; desde lejos parece una unidad que es posible comprender y describir, pero más cerca empieza a separarse, a disolverse en luz y sombra de una densidad que ciega. Dentro de esa vida no hay forma, sólo un detalle prodigioso que llega a todas partes: sonidos exóticos, astillas de luz solar, follaje, árboles caídos, animalillos que huyen al oír el crujido de una rama, insectos, silencio, flores.

Y todo ello, dependiente, estrechamente entretejido, todo eso es engañoso. Hay en realidad dos clases de vida. Hay, como dice Viri, la que la gente cree que estás viviendo y hay la otra vida. Es esta otra la que causa el problema, la que anhelamos ver.

—Ven aquí, *Hadji* —dice.

El perro, ya todo él lleno de perspicacia, todo él valentía, todo él amor, parece alerta pero no comprende.

—Ven aquí —dice Viri.

Extiende la mano hacia él. El perro no se asusta, acepta que lo cojan.

—Así que eres un perro pastor, ¿eh? ¿Dónde tienes el rabo? ¿Qué le ha pasado? Ni siquiera sabes lo que es un rabo, ¿verdad? Crees que un rabo es algo que cuelga del extremo de una vaca. Ahora escucha, *Hadji*, lo primero de lo que tenemos que hablar es de la higiene. Nuestro cuarto de baño está dentro de la casa, y el tuyo está fuera. Los árboles...

—No sabría qué hacer con un árbol, Viri.

—¿No sabrías qué hacer con un árbol? La hierba, entonces, para empezar. Después piedrecitas, la esquina del edificio, escalones y luego... luego un árbol. Vas a ser un perrazo, *Hadji*. Vas a vivir con nosotros. Vamos a llevarte al río. Vamos a llevarte al mar. Oh, ¡qué dientes tan afilados!

Dormía en un cesto de fruta, de espaldas, como un oso. Una mañana hubo una gran agitación. Franca fue la primera que lo vio.

—¡Ha levantado la oreja! ¡Ha levantado la oreja! —gritó.

Todos corrieron a verlo mientras *Hadji*, sentado, no se percataba de su éxito. Pero por la tarde volvía a tener la oreja caída.

Se volvió inteligente, fuerte, reconocía las voces de sus amos. Era estoico, era sagaz. En sus ojos oscuros se advertía un *phylum* de criaturas: caballos, ratones, ganado, ciervo. Perro rana, lo llamaban. Se tumbaba en el suelo con las patas de atrás extendidas.

Los observaba, con la cabeza descansando sobre las patas.

5

La vida es el tiempo que hace. Son las comidas. Los almuerzos en un mantel azul a cuadros sobre el cual hay sal vertida. El olor de tabaco. Queso brie, manzanas amarillas, cuchillos con mango de madera.

La vida son los viajes a la ciudad, los trayectos cotidianos. Ella es como una granjera que va al mercado. Iba a la ciudad en coche para cualquier cosa, sus calles la excitaban, las calles invernales que soltaban humo. Conducía por Broadway. Las aceras tenían manchas blancas. Sólo compraba alimentos en determinados sitios; era fiel a ellos, exigente. Aparcaba el coche donde le venía bien, en paradas de autobuses, en zonas prohibidas; la urgencia de sus recados la protegía. El coche era descapotable, pequeño, extranjero, verde y, a diferencia de otras cosas, descuidado.

Enero. Iba a la ciudad temprano, un día de frío, las calzadas estaban heladas, las palomas se acurrucaban en las oes de un rótulo que decía MOBILIARIO. La ciudad es una catedral de posesiones; su aroma es el de los sueños. Incluso los que han sido rechazados por ella no pueden abandonarla. Había una anciana sentada en un portal, la cara devastada por los años, el pelo desgreñado, una mujer espantosa y desdentada. Tenía en el regazo un animal con los ojos llorosos y el hocico grisáceo. La mujer agachaba la cabeza y aplastaba la mejilla contra el perrito, silenciosa, abandonada. En la siguiente manzana había un vagabundo caminando de rodillas, con la cara tan sucia y colorada que parecía cubierta de heridas. Sus ropas eran harapos manchados de vómito. Afanosamente se miraba los pantalones como si buscara sangre, ajeno a los viandantes. En los vestíbulos de los cines había enanos, hombres obesos, genios de las finanzas de rostro huraño, mujeres con medias negras y pieles. Llevaban anillos en sus dedos ajados, oro en los dientes.

Iba al museo, a la oficina de su marido, a una tienda de Lexington donde deambulaba entre los libros de arte, alta, pensativa, una mujer de piernas largas y cuello grácil, que ostentaba en la frente las grietas más tenues del decenio en ciernes. En un restaurante anodino se sentaba a comer un bocadillo. Se quitaba el abrigo. Debajo llevaba un jersey irlandés, corriente, blanco, adornado con collares de ámbar y semillas de colores. Hombres solos en sus mesas la miraban. Comía con calma. Su boca era amplia e inteligente. Dejaba propina. Desaparecía.

En el atardecer de invierno pasa por Columbia. El tráfico es denso, pero avanza. Las tiendas de comestibles están atestadas, los destellos de la vía férrea encima de ella forman imágenes azules, iluminadas como ejecuciones en el crepúsculo. Volvía a casa por largos tramos que se curvan, transportada por otros vehículos. Para cuando había cruzado el río, los árboles estaban negros. Circulaba solamente por el carril izquierdo, rebasando el límite de velocidad, fatigada, feliz, llena de planes. Le ardían los ojos. En el asiento de atrás había bolsas blancas y naranja de Zabar's, en el suelo, recibos de gasolineras, tiquets de aparcamiento, correo que no había abierto, facturas. La carretera recorre los grandes acantilados de la ribera oeste; durante la mayor parte del trayecto no se ven casas ni comercios, nada más que la larga galaxia de poblaciones que empiezan a brillar en la oscuridad, al otro lado del río.

Sale de la autopista y entra en los páramos, los charcos de vida ínfima, casas que conoce íntimamente sin saber quién las habita, coches aparcados que ella reconoce, una estafeta de correos en la esquina, una tienda de comestibles que vende los periódicos de la ciudad, la valla de madera de los vecinos, las luces del hogar.

—¿Qué están haciendo las niñas, Alma? —pregunta. El perro da cabriolas a sus pies—. Hola, *Hadji*. Estate quieto.

La jamaicana dice que han estado dibujando arriba. Les ha leído en voz alta, las ha sacado de paseo.

—Es un señor perro —dice—. Un buen perro.

—Sí, ¿verdad?

—Oh, le gusta ladrar.

Sus hijas bajan por la escalera. «Mamá», gritan.

—Os he traído algo —dice ella, arrodillándose con el abrigo puesto.

—¿Qué es? —preguntan ellas—. Tienes la cara muy fría.

—Vosotras la tenéis caliente. ¿Qué estabais haciendo?

—Una cosa —dice la más pequeña—. ¿Qué nos traes?

Nedra nombra unas galletas francesas que a ellas les encantan: LU.

—¡Oh, qué buenas!

—¿Qué estabais haciendo?

—Estamos haciendo un templo egipcio —dice Franca—. Ven a verlo.

—Pero ¡no nos queda oro! —exclama su hermana. La llaman Danny. Se llama Diane.

—¿Podéis bajarlo aquí? —les pregunta Nedra—. Traedlo a la cocina. Voy a tomar un té.

6

—Bruce Ettinger es guapísimo —susurró Nedra.

—¿Cuál es?

—El que está en el rincón. Es muy alto.

Viri lo miró.

—¿Te parece guapo?

—Espera a que sonría.

Las salas estaban llenas de gente. Había personas a las que conocían y personas a las que habrían podido conocer. Mujeres hermosas, ropas audaces.

—Tiene sonrisa de gángster —dijo Nedra.

Eve estaba en el otro extremo de la sala, con un vestido de tela fina de color burdeos que revelaba el leve contorno de su vientre. Era pálida, elegante, fulanesca. Tenía mala vista; apenas veía a la persona con quien estaba hablando. Usaba lentillas, pero no en una fiesta. El hombre que tenía enfrente era más bajo que ella. Detrás de ellos había un cuadro que, en apariencia, representaba una jungla primitiva: azul, violeta, verde mar.

—A juego con tu camisa —dijo Nedra.

—Ni el mismo Bruce Ettinger tiene una camisa como ésta.

—Oh, tu camisa es la mejor. La mejor, de lejos.

—Eso creo.

—Pero él tiene la mejor sonrisa.

—Voy a traerte algo de beber —se ofreció él.

—Que no sea demasiado fuerte.

Ella se abrió camino lentamente por la sala, con una cara menos animada que la de otras mujeres. Pasaba por detrás de la gente, la rodeaba, asentía, sonreía. Era de esas mujeres que hacen que, en cuanto uno las ve, todo cambie.

—Está aquí Saul Bellow —le dijo Eve.

—¿Dónde? ¿Qué aspecto tiene?

—Estaba en el pasillo hace un minuto.

No lo encontraron.

—Creo que no he leído nada de él.

—También está Arthur Kopit —dijo Eve.

—Bueno, él ni siquiera escribe.

—Es muy divertido.

—Está Bruce Ettinger —dijo Nedra.

—¿Quién?

—Un hombre que no tiene camisas muy bonitas.

—Camisas. ¿Has visto las camisas que se ha hecho Arnaud?

—Viri se las recomendó.

—¿Sí?

—¿Son bonitas?

—Hasta duerme con ellas.

Arnaud se encaminaba hacia ellas en aquel momento, cordial, impasible, con los hombros salpicados de lo que parecían ser polvos de talco. Llevaba sendas copas en las manos.

—Hola, Nedra —saludó. Se inclinó para besarla—. Aquí tienes, querida —le dijo a Eve—. ¿Dónde está Viri?

—Está aquí.

—¿Dónde?

—Lo reconocerás —dijo Nedra—. Lleva exactamente la misma camisa.

—Ah, estás celosa.

—Desde luego que no —dijo Nedra—. Creo que mereces tener cosas preciosas...

—Siempre te he adorado, ya lo sabes.

—Quiero decir que, en definitiva, ya nos tienes a nosotros.

Le sonrió, cómplice, directa, mostrando sus blancos dientes.

—Tienes razón —dijo él—. Ahí viene Viri.

—No tienen Cinzano. Te he pedido un vermut dulce. —No terminó la frase; Arnaud lo estaba abrazando—. ¡Espera, espera, me estás tirando la copa! ¡Vas a arrugarme la camisa! —exclamó.

—Oye, estás fuerte —dijo cuando Arnaud lo soltó.

—Está fuerte como un toro —corroboró Eve.

Arnaud era fuerte a la manera sorprendente de ciertos hombres: profesores de matemáticas, dentistas. Había sobrepasado la edad del máximo vigor, tenía treinta y cuatro años y su figura barriguda estaba ya oscurecida por el humo de los puros. Era despistado, astuto, torpe. Sabía hacer trucos fantásticos con naipes.

—Practiqué la lucha libre —dijo—. Combatí con tiarrones...

—¿Dónde, en la facultad?

—... algunos medían dos metros y medio. Lo único malo es que todos huelen fatal.

Estaba bebiendo. Sonreía cuando bebía; no le afectaba. La bebida lo convertía en otro hombre, invulnerable a la ofensa, que nadaba en el calor de la vida. A su alrededor había mujeres con vestidos dorados, mujeres que habían sido modelos. Eran las cariátides de una determinada capa moderna de Nueva York. Arnaud era su predilecto, con su tez grisácea, su caspa en el cuello. Era cariñoso, irreverente, le encantaba contar historias.

—¿Vais a ver la película? —les preguntó el anfitrión.

—¿Hay una película? —dijo Nedra.

—Dentro de un par de horas —dijo deBeque—. Es una película que distribuimos nosotros. Todavía no se ha estrenado.

—¿Conoces a Eve Caunt? —preguntó Viri.

—¿A Eve? Claro que conozco a Eve. Todo el mundo conoce a Eve.

Los ojos del anfitrión eran tan pálidos como un vaso de agua. Su mirada era agua hirviendo.

—No conozco a la mitad de esta gente —le confesó a Viri—. Bueno, a las mujeres; a las mujeres las conozco a todas. —Bajó la voz—. Hay algunas fantásticas aquí, créeme.

Cogió a Viri del brazo y se lo llevó.

—Quiero hablar contigo —explicó—. Espera, quiero presentarte a alguien.

Extendió la mano hacia un brazo desnudo.

—Te presento a Faye Massey.

El mal cutis de una chica de buena familia. Un vestido escotado sobre el que se entretuvo la mirada acuosa.

—Tienes muy buen aspecto, Faye —dijo deBeque.

—¿La película es tan mala como dicen?

—¿Mala? Es espléndida.

—No es lo que me han dicho —contestó ella.

—Faye es una chica muy interesante —dijo deBeque, echándole una nueva ojeada al escote—. Mucha gente lo dice.

—Ya vale —dijo ella.

—Creo que esta reunión pertenece a las mujeres —decidió deBeque.

—¿Qué quieres decir con eso?

—Todas estáis guapísimas.

Más allá, Viri veía a una muchacha sentada en el borde de un sofá.

—¿Por qué siempre hablas en plural?

—Es natural en un hombre.

—¿Qué es natural y qué no lo es? —preguntó ella—. Estamos tan lejos de ser naturales... ahí está el problema.

Viri aguardaba para disculparse.

—¿Usted se considera natural? —le preguntó ella.

—Todos lo hacemos, ¿no? —dijo él—. Más o menos.

—Puede pensar lo que quiera —replicó ella—. Dígame una sola persona.

—¿Conoce a Arnaud Roth?

—¿Quién? —Faye sonrió de repente, una sonrisa cálida e inesperada—. Arnaud. Tiene razón. Lo adoro —dijo—. Lo conozco desde hace años.

En la mujer que nos abruma no debe haber nada familiar. Faye contaba la historia de cuando Arnaud se compró una avioneta; no volaba, dijo ella, ¿no era típico de él? Estaba aparcada cerca de un estanque. La chica del sofá se había levantado y hablaba con alguien. Viri procuró no mirar. Estaba desamparado en reuniones como aquélla, en las que las conversaciones eran rápidas y cínicas, los encuentros distantes como los de una clase de baile. Solía refugiarse en alguien grotesco, fuera de la liza. Se resistía a los rostros agraciados, había aprendido a no mirarlos, pero aquella muchacha era la criatura desconocida ante la cual se sentía turbadoramente vulnerable: esbelta, de pechos llenos, como si cargara con ellos. Hasta sus pulgares eran huesudos.

No pudo seguirla con la vista. No pudo, ni por un momento, imaginar su vida. Si ella lo hubiese abordado, él se habría quedado sin habla o, peor aún, habría dicho cosas tontas de las que se habría arrepentido al instante y que a ella le habrían dado la impresión de que él era uno de esos hombres patéticos y corrientes, que sólo servían para lo que eran: trabajadores, cabezas de familia. Pero no soy eso, quiso decir, no soy eso en absoluto. De todas maneras, ella se había ido. Era la novia de alguien, sin duda; una chica así nunca estaba sola.

—¿Dónde has estado? —preguntó Nedra.

Bebieron; cenaron con platos sobre las rodillas. Un camarero servía champán. Alguien tocaba el piano, apenas audible con todo aquel barullo. Gerald deBeque estaba sentado con una joven japonesa. Su mujer, que tenía un dolor de cabeza fortísimo, empezó a decirle a la gente que era hora de ir a ver la película.

Bajaron en un ascensor repleto y recorrieron tres manzanas hasta el cine con un frío tremendo, caminando y casi corriendo, se pararon en la entrada a la espera de que llegase deBeque y le dijera al gerente que los dejase pasar. Varias personas, con todo, habían conseguido entrar.

—Venga, Viri —se quejó Nedra—, dile que venimos de la fiesta.

—Todo el mundo está esperando.

—Oh, esperar, los cojones.

Estaba hablando con el gerente ella misma cuando apareció deBeque.

—Gerald, tu película casi ha terminado —le dijo.

—¡Déjeles entrar! —le gritó al gerente—. ¡Que entre todo el mundo!

Viri se rezagó. Tocó a deBeque en el codo.

—Gerald... —dijo.

—¿Sí?

—La chica que está al lado del letrero, esa delgadita...

—¿Qué pasa con ella?

—Lleva un abrigo de piel.

—Sí, con cinturón.

—¿Quién es? ¿La conoces? —dijo con indiferencia.

—Ha venido con George Clutha. Se llama Kaya no sé qué... Se me ha olvidado.

—Kaya...

—Él dice que ella es mejor de lo que aparenta.

Lo estaban llamando; estaban ya por la mitad del pasillo.

—Está buscando trabajo —recordó deBeque.

—Sí, gracias.

—Viri. —No lo soltaba—. Para ti hay cosas mejores.

—Es sólo que me ha parecido que la conocía de algo.

Arnaud, de pie junto a sus asientos, le estaba haciendo señas. Era un cine pequeño, antaño respetable. No se habían quitado los abrigos.

—Estaba informándome un poco sobre la película —dijo Viri—. Es sobre el despertar sexual de una mujer.

—Me lo podría haber imaginado —dijo Nedra.

Arnaud bostezó.

—Seguramente Gerald será uno de los protagonistas.

Las luces permanecieron encendidas largo rato. Comenzaba a haber silbidos y palmadas. Viri miró hacia atrás, como para ver si entraba alguien. Parecía tranquilo y a gusto. Estaba sentenciado como un perro que persigue automóviles.

—Tengo el presentimiento de que voy a dormirme antes de que empiece —murmuró Arnaud.

Finalmente se oscureció la sala y empezó la película. Las muchas tomas de una joven con la blusa abierta vagando por carreteras y atravesando campos o trabajando en la cocina con aquel atuendo inverosímil no bastaron para embelesar a los espectadores.

—Esto no es muy interesante —susurró Nedra.

Arnaud estaba dormido. Viri guardaba silencio en su asiento, entristecido por la vaga relación entre la heroína y la muchacha escondida en algún sitio entre las toses del aburrido auditorio. Si por lo menos pudiese verla con el rabillo del ojo, una o dos filas más adelante... Quería mirarla sin que nadie lo advirtiera. Hay caras que lo subyugan a uno, de las que uno se distancia con la sensación de perder el aliento. Por la mañana lo habría olvidado, pensó; por la mañana todo es distinto, las cosas son reales.

Había un gentío esperando en la calle cuando salieron, gente que acudía a la primera proyección pública, a medianoche. Arnaud llevaba el cuello del abrigo alzado, como un jugador o un divo de la ópera.

—El libro era mejor —comentó mientras pasaba entre el público.

—¿Ah, sí? ¿Qué libro?

—Ahórrate el dinero —dijo.

Llegaron a casa después de medianoche, un largo y fluido trayecto en la oscuridad, con nieve en el arcén de la carretera. La canguro estaba desplomada en el sofá; tenía una expresión suave y perpleja cuando Viri la llevó a su casa.

Se acostaron en el dormitorio amplio y frío, dejaron la ropa desperdigada y por la ventana entraba tan sólo un resquicio de aire helado.

—Gerald deBeque es un depravado —dijo Nedra—. Y la película era un verdadero espanto. No había nadie que me interesara allí. Pero lo he pasado bien. ¿No es extraño?

Él no contestó. Estaba dormido.

7

Fue un día soleado y frío, el día en que, seis años antes, sus padres habían muerto. Estaba sentado ante su escritorio. Los dos delineantes estaban trabajando frente a sus tableros. En la habitación reinaba el silencio, y eso disparó sus pensamientos; de repente había calma. Su padre y su madre yacían bajo tierra, pardos como las reliquias de santos, las ropas del entierro se estaban pudriendo. Tenía treinta y dos años y estaba solo en el mundo. Sueños y trabajo.

¿He dicho que era un hombre de talento menor? Había nacido después de una guerra y antes de otra, en 1928, de hecho, un año de crisis, un año en la senda del siglo. Había nacido sin tener en cuenta la época, como todo el mundo; el hospital ya no existe, el médico se ha jubilado, se ha trasladado al sur.

Creía en la grandeza. Creía en ella como en una virtud, como si pudiese alcanzarla. Era sensible a las vidas que poseían, por debajo de la superficie, como una roca o una sombra enormes, una gloria que sería descubierta, que afloraría algún día. Tenía buen ojo y un criterio justo para apreciar la valía del trabajo ajeno. Hacia el suyo propio profesaba un moderado respeto. En su fe, en lo más profundo de sus ilusiones, estaba la estructura que aparecería en las fotografías de su tiempo, el edificio célebre que él había creado y que nada, ni la crítica, ni la envidia, ni la demolición siquiera, podría alterar.

No hablaba de esto con nadie, por supuesto, salvo con Nedra. El tema se volvía cada vez más invisible con el paso de los años. Desaparecía de su conversación, aunque no de su vida. Perduraría siempre, hasta el final, como un gran barco que se oxida en la distancia.

Era apreciado. Habría preferido que lo odiaran.

—Soy demasiado blando —dijo.

—Es tu forma de ser —dijo Nedra—. Tienes que usarla.

Él respetaba las ideas de ella. Sí, pensó, tengo que seguir. Tengo que construir un edificio, aunque sea pequeño, que todo el mundo vea. Luego uno más grande. Debo ascender paso a paso.

Un día perfecto comienza por la muerte, por la apariencia de la muerte, por una honda capitulación. El cuerpo está flojo, el alma se ha expandido, todo fortaleza, incluso aliento. No existe la facultad del bien o del mal, la luminosa superficie de otro mundo está cerca, envolvente, las ramas de los árboles tiemblan fuera. Por las mañanas se despierta despacio, como si el sol le tocara las piernas. Está solo. Huele a café. El pelaje tabaco de su perro absorbe la luz ardiente.

Para que el día se despliegue tiene que esconder en su firmamento azul, en su inmensidad, la conspiración en la que él vive, esconderla pero abarcarla, invisible, como las estrellas ocultas en el cielo diurno.

Quería una cosa, su posibilidad: ser famoso. Quería ser crucial para la familia humana, ¿qué otra cosa se puede anhelar, qué otra esperanza? Caminaba ya modestamente por las calles, como a sabiendas de lo que se avecinaba. No tenía nada. Tenía tan sólo el bagaje escrupulosamente programado de la vida burguesa, el cráneo que empezaba a asomarle por debajo del pelo, sus manos inmaculadas. Y el conocimiento, sí, tenía el conocimiento. La Sagrada

Familia le era tan familiar como el establo a un granjero, las «nuevas ciudades» de Francia e Inglaterra, catedrales, dovelas, cornisas, claves. Conocía la vida de Alberti, de Christopher Wren. Sabía que Sullivan era hijo de un profesor de baile, Breuer, médico en Hungría. Pero el conocimiento no te protege. La vida desprecia el conocimiento; lo obliga a esperar sentado en la antesala, a esperar fuera. Pasión, energía, mentiras: eso es lo que la vida admira. No obstante, todo es soportable si la humanidad entera observa. Lo demuestran los mártires. Vivimos dentro de la atención ajena. Nos volvemos hacia ella como flores hacia el sol.

No hay una vida completa. Hay sólo fragmentos. Hemos nacido para no tener nada, para que todo se nos escurra entre los dedos. Y, sin embargo, esta pérdida, este diluvio de encuentros, luchas, sueños... hay que ser irreflexivo, como una tortuga. Hay que ser resuelto, ciego. Porque cualquier cosa que hagamos, incluso que no hagamos, nos impide hacer la cosa opuesta. Los actos demuelen sus alternativas, he aquí la paradoja. La vida, por tanto, consiste en elecciones, cada cual definitiva y de poca trascendencia, como tirar piedras al mar. Hemos tenido hijos, pensó; nunca podremos no tener hijos. Hemos sido mesurados, jamás sabremos lo que es derrochar nuestra vida...

Él no era él mismo, en cierto modo. La radio que sonaba débilmente cerca del tablero de los delineantes constituía una distracción extraña. No podía pensar, erraba, a la deriva.

Arnaud pasó por allí al final de la tarde. Se sentó sin desabrocharse el abrigo. Parecía un vinatero, un terrateniente.

—¿Algo va mal?

—Sólo estaba pensando —murmuró Viri.

—Hoy he almorzado en The Toque.

—¿Has comido bien?

—Estoy engordando muchísimo —se quejó Arnaud—. Almorzar no es comer, es una profesión. Te ocupa toda la vida. He almorzado con una chica muy agradable. No la conoces.

—¿Quién es?

—Ha sido tan... inesperado todo lo que decía... Estudió en un convento. Los colchones eran de paja.

—¿Eso es inesperado?

—Ya sabes, hay una clase de educación, de crianza, que es ruinosa, pero si sobrevives a ella es lo mejor del mundo. Es como haber sido heroinómano o ladrón. Intentamos salvar a demasiada gente, eso es lo malo. La salvas, pero ¿qué has conseguido?

—Dime más cosas que ha dicho.

—No sólo era lo que decía. Ha comido, y es lo que me ha gustado de ella, ha comido tanto como yo. Éramos como dos campesinos cerrando un trato. Pan, pescado, vino, de todo. He empezado a mirarla como si ella fuera el plato siguiente. Y es una de esas chicas que rellenan totalmente su ropa. Era... ¿sabes cómo hacen esas empanadas de ternera y jamón en Inglaterra? Una chica *en croûte*. Y lo más interesante de todo: es coja.

—¿Coja?

—No camina muy bien. Cojea. No es nada corriente. Una mujer coja... Louise de La Vallière era coja. Louise de Vilmorin también. Tenía tuberculosis de cadera.

—¿Sí?

—Creo que sí. Algo también muy bonito es una mujer ligeramente bizca.

—¿Bizca?

—Un poquito. Y los dientes. La mala dentadura.

—¿Te gustan esas tres cosas?

—No, no, claro que no —dijo Arnaud—. No en la misma mujer. No se puede tener todo.

Había algo oculto en su expresión, la sonrisa de alguien que no va a revelarlo.

—Es terrible —suspiró.

—¿Qué?

—No puedo hacerle esto a Eve. No puedo serle infiel por una...

—Pierna coja.

—Es que no está bien —dijo Arnaud—. Quiero decir, ella guisa para mí. Tiene un sentido del humor maravilloso.

—Y no tiene los dientes muy bien.

—Son pasables. No los tiene demasiado mal.

Se removió ligeramente en la silla y buscó otra postura. La ropa le quedaba algo apretada.

—Es tan fácil extraviarse... —dijo—. Eve es buena para mí.

—Te quiere.

—Sí.

—¿Y tú?

—¿Yo? —Miró alrededor, como buscando algo que lo implicara—. Yo quiero a todo el mundo. A tus hijas las quiero, Viri. Hablo en serio.

—Bueno, es recíproco.

—Tengo celos de ellas. Celos de tu vida. Es una vida razonable. Es armoniosa, es lo que intento decir y, lo más importante, está íntimamente relacionada con el futuro a causa de tus hijas. O sea, estoy seguro de que te das cuenta de la trascendencia que eso da a cada día.

—¿Por qué no tienes hijos?

—Sí. Bueno, en primer lugar, digamos, necesito una esposa. Y, por desgracia, tú también tienes la que a mí me gusta. Nedra no tiene una hermana, ¿verdad?

—No.

—Qué lástima. Me gustaría casarme con su hermana. Sería realmente un acto de adulterio. —Su voz no era insultante—. No, tienes mucha suerte —dijo—. Pero tú lo sabes. Bueno, si sucediera algo...

Viri sonrió.

—No, lo digo en serio. Si te ocurriera algo... yo me ocuparía de tu mujer, de tus hijas. Seguiría queriéndolas por ti.

—No creo que vaya a suceder nada.

—Bueno, nunca se sabe —dijo Arnaud alegremente.

—Oye, ¿por qué no vienes a cenar este fin de semana?

—Estupendo.

—Eve y tú.

—Me olvidaba de una cosa —dijo Arnaud de pronto. Buscaba en su bolsillo—. Tengo un regalo para Franca. Lo compré en Azuma, es una sortija en forma de rana.

—¿Por qué no se la das tú?

—No, llévatela. Quiero que la tenga esta noche.

—Le diré que es de tu parte.

—Dile que es de parte de Yassir Rashid, el rey del desierto. Dile que la enseñe, si alguna vez está en peligro, y estará a salvo en medio de las tribus.

—Escucha, Yassir, ¿qué te parece un dedo de whisky antes de irte?

—Hay cosas en el desierto que no pueden esconderse —dijo Arnaud—. Un camello, humo y... ¿sabes qué? Vemos demasiadas películas.

—¿Con hielo? —preguntó Viri.

—Matan la imaginación. Tú has oído hablar de narradores ciegos. Los mitos nacen en la oscuridad. El cine no puede crearlos. ¿Te he hablado de la chica con la que he almorzado? No estaba nada mal. Verás, en un sentido es lo que pasaba con ella. No puede bailar. Por eso la gracia auténtica, la música de verdad, la lleva dentro.

Había atardecido. La luz se había ido. Fuera, la calle retemblaba de autobuses, de enormes automóviles que huían. A lo largo del río se extendía una procesión inacabable a la que Viri se sumaría. Avanzaría con ella, con las piernas cansadas aunque no había andado, con un ligero dolor en el cuello, volvería solo a casa, escuchando la continua repetición del noticiario.

8

En verano e invierno, siempre que podía, Nedra se levantaba tarde. Su yo auténtico se quedaba en la cama hasta las nueve, se removía, se estiraba, respiraba el aire nuevo. Las personas que duermen mucho suelen ser inconformistas; son meditabundas y algo retraídas. Tenía el cabello abundante y se le pegaba a la cara. Se lo recogía de diversas formas. Se lo lavaba y lo llevaba húmedo. Uno piensa en los diez, los veinte años brillantes en que ejerció su ascendiente. Es una mujer cuyas observaciones frías marcan la pauta de una comida; el hombre sentado a su lado sonríe. Ella sabe lo que hace, ahí está el meollo; pero ¿cómo podía saberlo? Sus actos no se repiten. No es una comedianta. Tiene una cara que electrifica —esa sonrisa súbita, explosiva— y, sin embargo, de alguna manera, no da nada.

Su cabello huele a flores. El día es sereno. El sol se está formando todavía, el río derrama luz.

Ella dice que no tiene amigos. Rae y Larry. Eve. Le cuesta mucho hacer amistades. No tiene tiempo para la amistad, se desengaña enseguida. La aman los tenderos, la gente que la ve pasar por la calle, envuelta en sí misma, mirando en los escaparates de las librerías los hermosos, gruesos volúmenes de pintores, la edición italiana de *Vogue*.

«¡Dile cuánto la queremos y añoramos!», exclaman los dueños del pequeño comercio de jabón y perfumes cerca de Bonwit. «¿Dónde está? No la vemos ahora que vive en el campo. Dile que venga», dicen. Les encanta su estatura, su elegancia, sus ojos color avellana.

A ella le interesa cierta gente. Admira determinadas vidas. Es sutil, penetrante y a veces maliciosa, con una fuerte inclinación a amar y no demasiado delicada en los medios que deben adoptarse. Todo esto está escrito en su libro de sueños. Por supuesto que no cree lo que dice, pero la divierte y hay pasajes del libro que son muy ciertos. Eve, por ejemplo, es exactamente como la describe. Viri también.

Uno quiere entrar en el aura que la rodea, que ella te acepte, ver su sonrisa, ver cómo ejercita esa profunda tendencia al amor que se le atribuye. Poco después de haberse casado, quizá una hora después, incluso Viri lo ansiaba. Su posesión de Nedra quedó santificada; al mismo tiempo algo cambió en ella. Nedra se convirtió en su pariente más cercano. Ella abrazó los intereses de Viri y se embarcó en la empresa por su cuenta. Desapareció el afecto desesperado, intolerable, y en su lugar surgió una mujer de veinte años condenada a vivir con él. Viri no acertaba a definirlo. Ella había huido. Tal vez era algo más; el error que ella sabía que habría de cometer fue por fin cometido. Su rostro irradiaba conocimiento. Una vena incolora y vertical, como una cicatriz, le atravesaba el centro de la frente. Ella había aceptado las limitaciones de su vida. Era aquella angustia, aquella conformidad lo que forjaba su gracia.

En verano iban a Amagansett. Casas de madera. Azules, días azules. El verano es el mediodía de las familias unidas. Es la hora de silencio en que sólo se oye a las aves marinas. Los postigos están cerrados, las voces calladas. De vez en cuando, el repique de un tenedor.

Días puros, vacíos. El mar es de plata, áspero como una corteza. *Hadji* ha cavado un hoyo en el cual se tumba, con los ojos entornados y granos de arena pegados en el hocico. Siempre de cara al mar. Franca lleva un bañador negro de una pieza. Sus miembros son fuertes y brillantes. Tiene miedo de las olas. Danny es más valiente. Va hasta la rompiente con su padre; gritan y se deslizan sobre el vientre. Franca se les une. El perro ladra en la orilla.

Ese silbido del mar en la larga tarde, los grandes lechos de espuma parda, de kelp traído por las tormentas, los mejillones, los leños blanqueados. Hacia el oeste el mar humea, un trecho largo y brillante como si lloviera. Franca ha encontrado en las dunas el caparazón seco de un escarabajo. Se lo lleva a Viri, tembloroso en su mano. Tiene una especie de cuerno.

—Mira, papá.

—Es un escarabajo rinoceronte —le dice él.

—¡Mamá! —grita ella—. ¡Mira! ¡Un escarabajo rinoceronte!

Franca tiene nueve años. Danny, siete. Esos años son interminables, pero no pueden rememorarse.

Viri duerme al sol. Está moreno, tiene las uñas decoloradas. Los lunes va a la ciudad en tren y vuelve el jueves por la noche. Alterna una felicidad con otra. Tiene una secretaria nueva. Trabajan juntos con una especie de emoción, como si no hubiese nada más en sus vidas. El aislamiento y la indiferencia de la ciudad en verano, como una larga vacación, como un viaje, obran su hechizo en ellos. No se repone de la belleza, la simpatía de su nombre: Kaya Doutreau.

Cerca de él, en la playa, hay dos muchachas tendidas boca abajo. Más allá, dispersas, hay familias, ropas, hombres solos sentados. El mar está vacío. Junto al reborde agonizante de la orilla caminan un joven con barba y con unos pantalones Levi's, desnudo hasta la cintura, y una muchacha con un bañador diminuto. Conversan, cabizbajos.

Emanan la nueva libertad, sus vidas parecen infinitamente útiles y dulces.

A veces, a mediodía, reflejados en escaparates, se ve a sí mismo y a una niña, los ve como si miraran la corriente de la vida, en medio de bizcochos y vino de Burdeos. Permanecen un momento donde están, de espaldas a la calle. Casi han terminado sus recados. Ella le apoya la cara en el brazo. Guardan silencio, unidos. Ella lleva un sombrero de paja. Está descalza. A él lo abruma un sentimiento de satisfacción. El sol colma la ciudad veraniega.

Vuelven a la casa. El sonido amortiguado de portezuelas de coches que se cierran. Danny está dando de comer al conejo cerca del escalón de la cocina, un conejo negro de patas blancas y con una mota en el pecho; la llaman su estrella. Mueve velozmente la boca mientras come. Tiene las orejas caídas.

En las bolsas de papel desbordantes, Viri encuentra una zanahoria.

—Toma —dice.

La niña la introduce por el alambre de la jaula. El conejo la engulle como un juguete mecánico.

—Le gusta el almuerzo —dice ella.

—¿Y el desayuno?

—También le gusta.

—¿Se lava las manos?

Las hojas verdes de la zanahoria desaparecen a tironcitos.

—No —responde ella.

—¿Se cepilla los dientes?

—No puede —dice ella.

—¿Por qué?

—No tiene lavabo.

• • •

Danny es menos obediente; tiene una veta testaruda. Es menos hermosa. En verano lo ocultan su delgadez y su piel bronceada. Se interna donde no hace pie con un tubo de goma, y patalea, audaz, como un insecto. Es la mañana, el oleaje rompe, sibilante, con sus dientes blancos sobre la orilla. Viri observa, sentado en la arena. Ella le hace señas con la mano, y el viento borra sus gritos. Él comprende de pronto lo que es el amor de un hijo. Lo conmueve como el verso de una melodía.

Mañana; el viento atenúa el sonido del mar. Sus bronceadas hijas caminan sobre suelos que crujen. Se pasan la vida juntas, en un pacto que nunca acabará. Van al circo, a las tiendas, a la nave del mercado de Amagansett, con sus estanterías cargadas y sus frutas, a picnics, desfiles, conciertos en iglesias de madera entre los árboles. Entran en Philharmonic Hall. El auditorio guarda silencio. Están sentadas con el programa en el regazo. Escuchar una sinfonía es abrir el libro de caras. El maestro llega. Se concentra, se equilibra. Los grandes, exóticos acordes de obertura de Chabrier. Van a versiones de *El lago de los cisnes*, con la cara pálida en la oscuridad del Grand Tier. La vasta curva de butacas está iluminada como el Ritz. Un foso de orquesta, enorme, grande como un barco, un techo dorado del que manan estallidos de luz y del que cuelgan cristales que relucen como hielo. El gran Nureyev sale después y hace una reverencia como un ángel, como un príncipe. Se suplican una a otra la cesión de los prismáticos; el sudor brilla en el cuello y el pecho del bailarín, y hasta en la raíz del pelo. Sus manos, como las de un niño, juegan con las borlas de la capa. El final de las funciones, el final de Mozart, de Bach. La violinista solista saluda de pie con la cara levantada, totalmente exhausta, y todavía suenan los últimos acordes, como los de un magno amor. El director la aplaude, y el público, las mujeres hermosas, con las manos en alto.

Se pasan la vida juntas, pasan por delante de chicos que pescan, que van hasta la punta del muelle con una pequeña anguila doblada en dos, clavada en el anzuelo. El ojo mudo de la anguila clama, un punto negro en su cara plana y plateada. Las niñas se sientan a la mesa donde come su abuelo, el padre de Nedra, viajante de comercio, hombre de ciudad provinciana, con su tos amarilla, sus cigarrillos Camel siempre al alcance de la mano. Su voz suena desentonada, sus ojos empañados, apenas parece reparar en ellas. Lleva la muerte consigo a la cocina; una vida larga y malgastada, crisálida de la de Nedra, su cobertura reseca, su fuente olvidada. Calza zapatos baratos, tiene una maleta llena de muestras de marcos de ventana de aluminio.

Su vida de hermanas se entreteje, se configura junta, son como actrices, como un grupo de actores fervorosos que no conocen nada más allá de sí mismos, del reparto de papeles de antiguas, inmortales obras.

Se acaba el verano. Hay días de bruma y frío, el mar está en calma y blanco. Las olas rompen a lo lejos con un rumor lento y majestuoso. La playa está desierta. Hay paseantes ocasionales por la orilla. Las niñas se tumban sobre la espalda de Viri como comadrejas; siente la arena caliente debajo.

Se les unen Peter y Catherine, junto con el niño de ambos. Las familias se sientan separadas, en la soledad y la bruma. Peter tiene una silla plegable y lleva una gorra y una camisa marineras. A su lado hay un cubo lleno de hielo, botellas de Dubonnet y ron. Un día bello y extrañamente inquietante. La delicada bruma desfila sobre ellos. Ha pasado agosto.

En una pausa de la conversación, Peter se levanta y se adentra en el agua despacio, sin decir una palabra, bañista solitario, y nada mar adentro con su camisa azul. Sus brazadas son potentes y uniformes. Nada con seguridad, fuerte como un vendedor de hielo. Viri finalmente lo imita. El agua está fría. Alrededor de ellos todo es bruma, la rítmica ondulación de las olas. No hay nadie a la vista salvo sus familias, sentadas en la orilla.

—Es como nadar en el mar de Irlanda —dice Peter—. Sin nada de sol.

Franca y Danny se meten en el agua.

—Aquí cubre —les advierte Viri.

Cada uno sostiene a una niña. Las estrechan.

—Los marinos irlandeses —les dice Peter— no aprenden a nadar. Ni siquiera una brazada. El mar es demasiado bravo.

—¿Y si el barco se hunde?

—Cruzan las manos sobre el pecho y rezan una oración —dice Peter.

Hace el gesto. Se pierde de vista bajo el agua como la tapa tallada de un féretro.

—¿Es verdad? —le preguntan más tarde a Viri.

—Sí.

—¿Se ahogan?

—Se entregan en manos de Dios.

—¿Cómo lo sabe él?

—Lo sabe.

—Peter es muy raro —dice Franca.

Y él les lee, como todas las noches, como si las regara, como si removiese la tierra a sus pies. Hay historias de las que nunca ha oído hablar y otras que se sabía de niño, esas piedras de vado puestas en un cauce para que las use todo el mundo. Se pregunta cuál es el significado real de esas historias, de criaturas que ya no existen ni siquiera en la imaginación: príncipes, leñadores, pescadores honrados que viven en casuchas. Quiere que sus hijas tengan una vida antigua y una vida nueva, una vida indivisible de todas las vidas pretéritas, que emane de ellas, que las sobrepase, y otra vida que sea original, pura, libre, que trascienda el prejuicio que nos protege, la costumbre que nos moldea. Quiere que conozcan tanto la santidad como la degradación, la primera sin ignorancia y la segunda sin humillación. Las está preparando para ese viaje. Es como si sólo dispusiera de una hora y en esa hora tuviese que llenar todas las alforjas, impartir todos los consejos. Anhela darles la frase que ellas recuerden siempre, que lo abarque todo, que les señale el camino, pero no la encuentra, no la reconoce. Sabe que es más valiosa que cualquier otra cosa que puedan poseer, pero él no la tiene. A falta de ella, con su voz monocorde y sensual, las baña en los nimios mitos de Europa, de la nevosa Rusia, de Oriente. La mejor educación consiste en conocer un solo libro, le dice a Nedra. De ahí procede la pureza, y la proporción, y el consuelo de tener siempre a mano un ejemplo.

—¿Qué libro? —dice ella.

—Hay unos cuantos.

—Viri —dice ella—, es una idea encantadora.

9

Estaban sentados en el restaurante del modo que él prefería, en el mismo lado de la mesa. Las arrugas del mantel eran recientes, y la sala resplandecía de luz.

—¿Te apetece vino? —preguntó.

Ella llevaba un vestido sin mangas de color ciruela —septiembre es un mes caluroso en Nueva York— y un collar de plata como follaje, como un enjambre de íes. Él se fijaba en todo, se alimentaba de ello: el filo de sus dientes, su olor, sus zapatos. El comedor estaba atestado, desbordante de charlas.

Él también hablaba. Se excedió explicando, pero no pudo evitarlo. Una cosa llevaba a la otra, la inspiraba, la historia de Stanford White, la ciudad como era antiguamente, las iglesias de Wren. No inventaba nada; brotaba de él. Ella asentía y contestaba con su silencio, bebía el vino. Apoyaba los codos en la mesa; su mirada lo debilitaba. Estaba absorta, casi hipnotizada. Era inteligente, eso era lo que la volvía extraordinaria. Aprendía, asimilaba. Él sabía que ella no llevaba nada debajo del vestido; deBeque se lo había dicho.

El apartamento de ella era de un periodista ausente durante un año. Libros, lápices afilados, leña apilada en orden para el invierno, todo lo necesario. Había ejemplares de *Der Spiegel*, esquís blancos Kneissl. Ella cerró la puerta tras de sí y corrió el cerrojo. A partir de aquel primer momento, de aquel acto trivial y frío, fue como si empezara una especie de película, una película muda, casi titilante, con pasajes estúpidos que no obstante los consumían y se tornaban reales.

La habitación era amplia. Fotos de amigos en la pared, de barcos, fiestas, tardes en Puerto Marqués. Una radio de plástico con las ciudades de Europa impresas en el dial. *La odisea* de Kazantzakis. Los bordes rojos y azules de sobres de correo aéreo. Los *Écrits intimes* de Vailland. En el hueco donde estaba la cama, un espejo enmarcado de plata repujada, pájaros tallados, una colcha estampada.

—Parece México —dijo Viri. La voz parecía salirle a empellones, carecía de tono—. ¿Son tuyos estos esquís? —preguntó.

—No.

Como sin ningún motivo, ella entonces lo besó. Se quitó los zapatos, primero uno y después el otro, que cayeron al suelo y rodaron. Sus pies eran aristocráticos, bien hechos. El sonido tenue de una cremallera. Ella se volvió y levantó los brazos.

El amplio lecho de la tarde, la penumbra de cortinas corridas. Él se estaba escabullendo de su ropa, que caía formando un montón. Ella lo esperaba tendida. Parecía tranquila, remota. Él le tocó la frente con la suya como un criado, como un creyente en Dios. No podía hablar. Le abrazó las rodillas.

Era un apartamento trasero, que daba a patios con árboles todavía sin hojas. Los rumores de la calle habían cesado. Ella tenía la cabeza ladeada hacia un costado, la garganta desnuda. Su calidad de mujer nueva lo ahogaba. En algún lugar cerca de la cama empezó a sonar el teléfono. Tres timbrazos, cuatro. Ella no lo oía. Dejó de sonar, por fin.

Se despertaron mucho más tarde, débiles, indultados. Ella tenía la cara hinchada de amor. Habló sin inmutarse.

—¿Qué te parece México?

Él respondió finalmente.

—Es una ciudad bonita —dijo.

Se metió en el baño. Vio en la penumbra su propio reflejo como si fuera el de otro hombre, un atisbo triunfal que lo retuvo mientras el agua inundaba la bañera. Su cuerpo estaba en la sombra. Parecía fuerte, como el de un boxeador o un jockey. No era un hombre de ciudad; de pronto era primitivo, firme como una rama. Nunca había estado tan exultante después del amor. Todas las cosas sencillas habían encontrado su voz. Era como si estuviera entre bastidores durante una gran obertura, solo, en penumbra pero oyéndolo todo.

Ella pasó por delante, desnuda, y su piel rozó la suya. Lo abrumaba esa imagen de ella, no lograría memorizarla, no le bastaría. Ella era indiferente a su presencia. Su desnudez femenina era densa, adulta; sus nalgas brillaban como las de un chico.

Entró en el agua y se recogió el pelo. Él estaba sentado fuera, con las rodillas dobladas, contento.

—¿Cómo está? —preguntó.

—Es como hacer el amor por segunda vez.

Él recorrió con la mirada el apartamento bien organizado. Hay mujeres que viven esmeradamente, que son astutas, que dan un paso sólo cuando el suelo es firme debajo de sus pies. Ella no era una de ellas. Había collares colgados a la ventura cerca del espejo, y sus ropas y cigarrillos estaban desperdigados. Él encendió la televisión sin sonido. Lo que lo rodeaba era extranjero, los colores intensos y hermosos. Le pareció que se hallaba en otra parte, en una ciudad europea, en un tren. Había entrado en aquella habitación donde había una mujer que lo estaba esperando, una mujer inteligente que sabía por qué había ido.

Ella observaba apoyada en la entrada, con las caderas circundadas de blancura y el oscuro mechón de pelo. Él ansiaba mirarla, pero estaba avergonzado. De alguna manera lo turbaba que ella se le entregase. Sabía que la estaba devorando, como un zorro.

—¿Crees que debería volver a la oficina? —dijo ella.

—Quizá sería mejor que no volviéramos al mismo tiempo. —Cogió su reloj—. Dios mío —murmuró—. Son casi las cuatro. ¿Por qué no vuelves hacia las cuatro y media? Di que has estado en el dentista o algo parecido.

—¿Crees que se darán cuenta?

—¿Darse cuenta? —dijo él. Había empezado a vestirse lentamente—. Probablemente ya lo han hecho.

Él la observó peinarse. Ella lo vio en el espejo, sin sonreír apenas. Era su silencio, su sumisión lo que a él lo abrumaba. Pensó que ella no quería nada; lo permitiría todo. No podía mirarla sin pensar en ello, sin llenarse de deseo. Era como si estuviese extraviada.Temía molestarla, prestarle ayuda. Era como si ella no lo hubiese visto todavía. ¿Cuánto podía durar? ¿Cuánto tiempo haría falta para que ella lo reconociese, conociera sus pensamientos? Temía el brillo súbito de un reloj de pulsera, el destello de una sonrisa, el sol en el tapacubos de un coche, cualquier poderosa emanación masculina que la despertase. Quería seguir poseyéndola aun cuando no creyese en ello, sentir la confianza de la que todo dependía. Quería ser invulnerable, aunque fuese durante una hora, admirarla mientras ella yacía de bruces, hablarle en voz baja como se le habla a un niño. Le colocaba una almohada debajo, la doblaba con sumo cuidado. Nadaban en lentitud. Parecía que eran necesarios cinco minutos para arrodillarse entre sus piernas. Ella estaba tendida debajo y él le ponía la mano en el cuerpo para sosegarla...

La dejó en la esquina, cerca del museo. Ella esperaba el cambio del semáforo. Los edificios ante los que él pasaba parecían extrañamente muertos, y la calle, aun bañada por el sol, parecía desnuda. Se volvió a mirar una vez más. De pronto, no supo por qué —ella estaba cruzando sola la ancha avenida—, toda su incertidumbre se disipó. Echó a correr y la alcanzó en la escalinata.

—He decidido acompañarte —dijo. Su voz era irregular; logró aquietar la respiración—. Hay una sala de joyería egipcia, una sala preciosa, que quería enseñarte. ¿Sabes quién es Isis?

—Una diosa —dijo ella.

—Sí. Otra.

Ella bajó la cabeza con un gesto de profunda satisfacción. Lo miró y sonrió.

—Ella también es una diosa, ¿eh? Las conoces a todas.

Él percibía claramente su amor. Comprendió que ella era suya. Jamás se había sentido más feliz, más seguro.

—Hay muchas cosas que quiero enseñarte.

Ella lo siguió al interior de las grandes salas. Él la guiaba por el codo, tocándola a menudo, el hombro, la región lumbar. A la postre ella lo olvidaría; sería su manera de vencer.

Volvió a casa conduciendo en el ocaso luminoso. Estaban anunciando las cotizaciones al cierre de la Bolsa, los árboles guardaban los residuos del día.

Nedra estaba sentada a una mesa del cuarto de estar, con notas esparcidas ante ella. Escribía algo.

—Un cuento —explicó—. ¿Había mucho tráfico?

—No mucho.

—Tienes que ilustrármelo —dijo, con una ligera euforia algo extraña. Cerca del codo tenía un San Rafael. Levantó la vista—. ¿Te apetece uno?

—Daré un sorbo del tuyo. No, pensándolo mejor, me tomaré uno.

Ella parecía tranquila y confiada; no sabía nada, él estaba seguro. Fue a prepararle el cóctel. Se sintió aliviado. Era como una liebre, por fin a salvo en su madriguera. La vislumbró cruzando el pasillo y lo embargó un gran cariño, afecto por sus caderas, su cabello, las pulseras que llevaba en la muñeca. En cierto modo él era de repente igual a ella; su amor por Nedra no dependía solamente de ella, era más vasto, un amor a las mujeres, en gran medida no correspondido, un amor inalcanzable que él concentraba en aquella criatura terca y misteriosa, pero no sólo en ella. Había dividido su tormento; por fin lo había escindido.

Nedra volvió con la bebida y se sentó en una confortable butaca.

—¿Has trabajado mucho hoy?

—Pues sí. —Dio un sorbo a la copa—. Está delicioso. Gracias.

—¿Y ha ido bien el trabajo?

—Más o menos.

—Hum.

Ella no sabía nada. Ella lo sabía todo, brotó de golpe la idea, ella no decía nada por pura lucidez.

—¿Qué has hecho hoy? —preguntó él.

—He tenido un día realmente maravilloso. He estado escribiendo el cuento de la anguila para Franca y Danny. No me gustan los libros que les dan en la escuela. Quiero hacer uno mío. Déjame que te lo lea. Voy a buscarlo.

Sonrió a Viri antes de levantarse, fue una sonrisa amplia, comprensiva.

—La anguila... —dijo él.

—Sí.

—Eso es muy freudiano.

—Ya lo sé, pero, Viri, no creo en esas cosas. Creo que es bastante limitado.

—Limitado. Bueno, claramente limitado, pero el simbolismo es muy evidente.

—¿Qué simbolismo?
—O sea, es una polla clarísima —dijo él.
—Detesto esa palabra.
—Es inofensiva.
—No, no lo es.
—Bueno, las hay peores.
—No me gusta, simplemente.
—¿Cuál te gusta?
—¿Qué palabra?
—Sí.
—Inimitable —dijo ella.
—¿Inimitable?
—Sí. —Se echó a reír—. Tenía una gran inimitable. Escucha lo que he escrito.

Le mostró el dibujo que había hecho. Era sólo para dar una idea; el de él sería mejor.

—Oh, Nedra —dijo Viri—, es precioso.

Una extraña, serpenteante criatura de líneas elegantes, engalanada con flores.

—¿Con qué tipo de lápiz lo has hecho? —dijo él.
—Con uno fabuloso. Mira. Lo he comprado.

Él lo estaba examinando.

—Tiene diferentes puntas —explicó ella.
—Es una anguila maravillosa.
—Durante siglos —dijo Nedra—, nadie sabía nada de ellas. Eran un absoluto misterio. Aristóteles escribió que no tenían sexo, ni huevos ni semen. Dijo que emergían, ya crecidas, del mar. Durante miles de años se aceptó esa versión.
—Pero ¿no ponen huevos?
—Te lo contaré todo al respecto —prometió ella—. Hoy, todo el día, he estado dibujando esta anguila. ¿Te gustan las flores?
—Sí. Muchísimo.
—Tú dibujas mucho mejor que yo, tu anguila será fantástica. Además, tienes razón, la anguila es algo mas-

culino, pero las mujeres también la comprenden. Las fascina.

—Eso he oído decir —murmuró él.

—Escucha...

Él estaba vacío, en paz. Las ventanas oscurecidas conferían brillo a la habitación. Él venía del mar, de una travesía emocionante. Se había estirado la ropa, cepillado el pelo. Estaba lleno de secretos, engaños que lo hacían completo.

—«La anguila es un pez —leyó ella— que pertenece al orden de los ápodos. Es de color marrón y aceituna, con lomos amarillos y el vientre pálido. La anguila macho vive en puertos y ríos. La hembra vive lejos del mar. La vida de las anguilas fue siempre un misterio. Nadie sabía de dónde procedían ni adónde iban.»

—Eso es un libro —dijo él.

—Un libro o un cuento. Sólo para nosotros. Me encantan las descripciones. «Viven en agua dulce —prosiguió—, pero una vez en sus vidas, una sola vez, van al mar. Hacen el viaje juntas, el macho y la hembra. No vuelven nunca.»

—Eso es exacto, por supuesto.

—«La anguila procede de un huevo. Después es una larva. Flotan en la corriente del océano, no miden más de medio centímetro de largo y son transparentes. Se alimentan de algas. Al cabo de un año o algo más llegan finalmente a la costa. Allí se desarrollan hasta convertirse en angulas, y, en la desembocadura de los ríos, las hembras abandonan a los machos y viajan río arriba. Las anguilas se alimentan de cualquier cosa: peces muertos y animales, cangrejos de río, quisquillas. Se ocultan en el limo durante el día y comen durante la noche. En el invierno hibernan.»

Bebió un sorbo de su copa y continuó.

—«La hembra vive así durante años, en estanques y corrientes, y luego, un día de otoño, se detiene y ayuna. Su color se vuelve negro o casi negro, el hocico se le afila, los ojos se le agrandan. Avanza de noche y descansa de día, y a veces cruza praderas y campos en su viaje río abajo hacia el mar.»

—¿Y el macho?

—«Se reúne con el macho, que ha pasado toda su vida cerca del estuario y, juntas, a centenares de miles, regresan al lugar donde nacieron, el mar de algas, el mar de los Sargazos. Se aparean a profundidades insondables y mueren.»

—Nedra, eso suena a Wagner.

—Hay anguilas comunes, congrios, anguilas serpiente, anguilas de cola en punta, toda clase de anguilas. Nacen en el mar, viven en agua dulce y regresan al mar para reproducirse y morir. ¿No te conmueve?

—Sí.

—No sé cómo acabar.

—Quizá con un dibujo bonito.

—Oh, habrá dibujos en cada página —dijo ella—. Quiero que esté lleno de dibujos.

Viri se sentía los ojos cansados.

—Quiero que sea en papel claro, gris. Dibuja una aquí.

Las niñas bajaban la escalera.

—¿Una anguila? —dijo él.

—Aquí hay cantidad de ilustraciones.

—¿Ellas pueden ver lo que hago?

—No —dijo ella—. Tiene que ser una sorpresa.

Cenaron en un restaurante chino muy concurrido los fines de semana, pero aquella noche estaba casi vacío. Los menús estaban desgastados y desgarrados por el pliegue. Él se tomó dos vodkas y enseñó a las niñas el modo de manejar los palillos. Sirvieron los platos en la mesa y los destaparon: gambas y guisantes, estofado de pollo, arroz. Dos vidas son perfectamente naturales, pensó Viri, mientras cogía una castaña de agua. Entretanto hablaba de China: leyendas de emperadores, los barcos de recreo de piedra de

Peiping. Nedra parecía vigilante, callada. De pronto él se puso alerta y casi enmudeció, temiendo traicionarse. Había pasado por alto algo, trató de pensar qué era, algo que ella había advertido por casualidad. Lo asaltó la culpa del inexperto, como una falsa enfermedad. Procuró conservar la calma, el realismo.

—¿Queréis tomar postre? —preguntó.

Llamó al camarero, que llevaba una etiqueta con su nombre en la chaqueta.

—¿Kenneth? —dijo Viri, sorprendido.

—Kennif —confirmó el chino.

—Ah, sí. Kenneth, ¿qué hay de postre? ¿Tienen galletas de la fortuna?

—Oh, sí, *señol*.

—¿Kumquats?

—No kumquat —dijo Kenneth.

—¿No kumquat?

—*Selo* —contestó apaciguador.

—Entonces galletas —dijo Viri.

Esperaba tumbado en la cama, con un pijama limpio. Sus zapatos estaban en el armario, y había guardado la ropa. El frescor de la almohada debajo de su cabeza, la sensación de cansancio y de bienestar que lo invadía: inspeccionaba esas cosas como si fueran advertencias. Resignado y cauteloso, se aprestaba para el golpe.

Nedra ocupó su sitio junto a él. Viri guardaba silencio; no podía cerrar los ojos. La presencia de Nedra era la garantía definitiva de orden y de santidad, como aquellos grandes dirigentes que eran los últimos en dormir. La casa estaba en silencio, las ventanas oscuras, sus hijas estaban acostadas. En el dedo de Nedra, cerca de él, había un anillo conyugal de oro, un dedo quizá manchado de tinta, un dedo que él ansiaba acariciar, que no tenía el valor de tocar.

Estaban acostados juntos en la oscuridad. En una gaveta del escritorio, sepultada en el fondo, había una carta compuesta de frases recortadas de revistas y periódicos, una carta de amor encolada con chistes y sugerencias apasionadas, una carta famosa enviada desde Georgia antes de que se casaran, cuando Viri estaba en el ejército, compungido y solo. Había abejas que anidaban en el invernadero, erosión a lo largo de la ribera del río. En una cómoda de niño, dentro de una caja con cuatro patitas, había collares, sortijas, una estrella de mar dura como madera. En la casa había una abundancia de acuario, la llenaban los ritmos del sueño, miembros sin fuerza, bocas entreabiertas.

Nedra estaba despierta. De repente se incorporó sobre un codo.

—¿Qué es esa peste? —dijo—. ¿*Hadji*? ¿Eres tú?

El perro estaba tendido debajo de la cama.

—¡Sal de ahí! —le gritó.

Hadji no se movió. Ella repitió la orden. Por fin, con las orejas gachas, el perro salió.

—Viri —suspiró ella—. Abre la ventana.

—Sí, ¿qué pasa?

—Tu maldito perro.

10

Marcel-Maas vivía en un granero de piedra inacabado, en gran parte construido con sus propias manos. Era pintor. Exponía su obra en una galería, pero era prácticamente desconocido. Tenía una hija de diecisiete años. Su esposa —la gente la encontraba rara— estaba en los últimos años de la juventud. Era como una cena suculenta dejada en la mesa hasta el día siguiente. Era una mujer suntuosa, pero los invitados se habían ido. Las mejillas empezaban a temblarle cuando caminaba.

Barba tupida, nariz verrugosa, chaqueta de pana, largos silencios: así era Marcel-Maas. Ahora consagraba al lienzo todos sus esfuerzos; los marcos de las ventanas se estaban descascarillando, las paredes del interior estaban mugrientas. No reparaba nada, ni siquiera una gotera; rara vez salía, no conducía un coche. Aborrecía viajar, decía.

Su mujer era una yegua suelta en un campo. Aguardaba la locura, dilapidando su vida en los pastos. Iba a la ciudad, a los almacenes Bloomingdale's, al ginecólogo, a los proveedores de material artístico. Algunas tardes veía una película.

—Viajar es una tontería —anunció Marcel-Maas—. Lo único que ves es lo que ya llevas dentro.

Iba en zapatillas. El pelo negro le colgaba suelto.

—No estoy de acuerdo, en general —dijo Viri.

—Los únicos que sacarían provecho del viaje, las personas sensibles, no necesitan viajar.

—Eso es como decir que las personas que podrían beneficiarse de la educación no necesitan educarse —dijo Viri.

Marcel-Maas guardó silencio.

—Eres demasiado literal —dijo finalmente.

—A mí me encanta viajar —comentó su mujer.

Silencio. Marcel-Maas no le hizo caso. Ella estaba de pie junto a la ventana, mirando el día, bebiendo una copa de vino tinto.

—Robert es la única persona que conozco a quien no le gusta —continuó ella. Siguió mirando por la ventana.

—¿Qué viajes has hecho tú? —dijo él.

—Una buena pregunta, francamente.

—Hablas de algo de lo que no sabes nada. Has leído al respecto. Has leído sobre esos médicos que van con sus mujeres a Europa. Los empleados de banco van a Europa. ¿Qué hay en Europa?

—¿De qué estás hablando? —dijo ella.

La hija de ambos apareció en la puerta. Tenía brazos delgados, un cuerpo enjuto, pechos pequeños. Sus ojos azules eran fascinantes.

—Hola, Kate —dijo Viri.

Ella estaba ocupada en morderse la uña de un pulgar. Iba descalza.

—Voy a decirte lo que hay en Europa —continuó su padre—. Los detritos de civilizaciones fracasadas. Clubs nocturnos. Pulgas.

—¿Pulgas?

—Ha venido Jivan —dijo Kate.

Nora Marcel-Maas apretó la cara contra el cristal para mirar fuera.

—¿Dónde está?

—Acaba de aparcar.

Oyeron abrirse la puerta.

—¡Hola! —llamó una voz.

—¡Aquí dentro! —gritó Marcel-Maas.

Lo oyeron llegar por el pasillo. La cocina era la habitación más cálida del granero; los pisos de arriba no tenían calefacción todavía.

Jivan era bajo. Era delgado, como los chicos que se ven holgazaneando en plazas de México y países más al sur. Era uno de esos chicos, pero con modales, con prendas de vestir recién compradas.

—Hola —dijo al entrar—. Hola, Kate. Te has puesto guapísima. Déjame verte. Date la vuelta. —Ella obedeció sin vacilar. Él le cogió la mano y se la besó como un ramo de flores—. Robert, tu hija es una maravilla. Tiene corazón de cortesana.

—No te preocupes. Va a casarse.

—Pensé que sólo era una prueba —se quejó Jivan—. ¿No es eso?

—Más o menos —contestó ella.

—Viri —dijo Jivan—, he visto tu coche. Por eso me he parado. ¿Cómo estás?

—¿Has venido en moto?

—¿Quieres que te dé otra clase?

—Creo que no.

—No fue nada, aquel pequeño accidente.

—Me gustaría probar otra vez —dijo Viri—, pero todavía me duele el costado.

Jivan aceptó una copa de vino. Tenía las manos pequeñas, las uñas aseadas, la cara tersa como la de un niño.

—¿Dónde has estado, en la ciudad? —preguntó Marcel-Maas.

—¿Dónde está Nora?

—Estaba aquí hace un minuto.

—Sí, acabo de volver —dijo Jivan—. He pasado allí la noche. Fui a una especie de recepción... un rollo libanés. Se me hizo tarde y me quedé a dormir. Las norteamericanas son muy extrañas —dijo.

Se sentó y sonrió cortésmente. Con él era como estar en cafés y restaurantes insulsos, caldeados por el murmullo de charlas. Volvió a sonreír. Tenía dientes fuertes. Dormía con un cuchillo en la cabecera de la cama.

—Verás, he conocido a una mujer —dijo—. Estuvo casada con un embajador o algo así, es rubia, en la treintena. Después de la fiesta fuimos cerca del sitio donde iba a hospedarme. Había un bar y le pregunté, como si tal cosa, si le apetecía tomar allí una copa. No te imaginas lo que me dijo. Dijo: «No puedo. Tengo la regla».

—¿No te has hartado de ellas? —dijo Marcel-Maas.

—¿Hartado? ¿Te puedes hartar?

—Para ti todas son como *lukum.*

—*Lokum* —lo corrigió Jivan—. *Rahat lokum.* Significa delicia turca —tradujo—. Engorda mucho. A Robert le gusta cómo suena. Un día te traeré una *rahat lokum.* Así sabrás lo que es.

—Ya sé lo que es —dijo Marcel-Maas—. He comido cantidad.

—No la auténtica *rahat.*

—La auténtica.

Jivan era su amigo, decía Marcel-Maas. No tenía más amigos, ni siquiera su mujer. Igualmente, iba a divorciarse de ella. Era una neurótica. Un artista tenía que vivir con una mujer sin complicaciones, como la de Bonnard, que posaba sólo con zapatos. Lo demás venía por añadidura. Por «lo demás» entendía un almuerzo caliente a diario, sin el cual no podía trabajar. Se sentaba a la mesa como un peón irlandés, con las manos sucias y la cabeza gacha, patatas, carne, gruesas rebanadas de pan. Comía en silencio, no había bromas con él, esperaba que las cosas se resolviesen solas entretanto, que cuajaran en algo inesperado e interesante como la capa de finas burbujas en la pierna de uno en el baño.

—¿Dónde está tu madre, Kate? —preguntó—. ¿Dónde se ha metido?

Kate se encogió de hombros. Tenía la languidez de un recadero, de alguien imposible de ofender. Había sobrellevado dormitorios sin estufa, facturas sin pagar, la fuga de su padre, sus regresos, los pájaros hermosos que él había tallado con madera de manzano y pintado y puesto encima de su cama. Él le había dedicado muchísimo tiempo cuando era una niña. Ella se acordaba de algo. Había vivido en las ondas de color que él había elegido, las había absorbido como se absorbe el sol. Había visto en el suelo los cuadernos de bocetos rotos, con huellas de pisadas en las hojas, y lo había encontrado despatarrado y borracho en la habitación de ella, con la cara contra los gruesos tablones de picea. No lo traicionaría nunca; era impensable. Él no le pedía nada. A lo largo de todos aquellos años, había presenciado los golpes que él había sufrido, como en una pelea callejera. Él no se quejaba. Alguna que otra vez hablaba de pintura, de podar los árboles. Había en él la santidad de un hombre que no se miraba nunca al espejo, que tenía pensamientos deslumbrantes, aunque analfabetos, y sueños inmensos. Les había dado cada centavo que ganaba, y ellas lo gastaban.

Su novio de California era pintor. Mientras la música llenaba el aire, fumaban durante días seguidos. Trasnochaban, dormían la mitad del día. Su padre no le había enseñado nada a Kate, pero la tela de la que estaba hecha la vida de Marcel-Maas era la única que a ella le parecía buena; la llevaba como llevaba a veces los zapatos viejos de él, que tenía los pies muy pequeños.

—Bueno, ¿dónde está? —preguntó—. Cuando trabajas no te puedes librar de ella. Cuando quieres verla se marcha. ¿Por qué no le dices que ha venido Jivan?

—Oh, ya lo sabe —contestó Kate.

11

A Jivan le encantaban los niños. Ellos le enseñaban sus juegos, sabían que aprendería a jugarlos enseguida. Él no se rebajaba; se convertía en un niño. Tenía tiempo para eso. Encarnaba las virtudes sencillas de una vida vivida a solas. Tenía tiempo para todo: para cocinar, para las plantas.

Vivía en un local comercial vacío que antes había sido una farmacia. Una larga y serena habitación delantera, con las ventanas veladas por bambú y un vergel de plantas. De noche apenas se podía fisgar dentro. Parecía un restaurante donde se demoraban los últimos clientes. De la pared colgaba una bicicleta de carreras. Un alsaciano blanco pegaba el hocico, silencioso, sin ladrar, contra el cristal de la puerta.

Había jaulas con pájaros y un loro gris que extendía las alas.

—*Perruchio* —decía Jivan—, haz el ángel.

Nada.

—El ángel, el ángel —decía—. *Fai l'angelone.*

Como un gato que estira sus zarpas, el loro desplegaba despacio sus alas y su plumaje. Su cabeza de perfil presentaba un solo ojo negro y despiadado.

—¿Por qué se llama *Perruchio*? —preguntó Danny.

Cuando ella trataba de acercarse, el loro se desplazaba de costado, un paso detrás de otro.

—Se llamaba así cuando lo compré —dijo Jivan.

Jugaba a las veinte preguntas. Su instrucción constaba de lo más elemental: libros. No leía narrativa, sólo cartas, diarios, biografías de grandes personajes.

—De acuerdo —dijo—. ¿Estás lista? Tengo uno.

—Un hombre —dijo Danny.

—Sí.

—Vivo.

—No.

Una pausa mientras ellas abandonaban la esperanza de que fuese fácil.

—¿Tenía barba?

Las preguntas de las niñas eran siempre oblicuas.

—Sí, tenía barba.

—¡Lincoln! —exclamaron.

—No.

—¿Tenía familia numerosa?

—Sí.

—¡Napoleón!

—No, no es Napoleón.

—¿Cuántas preguntas llevamos?

—No sé... cuatro, cinco —dijo él.

Les llevaba regalos, cajas que habían contenido jabones caros, naipes de miniatura, cuentas griegas. Se presentó a cenar un atardecer de octubre, haciendo crujir la gravilla fría, con una botella de vino en la mano. Se acercaba el otoño; se sentía en el aire.

Hadji estaba tendido de lado a la sombra de un arbusto cuyas hojas oscuras lo tocaban.

—Hola, *Hadji*, ¿cómo estás? —Se paró a hablarle como a una persona. Hubo un débil movimiento cerca del trasero del perro, un compás en el rabo ausente—. ¿Qué haces, descansando un rato?

Entró en la casa con seguridad pero correcto, como un pariente que conoce su lugar. Respetaba los conocimientos de Viri, su historial, la gente que conocía. Se había vestido pulcramente, con pantalones grises como los que se pueden encontrar en unos grandes almacenes, un fular, una camisa blanca.

—Hola, Franca —La besó con naturalidad—. Hola, Dan.

Le tendió la mano a Viri, sonriente.

—Dame el vino —se brindó Viri. Examinó la etiqueta—. Mirassou. No lo conozco.

—Me lo recomendó un amigo de California —dijo Jivan—. Tiene un restaurante. Ya sabes cómo son los libaneses. Cuando van a alguna parte, lo primero que hacen es buscar un buen restaurante, y luego siempre van allí, no pisan ningún otro. De eso lo conozco. Iba a comer allí. Cuando estaba en California iba todas las noches.

—Hay cordero para cenar.

—Tiene que estar muy rico con cordero.

—¿Te apetece un San Rafael? —le preguntó Nedra.

—Me gustaría, sí —contestó él—. Bueno —le dijo a Danny—, ¿qué tal te ha ido?

Estaba menos a gusto con ellas cuando su padre estaba presente.

—Quiero enseñarte una cosa que estoy haciendo —dijo la niña.

—¿Qué es?

—Un bosque.

—¿Qué clase de bosque?

—Te lo enseño —dijo ella, cogiéndolo de la mano.

—No —intervino Viri—. Tráelo aquí.

Los dos hombres eran casi de la misma altura, de la misma edad. Jivan poseía menos aplomo. Se sentaron como si uno fuese el dueño de una gran mansión y el otro su jardinero. El uno aguardaba a que el otro abordara un tema, que lo autorizase a hablar.

—Empieza a hacer frío —comentó Viri.

—Sí, las hojas ya empiezan a caer —asintió Jivan.

—No tardarán mucho. Me gusta el invierno —dijo Viri—. Me gusta esa sensación de que te envuelve.

—¿Cómo está *Perruchio*? —preguntó Franca.

—Le estoy enseñando a colgarse cabeza abajo.

—¿Cómo lo haces?

—Como un murciélago —añadió Jivan.

—Me gustaría verlo.

—Bueno, cuando aprenda.

Nedra le llevó la bebida.

—Gracias —dijo él.

—¿Quieres más hielo?

—No, está bien así.

A Nedra no le costaba nada ser amable, o lo era fácilmente o no lo era en absoluto. Jivan bebió un sorbo. Limpió el fondo del vaso antes de posarlo. Era propietario de una pequeña empresa de mudanzas y guardamuebles. Su camión estaba inmaculado. Las mantas formaban una pila ordenada, los parachoques no estaban abollados.

A mediodía, dos veces por semana, y a veces más a menudo, Nedra se acostaba en la cama de Jivan en la tranquila habitación trasera. Sobre la mesa, junto a su cabeza, había dos vasos vacíos, sus pulseras, sus anillos. No llevaba nada encima; tenía las manos, las muñecas desnudas.

—Me encanta el sabor de esto —comentó ella.

—Sí —dijo Jivan—. Es curioso, nadie más lo prepara.

—Es nuestra bebida favorita.

Mediodía, el sol más allá del techo, las puertas cerradas herméticamente. Ella se perdía, se echaba a llorar. Él se lo hacía con el mismo ritmo regular, como un monólogo, como un chirrido de remos. Los gritos de ella no tenían fin, sus pechos estaban duros. Emitía los sonidos de una yegua, un perro, una mujer que huye para salvar la vida. Tenía el cabello esparcido a su alrededor. Él no alteraba su cadencia.

—Viri, enciende el fuego, ¿quieres?

—Ya lo hago yo —se ofreció Jivan.

—Creo que hay algo de leña en el cesto —dijo Viri.

Ella lo veía muy arriba, encima de ella. Aferraba las sábanas con las manos. Al cabo de tres, cuatro, cinco acometidas amplias que recorrían los grandes meridianos del cuerpo de ella, él se derramaba en un chorro enorme, como un vaso de agua. Yacían en silencio. Durante un largo rato él permanecía inmóvil, como un jinete a caballo en el otoño, abrazado a ella, extenuado, soñando. Juntos se sumían en un sueño profundo, de miembros pesados. Ella tenía los pezones más grandes, más tersos, como si estuviese embarazada.

El fuego prendió, crepitaba, se enroscaba entre los gruesos leños; Jivan estaba arrodillado ante él. Franca lo observaba. No dijo nada. Lo sabía ya, como sabe un gato, cualquier animal; latía en su sangre. Era una niña todavía, por supuesto; sus miradas eran breves, intrascendentes. Carecía de poder, sólo poseía el germen, el hueco donde florecería. Había aprendido ya lo que significaba decir el nombre de Jivan haciendo una ingenua pausa. Su madre sentía afecto por él, Franca lo sabía y percibía en Jivan un calor distinto del de su padre, aunque menos familiar, menos insípido. Estaba segura de que la atención y los pensamientos de Jivan no estaban muy lejos, incluso cuando estaba haciendo algo con Danny, como era el caso ahora, en que miraba el paisaje en miniatura que ella había hecho con piedras y ramitas de pino.

A Nedra la despertaron poco a poco roces como en sueños, livianos como plumas. Hizo un esfuerzo para emerger, reponerse. Le costó media hora. El sol de la tarde bañaba las cortinas, la voz del día había cambiado. Él alargó un brazo hacia la luz. Ella mantuvo el suyo junto al de él. Se miraron los brazos con una mutua, vaga curiosidad.

—Tu mano es más pequeña.

Ella acercó su mano a la de él, como para compararse.

—Tus dedos son mejores —dijo él. Eran largos y pálidos, huesudos—. Los míos son cuadrados.

—Los míos también —dijo ella.

—Los míos son más cuadrados.

Almuerzo, brandy, café. A ella le gustaba el aislamiento de aquel comercio que había sido abandonado, en uno de los lados de una calle en pendiente. La embargaba una sensación de paz, de logro. Había recibido bondad y ahora la irradiaba, como una piedra para calentar la cama por la noche. Salió a la calle por la puerta lateral. Los árboles antiguos, gigantescos, con el tronco marcado como reptiles, habían reventado la acera. Sólo habían caído unas pocas hojas. El tiempo seguía siendo templado, en la última hora del verano.

Jivan era ligero, era trivial. Rendía culto a esos emblemas norteamericanos de la sosa clase media, zapatos, jerséis de tonos pastel, corbatas de punto. Ella usaba el coche de él cuando el suyo estaba averiado. Él la reñía por el uso negligente que hacía del vehículo, por los suelos regados de papeles, las abolladuras que aparecían en un costado. Ella le sonreía, se disculpaba. Hacía lo que le venía en gana.

Él ambicionaba ser propietario. Tenía la astucia para conseguirlo. Era dueño del local en que vivía y estaba comprando una casa con cuatro hectáreas cerca de New City. Acumulaba callada, pacientemente, como una mujer.

—Me interesa tu casa —dijo Nedra.

—Sí, ¿dónde está exactamente? —preguntó Viri.

No era gran cosa, dijo Jivan, una casa muy pequeña, pero el terreno era bonito. Era más un estudio que una vivienda. Pero había un arroyo, con un puente de piedra derruido.

Estaban cenando. Bebieron el Mirassou. Franca tomó medio vaso. Su expresión parecía de una sensatez extraordinaria a la luz suave, y sus facciones indestructibles.

—Llevas en la sangre lo de ser propietario, ¿verdad? —dijo Nedra.

—Creo que depende de cómo te educan. Pero en la sangre... puede que también haya algo de eso. Me acuerdo de mi padre —explicó—. Me dijo: «Jivan, quiero que me prometas tres cosas». Yo era un niño, y dijo: «Jivan, ante todo, prométeme que nunca serás jugador. Nunca». Yo tenía siete u ocho años. Y él me estaba diciendo que nunca jugase. «Si tienes que jugar, juega con el rey del juego. Lo encontrarás en la calle, desnudo, lo ha perdido todo, hasta la ropa.»

»«En segundo lugar...» Yo seguía imaginándome a aquel rey del juego, a aquel mendigo, pero mi padre continuó: «En segundo lugar, que nunca irás de putas». Discúlpame, Franca. Yo tenía ocho años, ni siquiera sabía de lo que estábamos hablando. «Nunca», dijo. «Prométemelo. Pero si vas, vete sólo por la mañana; es cuando no están pintadas ni empolvadas, y así las verás como son realmente, ¿entiendes?» «Sí», le dije. «Sí, padre.» «Bien», dijo él, «y la tercera cosa es, escucha: pinta siempre una casa antes de venderla.»

Jivan era moreno, sabía cantidad de historias, como la serpiente de los mitos; cada diente blanco contenía una historia y cada historia otras cien más, él las llevaba todas dentro, entretejidas, latentes. No se puede vencer al extraño que nos bombardea con leyendas. En cuanto los ha vertido, esos himnos, esas bromas, esas mentiras se mezclan con el aire y se respiran, no es posible filtrarlos. Él es como la proa de un barco que surca mares de sueño. El silencio es misterioso, pero las historias nos llenan como el sol. Son igual que fragmentos cuyos reflejos reposan como piezas rotas; si las juntas comienza a fraguarse una forma más grande y surge la historia de historias.

—Mi padre murió —dice Jivan—, pero mi madre todavía vive. Es una mujer maravillosa. Lo sabe todo. Tiene una casa con un jardincito, no lejos del mar. Todas las mañanas bebe una copa de vino. Nunca ha salido de su ciudad. Es como... ¿quién era?: Diógenes. En la ciudad de provincias, con sus árboles en la plaza, es tan feliz como nosotros en el corazón de la gran capital.

—¿Diógenes? —dijo Viri.

—Sí, ¿no es ese que vivía en un tonel?

SEGUNDA PARTE

1

Por la mañana, la luz llegaba en silencio. La casa dormía. El aire relucía, infinito, sobre la tierra húmeda; se podía degustar aquella tierra, su riqueza, su densidad, bañarse en el aire como en una corriente. Ni un sonido. La corteza del queso se había secado como pan. Las copas conservaban el aroma de vino consumido.

En el comedor vacío colgaba la expulsión del Edén, un cuadro lleno de fieras y una selva como la de Rosseau de la que emergían dos figuras, el hombre todavía orgulloso y la mujer no menos orgullosa. Ella era grácil, avergonzada sólo a medias; era irreverente, le brillaba el cuerpo. Aun en la luz temprana que despojaba de sus colores a la maravillosa serpiente y a los árboles de sus frutos, la mujer era reconocible, al menos para el dueño del cuadro, reconocibles sus piernas, la insolencia de su vello corporal, su vida misma. Era Kaya. Él lo había advertido por casualidad. Un buen día, sin pensarlo, lo había atraído su resplandor, del mismo modo que atrae la atención el punto gastado de una reliquia, la cara blanca en una multitud. Lo había descubierto como una confirmación, como si los objetos le demostraran que estaba vivo.

En otra pared había la famosa fotografía de Louis Sullivan en Misisipí, sacada en Ocean Springs, en su casa de verano. Con pantalones y camisa blancos, una gorra blanca, bigote y barba, parecía un capitán fluvial o un novelista. Nariz grande, dedos finos, apoyándose casi con delicadeza en un árbol, posando.

Él no podía ser Sullivan, no podía ser Gaudí. Bueno, Gaudí tal vez sí, pues vivió hasta esa edad avanzada que constituye una santidad, una vejez ascética, frágil, liviano, vagando por las calles de Barcelona, desconocido para sus numerosos habitantes. Al final fue atropellado por un tranvía y no lo socorrieron. En la desnudez y el olor del pabellón de beneficencia, entre los niños y parientes pobres, una vida singular y excéntrica se estaba extinguiendo, una vida más clamorosa que el mar, una vida perenne, que era fácil de abandonar porque representaba tan sólo una cáscara; se había ya metamorfoseado, cristalizado en edificios, catedrales, leyenda.

Mañana. La luz más temprana. El cielo es pálido encima de los árboles, puro, más misterioso que nunca, un cielo que marea a los *fedayines*, que pone fin a la noche del astrónomo. En ese cielo, tenues como monedas en una playa, apagándose, brillan dos últimas estrellas.

Mañana de otoño. Los caballos permanecen inmóviles en prados cercanos. El poni tiene ya un pelaje más espeso; parece prematuro. Sus ojos son grandes y oscuros, sus pestañas escasas. Si uno se acerca, oye el sonido regular de hierba que está siendo mascada, la paz de la tierra siendo removida.

Sus sueños son ilícitos; en ellos ve a la mujer prohibida, la encuentra con otros hombres en medio de la muchedumbre. Al momento siguiente están los dos solos. Ella es amorosa, complaciente. Todo es increíblemente real: la cama, el modo en que la mujer se ha acicalado...

Al despertar encuentra a su esposa tumbada sobre el vientre y a las niñas sobre ella, una sobre la espalda y la otra encima de las nalgas. Duermen encima de ella, aferradas, de la cabeza a los pies. La presencia de las niñas lo absuelve, poco a poco se siente contento. Este mundo, los pájaros con sus plumas, la luz del sol... la razón existe, al menos por el momento. Lo consuela. Se siente cálido, potente, henchido de una alegría impenetrable.

¿Qué sucede entre los dos, en esta pareja, en las horas interminables de su trato? ¿Qué se abre camino, qué fluye? El dormitorio conyugal era espacioso, con una vista del río y ventanas de doble jamba que llegaban hasta la cintura, con el cristal tallado en forma de diamante, desigual, alabeado, deformado como por efecto del calor; aquí y allá faltaba una astilla, un rombo escapado de su débil ribete de plomo. Las paredes eran de un color turquesa desvaído, un tono curioso que a él ya no le disgustaba. Tras las puertaventanas había una solana, blanca como ropa blanca, donde el perro dormía, patas arriba, en un sofá de mimbre.

Su vida de pareja era dos cosas: era una vida, más o menos —como mínimo era la preparación para una vida—, y era una ilustración de la vida para sus hijas. Nunca se lo habían expresado mutuamente, pero estaban de acuerdo a este respecto, y las dos versiones de la vida se entreveraban de tal forma que cuando una de ellas estaba escondida la otra se manifestaba. Querían que sus hijas, en aquellos años, tuvieran lo imposible, no en el sentido de lo inalcanzable, sino en el sentido de lo puro.

Los hijos son nuestra cosecha, nuestro cultivo, nuestra tierra. Son pájaros a los que se suelta en la oscuridad. Son errores renovados. Pero son la única fuente de la que puede extraerse una vida más cumplida, más lúcida que la nuestra. De un modo u otro harán algo, irán un paso más lejos, verán la cima. Creemos en ello, en el resplandor que despide el futuro, los días que no veremos. Los hijos deben vivir, deben triunfar. Los hijos tienen que morir; es una idea que no podemos aceptar.

No hay felicidad como esta dicha: mañanas apacibles, la luz del río, el fin de semana por delante. Vivían una vida rusa, una vida fecunda, entrelazada, en la que un infortunio de uno de los miembros, un fracaso, una enfermedad, rompería el equilibrio de todos. Aquella vida era como una prenda de vestir. Su belleza estaba fuera, su calor dentro.

Para el cumpleaños de Franca, Nedra había hecho un mantel maravilloso, una selva de flores de papel que había recortado y pegado una por una, de los helechos y verdes más bellos imaginables. También confeccionó invitaciones, juegos, sombreros. Había sombreros de chef, sombreros de ópera, gorras de revisor azul y oro con nombres pintados. Sobre la mesa pendía una rana grande de papel maché llena de regalos y monedas de chocolate. Viri tocó el piano para el juego de las sillas, poniendo un cuidado escrupuloso en no mirar a las nerviosas participantes. Estaba Leslie Dahlander, estaba Dana Paum, cuyo padre era actor. Había nueve niñas en total, y ningún niño.

Un bizcocho con glaseado de naranja. Nedra había hecho helado repleto de vainilla, tan espeso que se estiraba como caramelo. La casa parecía un teatro; de hecho hubo una función de Punch y Judy para coronar la fiesta, Viri y Jivan arrodillados detrás del escenario, con el guión esparcido entre ambos, los miembros fláccidos de las marionetas ordenadas conforme al orden de su aparición en escena. Sentadas en sofás, las niñas gritaban y aplaudían. Se sabían el teatrillo de memoria. En medio de ellas estaba Franca. El día de su cumpleaños estaba más hermosa que nunca. La cara le resplandecía de felicidad, brillaban sus dientes blancos. Viri la vislumbró a través de una abertura en el borde del escenario. Tenía las manos posadas en el regazo. Estaba atenta, pendiente de cada palabra.

—¿Dónde está el bebé?

—Pero ¿cómo?, ¿no lo has atrapado?

—¿Atraparlo? ¿Qué has hecho?

—Caramba, lo he tirado por la ventana, pensé que a lo mejor pasabas tú por delante.

Gritos alegres. Franca, radiante, era más alta que las niñas que la rodeaban. Estaba claro que era su ídolo.

Los automóviles enfilaban despacio el camino de entrada para recoger a las exhaustas invitadas, se encendían las luces en las ventanas, una bruma nimbaba la tarde. *Hadji* descansaba extenuado entre los restos. Por fin había calma.

—Algunas de las niñas son encantadoras —admitió Nedra—. Me gusta mucho Dana. Pero es extraño... ¿tú crees que es porque son nuestras?, Franca y Danny son distintas. Tienen algo muy especial que no sé describir.

—Jivan ha leído mal la mitad del texto.

—Oh, la función ha sido preciosa.

—Ha pisado a Scaramouche; por error, desde luego.

—¿Cuál es Scaramouche?

—Es el que dice: «Le haré pagar por mi cabeza, señor.»

—Oh, qué pena.

—Puedo arreglarlo —contestó Viri.

La habitación estaba silenciosa, sembrada de papelitos. Los sucesos del día poseían ya una especie de contorno luminoso. La rana, como un cargamento de mercancías dañadas, estaba despedazada encima de la mesa, destrozada por incontables golpes.

Nedra prepararía la cena al cabo de un rato. Cenarían juntos, algo ligero: una patata cocida, fiambres, lo que quedaba de una botella de vino. Las niñas se sentarían aturdidas a la mesa, con una sombra de fatiga bajo los ojos. Nedra se daría un baño. Como quienes lo han dado todo de sí mismos —actores, campeones de atletismo—, sucumbirían a esa apatía que sólo produce la culminación de una empresa.

2

—¿Eres feliz, Viri? —preguntó ella.

Estaban en pleno tráfico, cruzando la ciudad a las cinco de la tarde. El gran río metálico del que formaban parte avanzaba lentamente en las intersecciones y más fluido en las largas manzanas transversales. Nedra se pintaba las uñas. En cada semáforo en rojo, sin decir una palabra, ella le tendía el frasco y se pintaba una uña.

¿Si era feliz? La pregunta era tan ingenua, tan ligera... Había cosas que él soñaba hacer y que temía que no haría nunca. Sopesaba a menudo su vida. Y sin embargo todavía era joven, los años se extendían ante él como llanuras sin fin.

¿Si era feliz? Recibió en la mano el frasco abierto. Ella mojó con cuidado el pincel, absorta en sus actos. Él sabía que Nedra tenía un instinto agudo. Tenía los dientes parejos de un género que parte un hilo en dos, dientes que cortan tan limpiamente como una navaja. Todo su poder parecía concentrado en su mirada franca, interrogante. Él carraspeó.

—Sí, supongo que soy feliz.

Silencio. El tráfico había empezado a avanzar. Ella cogió el frasquito para que él pudiese conducir.

—Pero ¿no es una idea estúpida? —preguntó Nedra—. Si lo piensas realmente.

—¿La felicidad?

—¿Sabes lo que dice Krishnamurti? Consciente o inconscientemente, somos totalmente egoístas y, con tal de conseguir lo que queremos, creemos que todo está bien.

—Conseguir lo que queremos... pero ¿eso es la felicidad?

—No sé. Sé que no conseguir lo que quieres es ciertamente la infelicidad.

—Tendría que pensarlo —dijo él—. No conseguir nunca lo que quieres podría ser la infelicidad, pero mientras haya una posibilidad de conseguirlo...

En cuanto llegaran a la Décima Avenida la calle estaría libre y despejada como en un fin de semana; rodarían sin obstáculos hacia la autopista, rumbo al norte. Las gentes grises, derrengadas, rebasaban con paso trabajoso quioscos de prensa, cerrajerías, bancos. Comían en silencio, desplomadas sobre mesas del Automat. Había palomas cojas, coches abollados, las ventanas oscurecidas de apartamentos innumerables, y encima de todo ello el cielo de otoño, liso como una cúpula.

—Es difícil pensarlo —dijo ella—. Sobre todo cuando dice que el pensamiento no conduce nunca a la verdad.

—¿Qué conduce a la verdad? Ésa es la auténtica pregunta.

—El pensamiento está siempre cambiando. Es como una corriente, se mueve entre las cosas, fluctuante. El pensamiento es desorden, dice él.

—Pero ¿qué alternativa hay?

—Es muy complicado —admitió ella—. Es un modo distinto de ver las cosas. ¿Has sentido alguna vez que te gustaría encontrar otro estilo de vida?

—Depende de lo que entiendas por otro estilo. Sí, a veces lo he sentido.

Fue el día en que murió Monica, la niña con una sola pierna. Los cirujanos no habían amputado lo suficiente, no era posible hacerlo. Ella había vuelto a tener dolores, invisibles, como si todo aquello no hubiera servido de nada. Aquel dolor era la sentencia de muerte. Después vino la fiebre y las cefaleas. Se le hinchó todo el cuerpo. Entró en coma. Duró semanas, por supuesto. Finalmente... fue por la tarde; cuando ella murió, Viri estaba recogiendo leña, con trozos de corteza adheridos a las mangas, los brazos cargados, estaba formando una pila con recortes, un parapeto que durase todo el invierno. El padre de Monica estaba todavía en el trabajo. La madre estaba sentada en una mecedora y su hija dejó de respirar. Se fue en un soplo. De repente pesaba menos, mucho menos, yacía en su lecho con una especie de aterradora insignificancia. Todas las cosas la habían abandonado: la inocencia, el llanto, las diligentes excursiones con su padre, la vida que no había vivido. Todo eso pesa algo. Pasa, se disuelve, se esparce como polvo.

Los días habían perdido su calor. A veces, al mediodía, como a manera de despedida, había una hora o dos de clima veraniego que pasaban enseguida. En los puestos de huertos vecinos había manzanas duras y amarillas, rebosantes de zumo sustancioso. Explotaban contra los dientes, salpicaban motas blancas como argumentos. En los campos lejanos, mares de tierra húmeda y fría, lejos de las ciudades, había aún tomates adheridos a las lianas. A primera vista había unos pocos, pero estaban escondidos, a resguardo; por eso habían sobrevivido.

Nedra llenó un cesto de tomates. Viri llenó dos. Era increíble lo que pesaban. Eran como ropa mojada; pesaban como naranjas. Eran una familia de jornaleros, con la cara sucia y las manos oscuras por la mancha de aquella postrera tierra húmeda. El campo estaba cerca de New City; el granjero era amigo suyo.

—Coged los pequeños —les dijo Viri a sus hijas.

También ellas habían llenado sus cestos. Guardaban en los bolsillos los tomates pequeños, los que estaban todavía algo verdes. Recorrían las hileras sin término, iban y venían de atrás hacia delante, se cansaban, aprendían a agacharse, a faenar, a sentir en sus manos el fruto desnudo. Se gritaban una a otra, y a veces se sentaban en el suelo.

Finalmente acabaron.

—¡Papá, tenemos muchísimos!

—Dejadme ver.

Estaban cerca del coche, con pilas de tomates a su alrededor que aún tenían tierra pegada, y refrescaba. Nedra parecía una mujer que antaño había sido rica. Mantenía las manos a distancia del cuerpo. El cabello se le había soltado.

—¿Qué vamos a hacer con tantos putos tomates? —se rió. Su risa maravillosa, en otoño, en el lindero de los campos.

—¡Vamos, *Hadji*! —llamó—, perro apestoso. —El animal tenía el hocico apelmazado de tierra—. Menudo día has tenido —dijo ella.

Tenía las uñas negras, una costra de barro en los zapatos. Estaban colocando los tomates en la entrada sin calefacción de la cocina cuando Jivan llegó en coche al anochecer.

3

—Hay cosas del matrimonio que me encantan. Me encanta la familiaridad que tiene —dijo Nedra—. Es como un tatuaje. En su momento querías hacerte uno y ahora que lo tienes, implantado en la piel, no puedes deshacerte de él. Casi ya no te das cuenta de que lo llevas. Supongo que soy muy convencional —concluyó.

—En algunos aspectos...

—Si preguntaras a la gente lo que quiere, ¿qué diría la mayoría? Sé lo que yo diría: dinero. Me gustaría tener un montón de dinero. Es lo único de lo que nunca tengo suficiente.

Jivan no dijo nada.

—No soy materialista, tú lo sabes. Bueno, supongo que lo soy. Me gusta la ropa y la comida, no me gusta el autobús ni los sitios deprimentes, el dinero es muy agradable. Debería haberme casado con alguien de dinero. Viri no lo tendrá nunca. Nunca. ¿Sabes?, es terrible estar atada a alguien que no puede darte lo que quieres. O sea, la cosa más nimia. Realmente no estamos hechos para vivir juntos. Y sin embargo, ya ves, lo miro haciendo marionetas para las niñas, allí sentadas con la cabeza cerca de la suya, absolutamente absortas.

—Lo sé.

—Está ilustrando *El elefantito* entero.

—Sí.

—El pájaro *Kola-kola*, el cocodrilo, todo. Tiene talento, realmente. Dice: «Franca...», y ella contesta: «Sí, papá». No sé explicarlo.

—Franca es preciosa.

—Esta terrible dependencia de otros, esta necesidad de amar.

—No es terrible.

—Oh, sí, porque al mismo tiempo está la estupidez de esta clase de vida, el aburrimiento, las riñas.

Él estaba colocando una almohada. Ella se incorporó sin decir una palabra.

—Con la leche va la vaca —dijo él—. Con la vaca va la leche.

—La vaca.

—Tú me entiendes.

—Si quieres leche tienes que aceptar la vaca, un establo, pastos, todo eso.

—Así es —dijo él.

Se movía sin prisas, como un hombre que pone una mesa plato por plato. Hay momentos en que uno es importante y otros en que uno casi no existe. Ella notó que él se arrodillaba. No lo veía. Tenía los ojos cerrados, la cara apretada contra la sábana.

—*Karezza*.

Él, solemne, no la oía.

—De acuerdo —dijo.

Actuaba con lentitud, concentrado, como un analfabeto que intenta escribir. No la tenía en cuenta; empezaba el acto como si se tratase de una cura. La parsimonia, la deliberación la anonadaron como si fueran golpes.

—Sí —murmuró él.

Tenía las manos en los hombros de ella, en la prominencia de sus nalgas, con tanta fuerza que Nedra se sentía impotente. El peso, la presunción del peso era abrumadora. Sus gemidos comenzaban a subir de tono.

—Sí —dijo él—, grita.

No hubo el menor movimiento, salvo una lenta dilatación a la que ella reaccionó como al dolor. Se revolcaba, sollozando. Sus gritos eran apagados. Él no hacía nada y después hizo más y más.

Posteriormente fue como si hubiesen corrido kilómetros. Tumbados el uno cerca del otro, no podían hablar. Un día vacío, las gaviotas sobre el río, azul y reflejando azul como capas de mica.

—Cuando me haces eso —dijo ella—, a veces tengo la sensación de que me voy tan lejos que no podré volver. Siento como si yo... —De improviso se incorporó parcialmente—. ¿Qué es eso?

La puerta vibraba. Él escuchó.

—Son los gatos.

Ella dejó caer de nuevo la cabeza sobre la almohada.

—¿Qué quieren?

—Quieren entrar —dijo él—. Es su única ambición.

El ruido en la puerta continuaba.

—Déjalos entrar.

—Ahora no —dijo él.

Estaba tendida como una mujer que duerme. Tenía la espalda destapada, los brazos por encima de la cabeza, el pelo suelto. Él le tocó la espalda como si fuese algo que hubiese comprado, como si la descubriese por primera vez.

Ella no podría prescindir de él, se lo había dicho. Había veces en que lo odiaba porque él era libre de una forma en que ella no lo era; no tenía hijos ni estaba casado.

—¿Tú no vas a casarte? —preguntó.

—Bueno, claro, pienso en ello.

—A ti no te hace falta. Ya tienes el fruto del matrimonio.

—El fruto. El fruto es otra cosa.

—Tienes cantidad de tiempo —insistió ella—. Soy una estúpida. Te he dicho la cosa que más miedo me da.

—No tengas miedo.

—No puedo evitarlo. No puedo hacer nada al respecto. Dependo de ti.

—Nuestra vida está siempre en manos de otros.

Ella tenía el coche aparcado fuera. Era una tarde de invierno, los árboles estaban pelados. Sus hijas estaban en clase, escribiendo con letras grandes, haciendo mapas plateados y verdes de los estados.

Viri volvió a casa en la oscuridad, el fulgor de los faros proclamaba su llegada, iluminaba los árboles, la casa, y se apagaba como estrellas fugaces.

Cerró la puerta tras él. Entró procedente del aire vespertino, frío y blanqueado, como si llegase del mar. Tenía el pelo húmedo y despeinado. Venía de hacer dibujos, de hablar con los clientes. Estaba cansado, un poco descentrado.

—Hola, Viri —dijo Nedra.

Había un fuego encendido. Las niñas estaban poniendo tenedores.

—¿Te apetece beber algo? —preguntó ella.

—Sí.

Besó a sus hijas una después de otra, conforme pasaban por su lado. Comió una pequeña aceituna verde, agria como té.

Nedra le preparó la bebida. Él advirtió que a ella, esa noche, le gustaba su vida. Irradiaba contento. Lo llevaba en la boca, en el sombreado de sus comisuras.

—Franca —dijo ella—. Ven aquí, abre el vino.

Sonaba la radio. Las velas de la mesa estaban encendidas. Eran las primeras noches de invierno, frías como la marea. Desde fuera la casa parece un barco oscuro, inmóvil, con luz en todas las ventanas.

4

Robert Chaptelle tenía treinta años. Tenía el cabello ralo y sus labios eran de un color tan rojo que no parecía natural. Debajo de sus ojos se perfilaba la débil tonalidad azul de enfermedad, asma entre otras cosas, el asma de Proust. Un rostro intelectual en el que brillaba el hueso. Era amigo de Eve. La había conocido en una cena durante la cual estuvo sentado casi todo el tiempo solo. Ella trató de hablar con él; Robert tenía acento.

—Eres francés.

—¿Cómo lo has adivinado? —preguntó.

—¿Llevas mucho tiempo aquí?

Él se encogió de hombros.

—Sí, es hora de irse —dijo.

—Me refiero a si llevas mucho tiempo en Norteamérica.

—Lo mismo digo —contestó él.

Era indulgente consigo mismo, un fracaso. No había abandonado el fracaso; era su dirección, su calle, su único consuelo. Su vida se componía de intimidad y traición. De sí mismo escribió: derrochador, falso. Era poco práctico, irritable, un excéntrico. Sufría y amaba como una mujer; recordaba el clima y el menú de un restaurante, las horas que eran como un collar roto en un cajón. Lo guardaba todo

—explicaba—, lo guardaba aquí —decía, dándose una palmada en el pecho.

Chaptelle era un apellido de origen ruso. Su madre se había trasladado a París en los años veinte, durante la guerra civil. Él había conocido a Beckett, Barrault, a todo el mundo. Hay una clase de amor propio que levanta muros de hielo. Lo cual no significa que no se lo recordara; su intensidad, sus ojos oscuros, nimbados de sombras, la seguridad que llevaba dentro como un tumor, todas esas cosas no se olvidaban fácilmente.

Hablaron de escritores: Dinesen, Borges, Simone de Beauvoir.

—Es una mujer lúgubre —dijo él—. Sartre, en cambio, tiene *esprit*.

—¿Conoces a Sartre?

—Tomamos café en el mismo sitio —dijo Chaptelle—. Mi mujer, mi ex mujer, lo conoce mejor. Trabaja en una librería.

—Has estado casado.

—Somos buenos amigos —dijo él.

—¿Cómo se llama? —preguntó Eve.

—¿Ella? Paule.

Habían pasado su viaje de bodas en todas las ciudades provincianas que Colette había visitado en los años en que bailaba en revistas. Viajaban como hermano y hermana. Era un *hommage*.

—¿Sabes lo que es ser realmente íntimos, sentirse a salvo con alguien que nunca te traicionará, nunca te obligará a actuar distinto de como eres? Nosotros éramos así.

—Pero no duró —dijo Eve.

—Había otros problemas.

Cuando Nedra lo conoció, él estaba tranquilo; parecía aburrido. Ella notó que llevaba sucios los puños de la camisa y las manos limpias; lo reconoció inmediatamente. Era judío; lo supo nada más verle. Compartían un secreto.

Él era como su marido: de hecho, parecía ser el hombre que Viri ocultaba, la imagen en negativo que de alguna manera había huido.

Chaptelle tomó una *demi-tasse* de café en la que removió dos cucharadas de azúcar. Era un hijo soltero que vuelve a casa por la mañana, el hijo que lo ha perdido todo. Inhaló por la nariz. No tenía nada que decir. Estaba tan vacío como quien ha cometido un crimen pasional. Era su propio cadáver. En él se veía tanto al asesino como a la mujer semidesnuda ovillada en el suelo.

—Tu marido es arquitecto —dijo finalmente.

—Sí.

Él volvió a inhalar. Se tocó la cara con una servilleta. Se había olvidado de Eve, era evidente; bastaba con mirarlos para darse cuenta.

—¿Tiene talento?

—Mucho —dijo Nedra—. Tú eres escritor.

—Soy dramaturgo.

—Perdona mi ignorancia, pero ¿han representado alguna de tus obras?

—¿Representado? ¿Producido, te refieres?

—Sí.

—Todavía no —dijo Chaptelle, con calma. Su concisión, su desdén, eran lo que resultaba convincente—. ¿Me invitarías a un cigarrillo?

La desesperación de ciertas personas es tal que, incluso cuando están inactivas, cuando duermen, comprendemos que su vida se está consumiendo. No ahorran nada para más adelante. No necesitan ahorrar. Cada hora es una especie de degradación, una tentativa de echarlo todo por la borda.

Aplastó el cigarro al cabo de un par de caladas.

—Escribo obras de teatro, pero no para la escena, no para la escena actual —dijo—. ¿Sabes quién es Laurent Terzieff? Estoy escribiendo una obra para Laurent Terzieff.

Es el más grande actor nuevo que ha aparecido en veinte años.

—Terzieff...

—Yo voy a sus ensayos, nadie sabe que estoy allí. Me siento en la fila de atrás o a un lado. Hasta ahora no he conseguido detectar un solo fallo en él, una sola deficiencia.

Estaba ansioso por hablar. Para hablar con quienes estamos predestinados a hablar no tenemos que preparar nada, las frases están listas, todo está a punto. Sondeó los conocimientos que ella tenía sobre teatro. Él le dijo quiénes eran los grandes escritores, enumeró las obras maestras desconocidas de la época.

—Viri —dijo ella—. He conocido a un hombre maravilloso.

—¿Sí? ¿Quién?

—No lo conoces —dijo ella—. Es escritor. Es francés...

—Francés...

Una noche por semana, alegando el trabajo como excusa, y a veces dos noches por semana, siempre que podía, Viri se quedaba hasta tarde en la ciudad. Poco a poco su vida se estaba dividiendo. Era verdad que parecía el mismo, exactamente el mismo, pero a menudo eso es lo que se ve. El desplome está escondido, debe alcanzar cierto grado antes de irrumpir en la superficie, de que las columnas empiecen a ceder y las fachadas a derrumbarse. Su enamoramiento de Kaya era como una herida. Él quería mirársela a cada minuto, tocársela. Quería hablar con ella, postrarse de rodillas ante ella, abrazarle las piernas.

Estaba sentado al lado del fuego. Los carbones resplandecían a los pies de los dos soldados hessianos de hierro fundido que sostenían los leños ardientes. Nedra estaba ovillada en una butaca.

—Viri —dijo—, tienes que leer este libro. Cuando lo acabe te lo paso.

Un libro con el borde de las páginas teñido de color malva y el título en letras borrosas. Empezó a leérselo en voz alta, mientras la leña chisporroteaba débilmente, como disparos, en la chimenea.

—¿Cómo se titula? —preguntó él finalmente.

—*Paraíso terrenal.*

Se sintió débil. Las palabras lo dejaban inerme; era como si describieran las imágenes que lo agobiaban, el silencio del apartamento prestado en que Kaya dormía, la amplitud de la cama, sus miembros puros e indolentes.

Por la mañana se iba temprano. El sol, blanco, caía de soslayo, el río estaba pálido. Recorría las largas y lisas curvas y rectas, cegado por la fiebre de la expectativa. El gran puente fulguraba a la luz de la mañana; más allá se extendía la ciudad, ancha como el mar, con sus trenes y mercados, sus periódicos, sus árboles. Estaba componiendo frases, hablando con ella, cuchicheándole al oído «Te amo como amo la tierra, los edificios blancos, las fotografías, las melodías... Te adoro», dijo. Circulaban coches en paralelo al suyo. Se miraba la cara en el espejo retrovisor; sí, estaba bien, era digna.

Empezó a callarse. Las calles de la ciudad estaban vacías. Su quietud y su desolación daban testimonio de la noche que había transcurrido, lo confesaban con rostro fatigado. Empezó a sentirse inquieto. Era como una antesala que daba a un lugar donde algo terrible había acontecido; lo olfateaba como los animales olfatean el matadero. De pronto tuvo miedo. Encontraría el apartamento vacío. Era como si hubiese divisado un zapato de ella en el exterior de un edificio; no soportaba imaginar más cosas.

Una mañana blanca de invierno. Hacía frío en la calle. Abrió con llave el portal y subió corriendo la escalera. En el apartamento, sin saber por qué, llamó suavemente.

—¿Kaya?

Nada. Volvió a llamar, suave, repetidamente. De repente, como un golpe, lo comprendió. Era verdad; ella había dormido en otra parte.

—Kaya.

Metió la llave en la puerta y abrió. La cadena de seguridad frenó bruscamente la hoja.

—¿Quién es? —preguntó ella.

La vislumbró, únicamente.

—Viri. —Hubo un silencio—. Abre la puerta —dijo.

—No.

—¿Qué ocurre?

—Hay alguien aquí.

Por un momento él no supo qué hacer. Era temprano. Estaba enfermo, se estaba muriendo. Las paredes, las alfombras, le absorbían la vida.

—Kaya —suplicó.

—No puedo.

Estaba estupefacto porque él era inocente. Todo era igual que siempre, todas las cosas del mundo seguían en su lugar, pero no acertaba a reconocerlas, su propia existencia se había desvanecido. El desnudo de Kaya, las cenas a deshoras, su voz en el teléfono: lo habían dejado con eso, como migajas que ella hubiese abandonado. Empezó a bajar las escaleras. Me estoy muriendo, pensó. No tengo fuerzas.

Se sentó en el coche. Tengo que verlo, decidió, tengo que ver quién es. Un camión de correos descendió por la calle. La gente se dirigía al trabajo. Estaba demasiado cerca de la puerta. Había un hueco libre para aparcar más adelante. Puso en marcha el coche y avanzó hacia el hueco.

De improviso salió alguien, un hombre de cara redonda con un maletín y un loden. No, pensó Viri, imposible. Un momento después salieron otros dos —¿iba a ser aquello una comedia?— y luego un tercero. Tenía cincuenta años y aspecto de abogado.

Sentado en la oficina, no podía pensar. Llegaban los delineantes. ¿Estás bien?, le preguntaron. Sí. La luz del sol bañaba ya las mesas de dibujo, espaciosas y planas. Colgaron sus abrigos. Parecía que los teléfonos blancos, las butacas de cromo y cuero, los lápices afilados habían perdido su importancia; eran como objetos en un negocio que ha cerrado. Los recorrió con la mirada en un vibrante silencio, un silencio impenetrable a pesar de que él hablase, asintiese, oyera la conversación.

Ella llegó a las diez.

—Por favor, no puedo hablar —dijo.

Vestía un jersey exiguo, acanalado, del color del cartón de embalaje; tenía la cara blanca. Al cruzar la habitación, él tuvo conciencia de sus piernas, del sonido de sus tacones en el suelo, de los huesos de sus muñecas. No se atrevió a mirarla, todo lo de Kaya que él había conocido y a lo que había tenido acceso se evaporaba.

Él se fue a una reunión antes del mediodía. La llamó en cuanto estuvo fuera. La guía telefónica de la cabina tenía páginas arrancadas. La puerta no cerraba.

—Kaya —dijo—. Por favor. ¿Qué quiere decir eso de que no puedes hablar?

Ella pareció desamparada.

—Te necesito —dijo él—. No puedo hacer nada sin ti. Oh, Dios —musitó. Los ojos se le llenaban de lágrimas. No acertaba a decirle lo que sentía. Era como un fugitivo—. Oh, Dios, conozco a una chica...

—Basta.

—He ido a la cárcel por ella, se me marcan las costillas. He entregado mi vida...

—¿Cómo iba yo a saber que venías? —dijo ella—. ¿Por qué no me llamaste? —Empezó a llorar—. ¿No tienes cerebro? —gritó.

Él colgó. Sabía perfectamente que hablar no servía de nada, que había habido un momento en que debería haberla abofeteado con toda su alma. Pero él no era de esos hombres. Su odio era débil, pálido, ni siquiera le oscurecía la sangre.

Diez minutos más tarde se disculpó ante su cliente y corrió a llamarla. Procuró mantener la calma, no ceder al pánico.

—Kaya.

—Sí.

—Quedemos esta noche.

—No puedo.

—Mañana, entonces.

—Quizá mañana.

—Prométela, por favor.

Ella no contestaba. Él le suplicó.

—Sí, de acuerdo —dijo ella por fin.

No pudo volver al trabajo. Fue al apartamento de ella y llamó al timbre. No hubo respuesta. Entró. Lo asaltó un escalofrío, un escalofrío profundo, como el shock que sigue a un accidente. El sol brillaba. La radio transmitía el parte meteorológico, el noticiario.

La cama estaba sin hacer, no pudo aproximarse. En la cocina había vasos sucios, una bandeja de hielo que ahora contenía solamente agua. Fue al vestidor. Las cosas de Kaya, a su alrededor, parecían endebles, desprovistas de sustancia. Con mano temblorosa, rasgó el cuello de un vestido largo, oscuro, el más hermoso de los que poseía. Temió que ella volviese mientras lo hacía; no tenía explicación que darle ni sitio donde refugiarse. Después se sentó junto a la ventana. Su respiración era superficial, como la de un tritón. Permaneció inmóvil; el vacío, el sosiego de las habitaciones comenzaron a calmarlo. Ella estaba tendida a la luz gris de la mañana, con la espalda tersa y luminosa y las piernas débiles. Tenía los miembros desnudos, irreflexivamente. Él le separó las piernas. Nunca.

Nedra estaba contenta esa noche. Parecía complacida consigo misma.

—¿Te encuentras bien? —preguntó.

—¿Qué? Sí, ha sido un día largo.

—Vamos a tener huevos propios —anunció ella.

Las niñas, en éxtasis, gritaron:

—¡Ven a ver!

Lo llevaron de la mano hasta el solárium con el suelo de grava. Las gallinas corrieron hacia los rincones y luego a lo largo de la pared. Danny, por último, consiguió apresar una.

—Míralo, papá, ¿no es precioso?

En sus brazos, la gallina estaba aterrorizada y le parpadeaban los ojillos.

—Preciosa —dijo Viri.

—¿Te digo cómo se llaman? —preguntó Franca.

Él asintió vagamente.

—¿Papá?

—Sí —dijo él—. ¿De dónde las habéis sacado?

—Ésta es *Janet*.

—*Janet*.

—*Dorothy*.

—Sí.

—Y esta otra es *Madame Nicolai*.

—Ésta...

—Es mayor que las demás —explicó Franca.

Viri se sentó en el escalón. Había ya un ligero olor amargo en el solárium. Un jirón de pluma cayó flotando misteriosamente. *Madame Nicolai* estaba plantada sobre un montón de plumas grandes y calientes, marrones, beige, que cobraban un tinte más pálido, un tostado claro, conforme descendían.

—Es más lista —dijo él.

—Oh, es muy lista.

—Una sabia entre gallinas. ¿Cuándo empiezan a poner huevos?

—Ya mismo.

—¿No son un poco jóvenes? —Sentado ociosamente en el escalón, observaba los cautos y medidos movimientos de las aves, el tirón con que estiraban la cabeza—. Bueno, si no ponen huevos, hay otras cosas. Pollo asado...

—¡Papá!

—¿Qué?

—Tú no harías eso.

—Ellas lo entenderían.

—No, no lo entenderían.

—*Madame Nicolai* sí lo entendería.

La gallina estaba de pie ahora, separada de las otras, y lo miraba. En su cabeza de perfil había un ojo que no parpadeaba, negro y circundado de un halo ámbar.

—Es una mujer de mundo —dijo él—. Miradle el busto, mirad la expresión del pico.

—¿Qué expresión?

—Ella entiende la vida —continuó—. Sabe lo que es ser una gallina.

—¿Es tu predilecta?

Él trataba de encandilarla para que se acercase a su mano semicerrada.

—¿Papá?

—Creo que sí —murmuró él—. Sí. Es una gallina entre las gallinas. Una gallina de gallinas —dijo.

Ellas se le colgaron de los brazos en un arranque de felicidad y afecto. Él seguía sentado. Las gallinas cacareaban, producían borboteos como de agua hirviendo. Viri continuó ensalzándola. Ahora *Madame Nicolai* se había dado media vuelta y se alejaba, cautamente; Viri el adúltero, el hombre desvalido.

5

Franca tenía doce años. Con aquellos vestidos escuetos que se ajustaban a un cuerpo todavía sin caderas no era fácil adivinar su edad. Estaba perfectamente formada, aunque aún no existía ni el más leve indicio de pechos. Sus mejillas eran frescas. Su expresión era de mujer.

Les inventaba cuentos y les hacía dibujos. «Margot era una elefanta. Juan era un caracol. Margot amaba muchísimo a Juan, y Juan estaba loco por ella. Se sentaban y simplemente se miraban. Un día Margot le dijo: Juan.»

»—Sí, Margot.

»—Juan, tú no eres muy inteligente.

»—¿No?

»—No has visto el mundo.

»—No —dijo Juan—, no tengo avión...»

La escritora niña, solemne, serena. Viri hizo una fotografía de Franca con el conejo en brazos, una pata blanca descansando en su muñeca.

—No te muevas —susurró.

Se aproximó, enfocando. El conejo estaba tranquilo, inmóvil. Sus ojos, negros y relucientes, daban la impresión de que no veían; estaban hipnotizados, fijos. Sus orejas replegadas sobre el lomo parecían apio mustio. Sólo su hocico temblaba de vida. Lentamente, Franca apretó la cara contra el animal, los labios contra su pelaje abundante. Viri sacó la foto.

Franca estaba en contacto con el misterio, como su madre. Sabía contar cuentos. El don se había manifestado pronto. O era un verdadero talento o era precoz y se extinguiría. Estaba escribiendo un cuento titulado *La reina de plumas*. Se sentaba en el escalón de la entrada a observar a las gallinas. La casa estaba en silencio. Las gallinas percibían su presencia y al mismo tiempo eran incapaces de mantener la atención. Buscaban pizcas de grano, con la mente errabunda, mientras ella, paciente, se apropiaba de sus secretos. De repente alzaban la cabeza. Escuchaban; venía alguien.

Era Danny. La acompañaba *Hadji*. Empezó a ladrar en cuanto Danny abrió la puerta.

—Oh, Dios, Danny.

—¿Qué estás haciendo?

—Nada. Sácalo de aquí. Está espantando a las gallinas.

Las dos le gritaron. Las gallinas estaban acurrucadas debajo de una mesa de hierro llena de plantas. El perro estaba en la entrada, ladrando. Las orejas se le aplanaban a cada ladrido, con las patas plantadas firmemente.

—No le gustan —dijo Danny.

—Hazlo callar.

—No puedo. Tú sabes que no hay manera de callarlo.

—Entonces llévatelo.

Se abalanzaron sobre él con las manos extendidas y lo ahuyentaron por el pasillo. Él cedió terreno a regañadientes, ladrándoles a ellas, al solárium, a las gallinas escondidas.

—Empieza a oler mal aquí —dijo Danny.

Como hermanas no estaban muy unidas. Se quejaban la una de la otra, detestaban compartir. Franca era más hermosa, más admirada. Danny florecía más despacio.

Sin embargo, opinaron lo mismo de Robert Chaptelle cuando fue a cenar: no era interesante.

Estaba nervioso cuando llegó. Había cogido el tren hasta Irvington, pero era como si hubiese hecho un viaje de mil kilómetros. Estaba deshecho. Viri intentó que se sintiera a gusto y hasta intentó hablar de Valle-Inclán, cuyas obras acababa de leer, pero Chaptelle reaccionó como si no oyese una palabra. En cuanto entraron en la casa, dijo:

—¿Tenéis música?

—Sí, por supuesto.

—¿Podemos oír algo? —preguntó Chaptelle.

Aguardó, sin hacer caso de las niñas, mientras Viri seleccionaba algunos discos. Empezó a sonar la música. Fue como un medicamento poderoso. Chaptelle se sosegó.

—Valle-Inclán era manco —declaró—. Se amputó un brazo para parecerse a Cervantes. ¿Te interesan los escritores españoles?

—No sé gran cosa de ellos.

—Ya veo.

Comía con la cara cerca del plato, como un hombre en un comedor de beneficencia. No comió mucho. No tenía hambre, comentó, había comido un bocadillo en el tren. En cuanto al vino, no lo probó. Tenía prohibido beber alcohol.

Después jugaron a la banca rusa. Chaptelle, casi indiferente al principio, acabó animándose mucho.

—Ah —dijo—. Sí, tengo talento para las cartas. Cuando tenía veinte años casi no hacía otra cosa. ¿Qué es esto? ¿La sota?

—El rey.

—Ah. *Le roi!* —exclamó—. Sí, ya recuerdo.

Viri lo llevó en coche a la estación de tren. Esperaron en el andén largo y desierto. Chaptelle oteaba las vías vacías.

—Viene por el otro lado —le dijo Viri.

—Oh.

Chaptelle miró hacia la otra dirección.

Entraron en una pequeña sala de espera donde había una estufa encendida. Los bancos estaban marcados con iniciales de viajeros, y las paredes repletas de algunos dibujos primitivos.

—¿Puedes prestarme unos dólares para el taxi? —dijo Chaptelle de improviso.

—¿Cuánto necesitas?

—No llevo nada encima. Sólo tengo el billete. Por lo menos no pueden robarme.

Viri había sacado el dinero que llevaba. Le dio dos dólares.

—¿Es suficiente?

—Oh, sí —dijo Chaptelle, solemnemente—. Toma, me basta con un dólar.

—Podrías necesitarlo.

—Nunca doy propinas —explicó Chaptelle—. Tu mujer es muy inteligente, ¿sabes? Más que inteligente.

—Sí —asintió Viri.

—*Du chien*. ¿Conoces esa expresión?

El suelo bajo sus pies había empezado a temblar. Las altas ventanas iluminadas del tren desfilaron veloces y aminoraron la marcha bruscamente. Chaptelle no se movió.

—No encuentro mi billete —anunció.

Viri estaba agarrando la puerta. Unos pocos pasajeros se habían apeado; el revisor miraba a ambos lados.

—¿Por qué no subes y lo buscas luego?

—Lo tenía en mi *poche*... *Ah, merde!* —comenzó a murmurar en francés.

Se oyó el sonido hiriente de un silbato. Chaptelle se enderezó.

—Ah, aquí está —dijo.

Se apresuró y se detuvo, indeciso, buscando las puertas abiertas. Sólo había una, donde estaba el revisor.

—¿Por dónde se sube? —preguntó Chaptelle.

El revisor no le hizo caso.

—Allí, donde está él —le indicó Viri.

—Pero está dos vagones más allá. ¿Sólo abren esa puerta?

Echó a andar hacia ella. Viri esperaba que de un momento a otro las ruedas se pusieran en marcha. Eran trenes eléctricos y aceleraban rápidamente.

—¡Espere, hay un pasajero! —gritó. Se detestó a sí mismo.

Chaptelle estaba subiendo los peldaños con la mayor parsimonia. El tren empezó a moverse antes de que hubiese ocupado un asiento. Se inclinó ligeramente en el pasillo para decir adiós con un movimiento torpe, con la palma hacia delante, como una tía que parte. Después desapareció.

—¿Lo has subido al tren? —preguntó Nedra.

—Menuda pieza —dijo Viri—. Espero que sí.

—Me ha invitado a ir a Francia.

—Sería un viaje que nunca olvidarías. ¿Cómo es eso de que te ha invitado? ¿No sabe que estás casada? Esta noche, por ejemplo, ¿ha creído que estábamos aquí juntos por pura coincidencia?

—No tiene nada que ver con el matrimonio. Es decir, como hombre no me atrae en absoluto. No se lo ocultaría.

Estaba acostada sobre almohadas blancas, con un libro en la mano. Parecía totalmente razonable.

—Nos alojaríamos en casa de su madre —dijo.

—Nedra, ni siquiera hablas francés.

—Lo sé. Por eso sería tan interesante. —No pudo evitar una sonrisa—. Su madre tiene un apartamento en place Saint Sulpice. Es un plaza preciosa. Puedes asomarte, dice, hay un balcón todo alrededor con una barandilla de hierro.

—Fabuloso. Una barandilla.

—Chimeneas en las habitaciones. No es oscuro, dice. Es el piso más alto.

—Ropa de cama incluida, supongo.

—Su madre vive allí.

—Nedra, la verdad, eres increíble. Sabes que te quiero.

—¿Me quieres?

—Pero lo de ir a Francia...

—Piénsalo, Viri —dijo ella.

6

Eve era alta. Tenía pómulos marcados. Caminaba con los hombros caídos. Las estanterías de su sala de estar se doblaban bajo el peso de los libros. Trabajaba para un editor; oh, no has oído hablar de él, dijo ella.

Vivía una vida en la que todo estaba sin hacer: cartas sin contestar, facturas en el suelo, la mantequilla fuera de la nevera toda la noche. Quizá por eso su marido la había abandonado; era incluso más desvalido que ella. Al menos Eve era alegre. Salía bien vestida de su portal sembrado de basura, como una mujer que vive en Spanish Harlem y va a subirse a una limusina, entre perros callejeros y porquería esparcida.

Su ex marido fue a visitarla. Se sentó encorvado en una silla junto al fuego, con una bolsa de fin de semana cerca de los pies. Su chaqueta de ante estaba manchada, los bolsillos rotos. Tenía sólo treinta y dos años, pero la cara de un marginado. Sus ojos estaban consumidos, no había nada en ellos. Cuando hablaba era una tortura... pausas largas, enormes. Iba a... construir una maqueta con su hijo, dijo.

—Que no se acueste muy tarde —dijo Eve. A la mañana siguiente ella partía a Connecticut, donde todavía poseían una vieja casa que se turnaban.

—Oye, ahora que lo pienso... —dijo él.

Silencio. Había niños patinando en la calle estrecha y sin salida. Anochecía.

—El sauce junto al estanque —dijo. La voz se le iba, errática—. Deberías llamar a Nelson, el tipo de los jardines, mientras estés allí... Habría que... —Se detuvo—. Le pasa algo a ese sauce —dijo finalmente.

—¿Es el que no crece?

Una pausa.

—No, el que crece —dijo él.

Había vivido con una jovencita. Comían en restaurantes, se presentaban en fiestas. Cuando él se levantaba, sus pantalones estaban vacíos; le colgaban por detrás como los de un viejo.

—Es tan triste... —dijo Eve.

—Tienes suerte de que se haya ido —le dijo Nedra.

—Ella ni siquiera le mantiene la ropa limpia.

—Por eso es triste.

Eve se rió. Tenía oro detrás de los dientes; el metal le oscurecía los bordes, una aureola de betún, como los de una puta. Era propensa a reírse. Era divertida. Su vida carecía de cimientos. Sólo vagamente se consagraba a ella, podía tratarla a la ligera. Era eso lo que la hacía irresistible: aquellas sonrisas, aquel desenfado.

Eran como hermanas, los mismos miembros largos, el mismo humor. Para ellas era fácil ponerse en el lugar de la otra.

—Me gustaría ir a Europa —le dijo Nedra.

—¿No sería maravilloso?

—Tú has estado en Italia.

—He estado, ¿verdad? —dijo Eve.

—¿Cómo era?

Sus palabras fluían al final de la tarde. Estaban sentadas en sendos confidentes raídos. Anthony había ido a casa de un amigo. Sus libros escolares estaban sobre la mesa, su bicicleta en la cocina. El desorden del apartamento y su jardincito agradaban a Nedra; ella nunca podría vivir así.

—Bueno, fui con Arnaud —dijo Eve.

—¿Dónde os alojasteis? Seguro que Arnaud es fantástico en Roma.

—Le encanta. Habla italiano, ya sabes, habla con todo el mundo. Conversaciones largas.

—¿Y qué hacíais?

—Yo no paraba de comer. Ya sabes, te pasas horas en esos restaurantes. Él lee el menú, se lo lee de cabo a rabo. Luego lo comenta con el camarero, mira lo que está comiendo la gente de las otras mesas. Olvídate, si tienes prisa. Dice, no, no, espera un minuto, déjame ver lo que dice de los... los *fagioli*.

—Los *fagioli*...

—¿Qué son? Se me ha olvidado. No sé. Siempre comíamos eso. A él le gusta el *bollito misto*, le gusta el *baccala*. Comíamos, visitábamos iglesias. Conoce Italia.

—Me encantaría ir con Arnaud.

—Le gustan los hotelitos. O sea, diminutos. Se los conoce todos. Aprendí un montón. Por ejemplo, hay cierta clase de bichos a los que puedes dejar que se alimenten de tu cuerpo.

—¿Qué?

—Bueno, yo no lo he hecho nunca, pero eso decía él. No piensa casarse —dijo Eve.

—¿Por qué lo dices?

—Lo sé. Es egoísta, pero no es egoísmo. No le asusta estar solo.

—Ahí está el quid, ¿no?

—Sí. Por otra parte, a mí sí me asusta —dijo Eve.

—No, a ti no.

—Me aterra. Creo que es lo que más temo en el mundo. Él sabe arreglárselas. Le gusta la gente. Le gusta comer, ir al teatro.

—Pero al final está solo. Tiene que estarlo.

—Bueno, no lo sé. No le molesta. Está contento, sabe que estamos pensando en él.

Eve era fabulosa; lo decía él. Era generosa en todos los sentidos. Regalaba libros, vestidos, amigos, adornaba habitaciones con su cuerpo duro y disoluto, su boca licenciosa. La clase de mujer que ves del brazo de un campeón de boxeo, la clase de soltera que aparece una mañana con un ojo a la funerala.

Estaban pensando en él.

—Sí —convino Nedra—, eso es un problema. ¿Cómo está Arnaud?

—La semana que viene es su cumpleaños semestral. O sea, está a medio camino de cumplir años.

—¿Lo celebráis?

—Le he mandado unos pañuelos —dijo Eve—. Le gustan esos pañuelos grandes de obrero, y encontré unos. No sé, a veces se pierde de vista una semana o dos. A veces se va de viaje. Ojalá yo fuera un hombre.

7

Navidad. Tom, el viejo portero, bebiendo como siempre. Tenía la cara flaca y una oreja ulcerosa. Un hombre honrado, con botellas escondidas en el sótano, detrás del armario de los fusibles. Se sobresaltó cuando Viri intentó entregarle un sobre que contenía un poco de dinero.

—¿Qué es esto? —exclamó—. No, no.

—Es una menudencia para las navidades.

—Oh, no. —No se había afeitado—. Para mí no. No, no.

Parecía al borde de las lágrimas.

Los delineantes encorvados sobre sus mesas esperaban sus aguinaldos. Los comercios refulgían. Oscurecía antes de las cinco.

Aparcado debajo de una señal de prohibición absoluta, Viri subió corriendo las escaleras del teatro para comprar entradas para el *Cascanueces*. Era un ritual; lo veían todos los años. Franca iba a clases de ballet en la escuela de Balanchine. Tenía la calma y la gracia para ser bailarina, pero no la determinación. Era la más joven de la clase, las alumnas levantaban al unísono las piernas al oír las órdenes impartidas secamente, la escuela estaba más arriba de Broadway, encima de un melancólico Schrafft's.

Crepúsculo en la ciudad, tráfico, los autobuses derramando luz, reflejos en ventanas, en tiendas de óptica. Hacía un frío cortante, era un mundo lleno de viandantes desfilando por delante de quioscos de periódicos, drugstores baratos, muchachas en Rolls-Royce, con la cara iluminada por el salpicadero.

Recorrían Broadway estacionando junto a bocas de riego mientras Viri entraba a comprar una sola botella de vino y pagaba con un cheque, o cuñas planas y blancas de brie, blando como gachas: nada en abundancia, nada almacenado. Era la calle natural para ellos, su bulevar, no veían su fealdad. Fueron a Zabar's, a Maryland Market. Había sitios para todo, lo habían descubierto en los días de recién casados en que vivían cerca.

La radio estaba encendida, al igual que las luces de aparcamiento. Nedra, en su asiento, se volvía para hablar con las niñas, mientras, en la tienda, Viri avanzaba lentamente hasta el principio de la cola. Veían sus gestos por la ventanilla, casi distinguían sus palabras. La chica con quien hablaba era hosca y precipitada; cogía pasteles con un cuadrado de papel encerado en la mano.

—Hable más alto —dijo ella.

—Sí. ¿De qué son ésos?

—De albaricoque.

—Ah —logró decir él.

La boca de la chica era amplia y uniforme. Aguardaba. Él sucumbió a una súbita punzada de mutismo, de desesperanza. Ante él, como una hermana zafia de Kaya, tenía una última imagen de ésta. Sus pechos lo acobardaban.

—¿Y bien?

—Ponga dos de ésos.

Ella no lo miró; no tenía tiempo. Cuando él cogió el paquete que la chica le depositó enfrente, ella ya estaba hablando con otro cliente.

El interior del coche estaba caldeado, estaban bromeando, olía al perfume que Nedra dejaba probar a las niñas. Recorrieron calles residenciales para evitar el tráfico, callejuelas, vías poco usadas, hasta llegar al puente. Y luego, en la tarde invernal, las niñas se callaron, estaban en casa.

Nedra preparaba té en la cocina. El fuego estaba encendido, el perro tumbado con la cabeza entre las patas.

Nedra adoraba las navidades. Tenía una idea fantástica para hacer tarjetas: haría rosas de papel, rosas de todos los tonos, y las mandaría en cajas individuales. Extendió el papel encima de la mesa —ésta no, ésta tampoco, decía— para encontrar piezas que le gustasen, ¡ah, ésta! Reinaba en la casa una excitación casi teatral. Desde hacía días, esparcidos por alféizares y mesas en las habitaciones que ella prefería, había cuentas, papel de colores, hilos, piñas pintadas de color dorado. Era como un estudio: la profusión te inundaba, te dejaba sin aliento.

Viri estaba haciendo un calendario de Adviento. Tarde, como de costumbre; ya había transcurrido una semana de diciembre. Había hecho una ciudad entera, un cielo oscuro como cojines de terciopelo, estrellas recortadas con una cuchilla, humo que se alzaba de chimeneas y se perdía en la noche, una ciudad que era un compendio de patios escondidos, balcones, aleros. Era una ciudad como Bath, como Praga, una ciudad vislumbrada a través del ojo de una cerradura, calles que tenían escaleras, cúpulas como el sol. Todas las ventanas se podían abrir, y dentro había una imagen. Nedra le había dado un sobre lleno, pero él había encontrado otras. Algunas eran de habitaciones reales. Había animales sentados en sillas, pájaros, barcazas, topos y zorros, insectos, Boticellis. Cada una se colocaba pulcramente en su sitio y en secreto —las niñas no estaban autorizadas a acercarse—, con la minuciosa fachada de la ciudad pegada encima. Había detalles que sólo Franca y Danny reconocerían: los nombres en letreros de calles, cortinas en el interior de ciertas ventanas, el número de una casa. Viri les estaba construyendo su vida, con su caparazón extraordinario, sus senderos, sus delicias, una vida de colores mudos, de lógica y de sorpresa. Entrabas en ella como quien entra en un país extranjero; era extraño, apabullante, había cosas que te encantaban al instante.

—Por el amor de Dios, Viri, ¿todavía no has terminado?

—Ven a ver —insistió él.

Ella se colocó al lado de su hombro.

—Oh, es absolutamente fabuloso. Es como un libro, un libro de fábulas.

—Mira esto.

—¿Qué es? Un palacio.

—Es una sección de la Opéra.

—En París.

—Sí.

—Es precioso.

—Mira, las puertas se abren.

—Ábrelas. ¿Qué hay dentro?

—No lo adivinarías nunca. El *Titanic*.

—No, ¿qué dices?

—Hundiéndose.

—Estás loco.

—La cuestión es si ellas sabrán qué es.

—No hace falta saberlo, ya se ve lo que es —dijo Nedra—. ¿Y esas otras cosas?

Era tarde. Estaba cansado.

A Danny le había comprado un oso, un oso enorme sobre ruedas, con un collar y un arito en el hombro, y, cuando tirabas de él, el animal gruñía. ¡Menuda cara tenía! Era todos los osos rusos, los osos de circo, los que robaban miel de un árbol. Era un regalo que les hacen a los niños ricos y del que ellos se olvidan al día siguiente, el regalo que uno recuerda toda la vida. Le costó cincuenta dólares. Viri lo había llevado a casa en el maletero del coche.

• • •

El día de Nochebuena fue frío y ventoso. Oscureció temprano y los coches formaban largas colas en todas las carreteras. Viri llegó tarde con los últimos paquetes, brandy, los cigarros de Nedra. La nieve del suelo lo iluminaba todo. Sonaba música; *Hadji* correteaba ladrando de una habitación a otra.

—¿Qué le pasa?

—Está excitado —le dijeron.

—He estado pensando en él. No le hemos comprado nada.

—Yo le he comprado algo —dijo Nedra.

—Creo que deberíamos hacer una función sobre él.

—¿Qué? —gritaron las niñas—. ¿Cómo?

—Sobre que se enamora. De un sapo.

—¡Oh, papá! —dijo Franca.

—¡Oh, chupi!

En el camino de entrada, Jivan, con los brazos llenos de regalos, pasaba por delante de las ventanas iluminadas. Vislumbró estanterías blancas, a niñas cuyas voces no llegaba a oír, a Nedra sonriendo.

Se sentaron junto al fuego mientras Viri leía *Las Navidades de un niño en Gales*, un mar de palabras que le mojaba la boca, un mar sin límites. Ellas estaban en trance, deslumbradas por los sonidos mismos. Fluía serena la voz del narrador. La cabeza posada del perro formaba un triángulo, como la de una serpiente, en la rodilla de Viri. En el silencio que siguió soñaban, la leña depositaba suavemente coágulos de ascuas blancas sobre las cenizas, el frío en las ventanas, la casa repleta de brillantes sorpresas.

Jivan guardaba silencio, se sentía como un invitado. Su amante era intocable. Estaba enfrascada en el ritual y sus tareas. Él era celoso, pero no lo demostraba. Aquellas cosas eran valiosísimas para ella: constituían su esencia. Eran la causa de que valiera la pena robar a Nedra.

No hubo cena; estaban demasiado atareados con los detalles de última hora. Viri y Nedra trabajaban juntos, Jivan los ayudaba y las niñas envolvían regalos en sus habitaciones. Las luces permanecieron encendidas hasta después de medianoche. Era una gran celebración, la más grande del año.

Nedra había cambiado las sábanas. Se fueron a la cama satisfechos. El sentido que Viri tenía del orden estaba saciado. Ella estaba cansada, colmada.

—Tu lectura ha sido muy bonita —dijo ella.

—¿Tú crees?

—Sí, les he estado observando la cara.

—Les ha gustado, ¿verdad?

—Les ha encantado. Y a Jivan también.

—Era la primera vez que oía el cuento —dijo Viri.

—¿Ah, sí?

—Me lo ha dicho él. Pero tienes razón, le ha gustado. Creo que le ha gustado mucho. Ya sabes que lee un montón.

—Ya sé.

—Es más profundo de lo que parece —dijo Viri—. Es lo interesante de él.

—¿Qué quieres decir?

—Bueno, lo conozco bastante bien. En realidad oculta algo.

—¿Qué crees que es? —preguntó Nedra.

—Es una palabra que incluye tantas cosas, realmente no expresa lo que quiero decir, pero creo que oculta amor. Por amor entiendo una especie de sensibilidad. Él es nómada, ha tenido que luchar. ¿Sabes?, parece que no tenemos nada en común y, sin embargo, en cierto sentido sí lo tenemos.

—Yo creo que sí.

—Yo estoy seguro —dijo Viri—. Hay algo, aunque estemos en niveles totalmente distintos.

—Es tan difícil entender de verdad esas cosas —comentó ella.

Se durmieron. La casa estaba a oscuras, las habitaciones eran fantasmales. El fuego se había apagado, el perro dormía, el frío caía sobre el tejado en frágiles motas blancas.

La mañana de Navidad amaneció clara, el viento seguía soplando, las ramas crujían. Franca recibió una cámara Polaroid y lanzó un chillido de puro júbilo al desenvolverla; estuvo a punto de llorar. Se sacaron fotos mutuamente, de las habitaciones, del árbol. Por la tarde hicieron una fiesta, una fiesta muy pequeña, con una invitada cada una. Franca invitó a una niña que había conocido en la escuela y Danny invitó a Leslie Dahlander. Hubo una búsqueda del tesoro, helados, y encendieron con fuego de verdad las velas del árbol, un árbol enorme plantado junto a la ventana, tupido como la piel de un oso, con pájaros en las ramas, bolas plateadas, espejos, ángeles, un árbol con un pueblo de madera debajo y en lo alto una estrella de diez puntas comprada en Bonnier's.

La función no podía empezar hasta que se hubieran visto todos los regalos, las gallinas, las fotos, los huevos navideños. Entonces apareció Viri disfrazado de profesor Ganges, con bigote y un frac antiguo. Parloteó, inescrutable, ejecutó varios trucos. Había nueve revistas extendidas en tres hileras en el suelo. Él saldría de la habitación y, al volver, les diría cuál habían escogido. Nedra era su cómplice; tocaba las revistas con un bastón: «¿Es ésta? —preguntaba—, ¿es esta otra?»

—Ahora voy a contaros un truco que hace mi maestro: puede estar debajo del agua siete minutos, puede memorizar un libro de una ojeada. De una baraja normal, te invita a que pienses en una carta, simplemente pensar en ella, y él las tira todas contra la ventana. Se esparcen y caen, pero una carta se queda pegada al cristal. Es la que has pensado. Él dice: bien, ahora ve a despegarla del cristal, y tú vas y cuando extiendes la mano para cogerla ¡descubres que está por la parte de fuera del cristal! ¿Os gustaría ver eso?

—¡Sí, sí! —gritaron.

—El año que viene —dijo él; hizo una reverencia al estilo oriental, y salió del cuarto.

—¡Enséñanos! —gritaban ellas—. ¡Profesor! ¡Enséñanos!

¡Qué fiesta! Hubo un torneo de aullidos, un juego de tijeras, lanzamiento de monedas al agua y de cartas a un sombrero. Al atardecer, estaba nevando. La nieve caía sobre los silenciosos almacenes de madera a lo largo del río, sobre las desiertas carreteras navideñas.

Además del oso, Danny recibió una radio, unas botas de montar, un magnífico libro de Larousse sobre la vida de los animales. A Franca le regalaron una guitarra, un abrigo y una caja de acuarelas inglesas. Escribió en su diario: «La Navidad más bonita hasta ahora. Incluso ha nevado. Todos mis regalos han sido un éxito. La fiesta ha sido fantástica. Me gusta de veras Avril Coffman. Es muy lista. Ha resuelto el problema del cubo mágico antes que ninguna. Tiene un pelo genial. Larguísimo. Como Danny, la puerca (es lo que es), no quería salir a darle la comida al poni, he ido yo. Tengo la mejor madre del mundo.»

8

Había ido a visitarlos el padre de Nedra. Tenía sesenta y dos años. Le faltaban dientes. Tenía el pelo mustio peinado hacia atrás y cortado por un barbero de provincias. Era charlatán, rudo, con una sólida barbilla partida, como un cartero alemán. Fumaba sin parar. Tenía una risa ronca. Contaba muchas historias, unas que eran verdad y otras que eran mentira. «He tardado siete horas —dijo—. No he pasado de los ciento veinte por hora.»

Era su cumpleaños. Se había presentado con dos gigantescas muñecas idénticas. Las cajas eran baratas, de cartón gris, abiertas a la vista como un ataúd, cubiertas de celofán. Las niñas le dieron las gracias y no supieron qué hacer.

—¿No sois demasiado mayores para jugar con muñecas? —les preguntó.

—Oh, no.

Empezó a toser en mitad de una larga explicación sobre la manera de cuidar un automóvil. Había tenido muchos coches seguidos desde 1924.

—La gente no lo comprende —dijo—. Se lo puedes explicar, pero sigue sin comprenderlo.

Con su jersey de color avena, Nedra colocaba patatas junto a una pierna de cordero. Estaban peladas y en agua.

Las sostuvo en la mano como si fueran canicas. Vestía una falda oscura y plisada, calcetines hasta la rodilla, tacones bajos.

—Es el aceite —estaba diciendo su padre—. Tienes que consumir sólo el mejor, y cambiarlo... No simplemente añadir, sino cambiarlo, cada mil quinientos kilómetros. Da igual lo que te digan. ¿Te acuerdas de aquel Plymouth que tenía?

—¿El Plymouth?

—El Plymouth del 36 —dijo—. Lo tuve durante toda la guerra.

—Sí, claro que me acuerdo.

Ella estaba colocando cosas en la mesa, queso, salami italiano, vino.

—¿Tienes cerveza? —preguntó él—. Me tomaría una cerveza. ¿Dónde está Viri?

—Llegará dentro de poco.

—A él debería decirle todo esto.

—Dudo de que le sirviera de mucho.

Esa noche le preguntó a Jivan:

—¿Tiene usted coche?

—¿Coche? Sí —dijo Jivan. Lo habían invitado a jugar al póquer. Estaban todos sentados a la mesa, ante una pila de fichas azules y rojas, y alguien barajaba las cartas—. Tengo un Fiat.

—Subo cinco centavos —dijo el padre de Nedra. Dio una palmada en la mesa con un índice fuerte como una estaca. Tenía el paquete de Camel al alcance de la mano. Repartió con pulso tembloroso. Una sota —dijo—. Un cinco. Un siete. Otro siete. Un Fiat, ¿eh? ¿Por qué no se compra un Chevrolet?

—El Chevrolet es un buen coche —admitió Jivan.

—Claro que lo es. Es mejor un Chevrolet viejo que uno como el suyo nuevo.

—¿Usted cree?

—Lo sé. Tú juegas, Yvonne.

—Sí, juguemos —dijo Nedra—. Tengo una buena racha.

—Le gusta ganar —dijo su padre.

—Me encanta ganar —dijo ella.

Un juego amistoso en la acogedora cocina. Con qué cuidado ella lo preparaba todo para él, qué considerada era. Aceptaba de todo corazón al vendedor expectorante que era su padre. Él no le pedía nada más que una hospitalidad ocasional. Nunca se quedaba más de lo previsto. No escribía cartas, se pasaba la vida yendo en automóvil de un cliente a otro, en bares donde había mujeres que hablaban con voz aguardentosa, en la casa de donde Nedra había huido años antes, una casa en la que no era posible imaginarla: mobiliario antiguo, una persiana en la puerta trasera. Una casa sin libros, sin cortinas, cuyo sótano olía a polvo de carbón. Allí había crecido, día tras día, había sido una niña que ni siquiera a los dieciséis años presagiaba a la mujer en que habría de transformarse, hasta que de pronto un verano lo abandonó todo y desapareció. En su propio hogar, era una muchacha que no había heredado nada y en la que todo era especial, como si ella fuese un mensaje o bien la portadora de uno sacrosanto y sereno, sin una mácula en su cuerpo, sin un solo defecto.

—¿Es tu padre de verdad? —murmuró Jivan.

Ella no respondió. Tenía los antebrazos apoyados en el suelo, no hablaba, no veía. La alfombra le mordía los codos, las rodillas desnudas. Él estaba arrodillado detrás de ella. Sin hacer nada. Aguardaba con una lentitud grave y atroz, como un funcionario, como un hombre que va a tañer una campana. Él escuchaba el tráfico remoto, y ella intuía su entrega, su calma.

—¿No lo es, en serio?

—Sí.

La rozó. Su respiración ahogó la palabra. Se le saltaron las lágrimas. Era como una serpiente tragándose una rana, lenta, imperceptiblemente. Su vida se acababa sin lucha, sin movimiento, tan sólo con espasmos involuntarios y esporádicos, como suspiros indefensos. La voz de Jivan parecía bañarla como en sueños:

—Me parece increíble.

Ella no dijo nada. Aquello no había terminado, continuaba produciéndose. Ella era como una mujer estrangulada. Apretaba la frente contra la alfombra.

—Le quieres mucho. Dímelo.

—Sí.

—Me encanta oír tu voz.

Ella tuvo que tragar saliva.

—Sí.

Llevaba la pulsera de piedras violeta oscuro que él le había regalado. La llevaba entre tres bandas doradas. Resonaba cuando ella se movía, un sonido sensual que declaraba que ella le pertenecía, incluso cuando él estaba sentado con el marido de ella y oía a Nedra en la cocina o, en su ausencia, ella pasaba las páginas de una revista.

—He encontrado una receta —dijo Jivan—. ¿Te la leo?

Ella lo oía pasar las páginas.

—*Rillettes d'oie* —dijo él—. ¿Lo digo bien?

Ella no contestó.

—«Despelleje la oca y separe la carne de los huesos.»

Ella estaba débil, desfalleciente.

—«Reserve parte de la grasa para la fuente de horno.»

A él se le hacía la boca agua pensando en Nedra. Notaba el sabor de su carne.

Habían emprendido el viaje interminable, avanzando un paso, retrocediendo otro. El libro se había caído al suelo y él le sujetaba las manos, los hombros. Ella gemía. Ella le había olvidado, su cuerpo se retorcía, se apretaba como un puño.

En la quietud que siguió, él dijo:

—Nedra.

Ella no respondió. Un largo silencio.

—¿Sabes la historia de los Arendt?

—¿Los Arendt?

—El dueño de este local. Yo se lo compré.

—El joven.

—Es anticuario.

—Ah, sí.

—Su padre era escultor.

—No lo sabía.

—Tengo algunas de sus obras. Las encontré en el trastero.

Eran dos piezas pequeñas, una de ellas un caballo, con el metal grabado como una cota de malla asiria.

—¿Te gusta? —le preguntó.

Ella lo sostenía en el aire, encima de la cara.

—Ésta también —dijo él.

Nedra tenía las manos tan débiles que apenas podía sostenerla.

—Tenía talento, ¿eh? —preguntó Jivan—. Su mujer era fabulosa. Se llamaba Niiva.

—Niiva.

—Es precioso, ¿verdad? Eran famosos, los dos. Ella era muy atractiva, gustaba a todo el mundo. Era apasionada y fuerte, y él también era muy agradable, pero faltaba algo. Tenían una casa en el sur de Francia, libros hermosos, conocían a toda la gente famosa de los años treinta. Pero ella era una yegua, ¿entiendes?, y él era una cabra... no, no una cabra sino un mulo, un mulo bonito y paciente.

»El resultado es su hijo. Ya lo has visto; es como su padre, débil. Guarda algunos de los libros, dedicados por los autores, y cientos de recortes. El padre acabó dejándolos y ella se dio a la bebida. La casa le importaba un bledo. Había pilas de botellas por todas partes. Al final murió.

—¿Cómo?

—Se cayó por la escalera. ¿Sabes por qué te cuento esto?

—No estoy segura.

Ella miró de nuevo el caballito de bronce.

—Lo sabes. Mira —dijo súbitamente—. Quiero enseñarte algo. Ahora estoy un poco cansado, compréndelo.

Cogió la guía de teléfonos. Era la del condado, tan gruesa como un pulgar. La cogió entre los dientes y, mientras se le abultaban los músculos del cuello y del brazo, empezó a partirla en dos, lenta y progresivamente, con los dientes y una mano.

—¿Ves?

—Sí. Sé que eres fuerte. Lo sé —dijo ella.

Recibió una carta de su padre escrita en hojitas de papel rayado. Le daba las gracias por los tres días que había pasado en su casa. Había pillado un resfriado al volver a la suya. Aunque había tardado menos que en el viaje de ida. Ella era una buena jugadora de póquer, debía de haberlo heredado. Los amigos de verdad no existen, la avisaba.

9

Verano en Amagansett. Ella tenía treinta y cuatro años. Se tumbaba en las dunas, en la hierba seca. Tenía la mano pintada de negro, cada dedo dividido en tres partes, el pulgar en dos, la palma en cuatro como una carta doblada. En la base de los dedos había rodeado con un círculo los montes, Júpiter, Saturno y Mercurio, y coloreado de rojo las líneas de la palma. Estaba enfrascada en el estudio, con la carta astral a su lado, en trance. Abajo, en la playa, las niñas jugaban.

Estaba silenciosa, era una paria, invisible menos desde el mar. Su cuerpo era de un color tostado oscuro. Sus pechos ocultos estaban pálidos, tenía una delgada franja blanca alrededor de las caderas, una franja no más ancha que una corbata. Sus ojos eran claros, su boca descolorida; estaba en paz. Había perdido su deseo de ser la mujer más hermosa de las fiestas, conocer a celebridades, escandalizar. El sol le calentaba las piernas, los hombros, el cabello. No tenía miedo de la soledad; no temía envejecer.

Permaneció horas donde estaba. El sol alcanzó su cenit, los gritos de las niñas se apagaban, el mar se volvió estaño. La playa nunca estaba vacía. Era espaciosa, infinita, siempre había figuras en ella, lejanas, como campamentos de nómadas. Vio riqueza en su mano; vio un prodigioso tercio final de vida. Tres claros anillos, de treinta años cada uno, le ceñían la muñeca; viviría hasta los noventa. Había perdido el interés por el matrimonio. No había nada más que decir. Era una cárcel.

—No, te diré lo que es —dijo ella—. Es indiferencia. Me aburren las parejas felices. No creo en ellas. Son falsas. Se están engañando.

»Viri y yo somos amigos, buenos amigos. Creo que lo seremos siempre. Pero lo demás, lo demás ha muerto. Los dos lo sabemos. No tiene sentido fingir. Está adornado como un cadáver, pero ya está podrido.

»Cuando Viri y yo nos divorciemos... —dijo.

Arnaud llegó aquel verano. Su llegada fue digna de Chaplin. Se presentó con Eve en un descapotable blanco, saludando levemente con la mano cuando las ruedas delanteras toparon con un tocón y elevaron el morro del coche un metro en el aire. Se instaló en dos habitaciones al fondo de la casa, un dormitorio y una solana que daba a los campos. Llevaba una gorra blanca y una camiseta de canalé, pantalones de color tabaco o del color de ciertos perfumes, y un pañuelo a modo de cinturón. Era extravagante, sereno, lustroso como un conejillo de Indias. Lo primero que hizo fue comprar ciento cincuenta dólares de licor.

—Un regalo magnífico —recordó Nedra.

—Aunque en realidad... —dijo Viri.

—No se lo bebió todo.

—Bueno, no todo.

Y puros. Fue el verano de los almuerzos y de los puros maravillosos. Todos los días, tras terminar el almuerzo al sol, Nedra preguntaba:

—Arnaud, ¿qué vamos a fumar?

—Déjame ver —decía él.

—¿Un Coronita?

—No, yo no... quizá. ¿Qué me dices de un Don Diego? —preguntaba él—. Un Don Diego o un Palma.

—Un Palma.

—Eso es.

Nedra escribió a Jivan: «Sabes cuánto detesto la idea de estar separados, incluso unas pocas semanas, pero en cierto sentido no me parece tan difícil como había pensado. No es que no piense en ti. De hecho, pienso en ti más que nunca, pero el verano parece un día largo después de haber estado juntos, tengo tiempo de reflexionar, de saborearte otra vez. Es como dormir, como bañarse. Muchas veces hablamos de ir al mar juntos, y aunque esté aquí sin ti, lo veo a través de tus ojos y me conformo. No sentiría esto si no te amara ni sintiera tu amor intensamente. Tenemos tanta suerte. Entre nosotros circula esa tremenda electricidad. Te envío muchos besos. Te beso las manos. Franca habla a menudo de ti. Hasta Viri lo hace...»

Junto a la firma había un dibujito, hecho de memoria.

Recibió correo de Robert Chaptelle, que estaba en Varengeville. Sus postales omitían el saludo, su letra era ilegible y densa.

«Mi obra es la primera de su género, dura dos horas y media sin descanso. Se titula *Le begaud*. Le estoy dando los últimos retoques.»

—Así que ha vuelto a Francia —dijo Viri.

—Sí.

—Qué pérdida.

«Me propongo seguir a rajatabla mi calendario, que es el siguiente. Estaré en el Hôtel de la Terrasse hasta el 15 de agosto. En L'Abbaye, en Viry-Chatillon, hasta el 30 de agosto. En el Wilbraham Hotel, de Sloane Street, Londres, todo el mes de septiembre.

»Puede que te llame un tal Ned Portman. Es un norteamericano, bastante inteligente, que he conocido aquí. Me ha visto trabajar, y lo que tiene que decir sobre mí quizá te interese.»

Ella no tenía nada que decir, pero consiguió redactar una respuesta breve. Le producían una extraña euforia las direcciones postales de Robert, sus palabras subrayadas, sus sellos de Le Touquet y las cabezas esculpidas de los años treinta.

Las niñas adoraban a Arnaud. Su pelo rizado estaba encaneciendo, y lo llevaba demasiado largo. Tenía una gran barriga; comparado con él, su padre era delgado. Arnaud era un patriarca, un macho alfa. Usaba un sombrero de paja, movía con fruición los dedos de los pies cuando estaba tumbado en la playa, era un vagabundo de dientes blancos, blancos como conchas, y los bolsillos llenos de dinero arrugado. Era librero anticuario. Tenía dinero porque su negocio era seguro y bien gestionado, y porque no vacilaba en pedir el mejor precio. Bromeaba sobre el dinero, lo malgastaba, fluía hacia él como el agua a un desagüe.

Corría con ellas por la playa. Era poderoso bajo el sol abrasador, con la cara protegida y la piel morena. Eve fue el fin de semana. Se trasladaron a un motel.

—Es demasiado tranquilo —se quejó al día siguiente.

Estaba mezclando bebidas, ron con frutas frescas; era el último ron de calidad que quedaba: Viri estaba recogiendo leña. La playa estaba casi desierta. A lo lejos, a un kilómetro de distancia, otro grupo se bañaba en el mar.

Bebieron el ron helado mientras se asaban en la parrilla las mazorcas de maíz empapadas en agua de mar.

—¿Os habéis enterado? —dijo Nedra—. Han robado en nuestra casa.

—Oh, Dios —dijo Eve—. ¿Cuándo?

—Nos han telefoneado esta mañana. Se han llevado el tocadiscos, el televisor, lo han destrozado todo.

—Debes de estar asqueada.

—Quiero vivir en Europa —dijo Nedra.

—¿Europa? —gritó Arnaud—. Son peores.
—¿En serio?
—Allí inventaron el robo —dijo él.
—¿E Inglaterra?
—¿Inglaterra? Lo peor de todo. Ya sabes que hago negocios allí, tengo amigos ingleses. Les entran en casa continuamente. Llega la policía, echa un vistazo, esparce polvos buscando huellas digitales. Bueno, sabemos quién ha sido, dicen. Estupendo, ¿quién? Los mismos que la otra vez, dicen.
—Oh, pero a mí me encantan esas fotos de Inglaterra.
—La hierba es muy buena —concedió él.
Eve estaba borracha.
—¿Qué hierba? —dijo.
—La hierba inglesa.
Se estaba acariciando el pelo.
—Tú sí que eres hermoso —dijo ella—. ¿Cómo puede una mujer tener la esperanza de...?
—¿De qué?
—De interesarte —murmuró Eve, imprecisamente.
—Seguro que hay alguna manera.
Ella dio unos cuantos pasos, se detuvo y luego, con un solo movimiento, se volvió y se quitó el vestido. Debajo sólo llevaba unas bragas blancas.
—¿Tienes calor, querida? —preguntó él.
—Sí.
—Eres tan impulsiva con la ropa...
—Vamos a nadar —dijo ella. Se tapaba los pechos con los brazos. El mar siseaba a su espalda.
—El maíz está casi hecho —objetó Arnaud.
—Querido. —Eve le tendió la mano—. No me dejes nadar sola.
—Jamás.
La transportó en brazos hasta el agua, tranquilizándola como si fuese una niña. Vieron sus piernas largas colgando

del brazo de Arnaud. Las olas eran de seda. *Hadji* ladró a las pisadas que se perdían en el mar.

Eve ya no era joven, advirtió Nedra. Tenía el vientre liso, pero la piel se le había estriado. Se le estaba ensanchando la cintura. Pero uno la quería por ese motivo, la quería aún más. Hasta las rayas finas que empezaban a aparecer en su frente parecían bellas. Cuando volvieron, tenía empapadas las puntas del pelo, su cuerpo brillaba y el monte de Venus asomaba por sus bragas mojadas. Se recostó en Arnaud con profundo afecto. Se había puesto el jersey de él; le llegaba a las caderas, parecía desnuda debajo. Él le rodeaba la cintura.

—Lo malo —dijo ella— es que no tengo remedio. Me encantan los judíos.

Verano. El follaje es espeso. Las hojas relucen por doquier, como escamas. Por la mañana, aroma de café, la blancura del sol desperdigado por el suelo. El rumor de Franca en el piso de arriba, las pisadas de una jovencita mientras hacía la cama, se cepillaba el pelo, descendía con la cálida sonrisa de la juventud. El cabello le colgaba en una columna tersa entre los omoplatos. Cuando se lo tocaban, ella se ponía rígida, con la certeza ya, la seguridad de su belleza.

Caminos hasta la playa. La arena estaba caliente. El mar rugía débilmente, como en un vaso. Sus miembros estaban bronceados. Franca tenía contornos incipientes de mujer, las caderas que se ampliaban, largas piernas esbeltas. Su padre sujetaba a las niñas para que pudieran sostenerse cabeza abajo con las manos. Franca llevaba su bañador negro. Sus nalgas sobresalían cuando arqueaba el cuerpo, las pantorrillas, la región dorsal de la espalda.

—¡Vale, suelta ya! —gritó.

Oscilante, insegura, dio dos o tres pasos con las manos y cayó.

—¿Cuánto he aguantado? —preguntó.

—Ocho segundos.

—Otra vez —suplicó ella.

El viento soplaba desde la orilla. Las olas parecían romper en silencio.

Días de playa. Volvían a casa al caer la tarde, las grandes extensiones brillaban bajo un sol que ya no calentaba. Almuerzos que los guarecían como tiendas de campaña. Bajo una amplia sombrilla, Nedra disponía pollo, huevos, endivias, tomates, paté, queso, pan, pepinos, mantequilla y vino. O bien comían sentados a una mesa del jardín, con el mar lejano, los árboles verdes, las voces que llegaban de la casa contigua. Cielo blanco, silencio, los puros aromáticos.

Ella hablaba de Europa con frecuencia.

—Necesito el estilo de vida que se vive allí —dijo—, sin inhibiciones.

—¿Inhibiciones? —preguntó Arnaud. Tenía los ojos entornados de sueño.

Viri se había ido a la ciudad. Estaban los dos solos.

—Necesito una casa grande.

—No creo que tú tengas muchas inhibiciones.

—Y un coche.

—Tú eres muy desinhibida.

—Sí, bueno, hablo de las inhibiciones de los demás.

—Ah, de los demás. Pero a ti no te importan los demás. Te importan menos que a nadie que yo conozca.

Ella guardó silencio. Se estaba mirando los pies, en los que advirtió, por primera vez, venas azules. El sol estaba en su apogeo. Era consciente, como si aquél fuese un momento de ingravidez, de que su vida también se hallaba en su cúspide; era sagrada, flotante, dispuesta a cambiar de rumbo por última vez.

—Verás, pienso en el divorcio —dijo—, y Viri es un padre ejemplar. Quiere muchísimo a sus hijas, pero no es eso lo que me frena. No son todos los trámites y los pleitos legales, los arreglos que habría que hacer. Lo realmente deprimente es el optimismo absoluto de todo eso.

Arnaud sonrió.

—Quiero viajar —dijo ella. No estaba pensando; las palabras brotaban de algún lugar de su fuero interno y le subían a los labios—. Quiero ir a una habitación agradable al final del día, deshacer el equipaje, darme un baño. Quiero bajar a cenar. Dormir. Luego, por la mañana... el *Times* de Londres.

—Con el número de habitación apuntado a lápiz.

—Quiero poder pagar con un cheque y no pensarlo siquiera.

—Digan lo que digan, eso es lo más grande, ¿no?

—Me gustaría comprarme toda la ropa nueva.

Estaban sentados bajo una bóveda de calor, de mediodía silente, en posturas lánguidas, como exhaustos, como si estuviesen en algún paraje de Sicilia, intercambiando secretos que los envolvían como corrientes lentas y que era tan dulce confesar como escuchar.

—Arnaud, te tengo mucho cariño. Eres de verdad mi hombre favorito, ¿lo sabes?

—Eso esperaba.

—Lo digo en serio. Tienes la virtud maravillosa de comprender, de comprender y aceptar.

—Eso parece.

—Tienes un fantástico sentido del humor.

—Por desgracia —dijo él—. El humor proviene en gran medida de la indiferencia.

—Oh, no lo creo.

—El desapego es lo que produce el humor. Es una paradoja. Dicen que somos las únicas criaturas que se ríen, y cuanto más reímos, menos cosas nos preocupan.

—No creo que sea cierto.

—Hum —reflexionó él—. Quizá. Muchas de las ideas tan claras que se nos ocurren en esas horas de reflexión, sobre todo después del almuerzo, luego resulta que no se sostienen. Ha sido un verano precioso.

—Lo pienso todos los días —dijo ella.

Hacia el final, en los últimos días de agosto, estaban sobre el césped al atardecer, Arnaud en mangas de camisa, recostado en un codo, y Viri y Nedra sentados. Delante tenían el mantel extendido en la hierba. Los grandes árboles, exuberantes de hojas, suspiraban al viento. Viri se rodeaba las rodillas con los brazos, y se le veían los calcetines.

—Un verano precioso, ¿verdad? —dijo.

No sabían lo que estaban alabando; los días, el sentimiento de satisfacción, de júbilo pagano. Aclamaban el verano de sus vidas en que, libres de peligro, reposaban. Su carne, su bienestar hablaba por ellos.

—Voy a traer la sopa —dijo Nedra.

—¿De qué es? —preguntó Viri.

Ella se puso de pie.

—Una de tus preferidas —contestó ella—. ¿No hueles?

Llenaba el aire el olor de hierba, de tierra seca, el débil aroma de flores.

—No —confesó él.

—La nariz es tu punto flaco —dijo ella—. Es de *cresson*.

—¿De verdad has hecho sopa de berros?

Ella se restregó las piernas.

—En tu honor.

Entró en la casa. Franca leía sentada en el sofá. Las cucharas estaban en el cajón. Llenaba la casa la luz pura del crepúsculo.

—Eres un tío con suerte —estaba diciendo Arnaud. Desde la casa, ambos parecían inmóviles, como si posaran. Las capas de follaje se mecían sobre ellos. La esquina del mantel voló suavemente hacia atrás—. Has llegado a puerto.

Viri no respondió. El vasto y ligero balanceo del verano movía el dosel de hojas, pasaba entre ellas, las abrillantaba.

—Te mueves en una realidad más amplia que otros hombres, Viri. Podría poner ejemplos, pero es patente. Es una especie de paraíso.

—Sí, bueno, no todo soy yo —dijo Viri.

—En gran parte eres tú.

—No, tú trajiste los puros. —Hizo una pausa—. Lo cierto es que no es lo que parece. Me tomo las cosas con demasiada calma.

—¿Qué quieres decir?

—A las mujeres habría que encerrarlas en jaulas. Si no... —No terminó. Finalmente dijo—: Si no, no sé.

10

Sus amigos, aquel año, eran Marina y Gerald Troy. Ella era actriz —había interpretado a Strindberg— y tenía los ojos de un azul penetrante. Era rica. Su riqueza no era reciente, destellaba en todo: en su piel, en su hermosa sonrisa. Iba al gimnasio tres veces por semana, al de un griego viejo que se llamaba Leon y que, a sus ochenta años, tenía los brazos todavía fuertes y el pelo completamente blanco.

Nedra también empezó a ir. Siempre había sido indiferente a los deportes, pero desde las primeras horas en el espacio desierto de la sala principal, con sus ventanas sucias sobre el tráfico, el fervor del anciano, el compañerismo, pensó que aquél era su sitio. Las duchas estaban limpias; la sobriedad, las paredes verdes la atrajeron. Su cuerpo despertaba, súbitamente era consciente de que en su interior, como si tuvieran vida propia, había hondas pulsiones de fuerza. Cuando la tensaba, colgada boca abajo, cuando los músculos de debajo estaban entonados y laxos, cuando se sentía como una corredora joven, caía en la cuenta de lo mucho que podría amar aquel cuerpo, aquel recipiente que un día habría de traicionarla: no, no lo creía; creía lo contrario, de hecho. Había veces en que presentía su inmortalidad: las mañanas frías, las noches estivales a solas, tumbada desnuda sobre las mantas, cuando se bañaba, mientras se vestía, antes del amor, en el mar, o cuando tenía los miembros cansados y se aprestaba a dormir.

Almorzaba con Eve o con Marina, a veces con ambas. Eran mediodías en que los restaurantes se llenaban de clientes, de clamor y de una luz perfecta y serena. En el bolso tenía una carta recién llegada de Europa a la que sólo había echado una ojeada, leído deprisa, bastaba ver el reborde azul y rojo, la letra febril. Robert, al parecer, estaba enfermo, se autoengañaba, quejumbroso, se canonizaba. Lo estaban tratando de una dolencia tiroidea en una clínica cerca de Reims. «Oigo a gente decir dentro de dos años: tu obra es extraordinaria. Y mi respuesta: me costó diez años perfeccionar mi arte. Aquí estoy luchando con gigantes. Todas las mañanas me despierto sudoroso y dispuesto a luchar. El impacto es grande, pero nunca me derrotan. Echo de menos los ensayos, asistir a ellos y ver progresar a los actores. Estar allí es absolutamente necesario. Mi ojo y mi oído critican cada movimiento y cada entonación. Escucho las "comas" de la obra como si fueran gotas que caen de una fuente. *Dis-moi comment vont tes affaires*. Estoy solo.»

La habitación estaba casi vacía. Era esa hora tranquila y central del día, lenta, delicuescente, las dos y media o las tres, en que el humo de cigarrillo invisible se mezclaba con el aire, la peladura de limón estaba junto a las tazas vacías, el tráfico de la avenida era silencioso, pasaba flotando como muerto, mujeres en la treintena, hablando.

—Neil está enfermo. Tiene diabetes —dijo Eve.

—¿Diabetes?

—Eso han dicho.

—¿No es hereditaria?

Estaban sentadas a una mesa próxima a la entrada. El camarero las miraba desde cerca del mostrador. Estaba enamorado de ellas, de su ocio, su voz baja, las confidencias que tanto las absorbían.

—Espero que mi hijo no la contraiga —dijo Eve—. Neil es un desastre. Me sorprende que sólo tenga eso.

—¿Sigue viviendo con esa no sé quién?

—Sí, que yo sepa. Es tan estúpida que no sabría qué hacer por él, de todos modos. Sólo tiene una... no sé como llamarlo... cualidad.

—¿La cama, quieres decir?

—Tiene veintidós años, ésa es su cualidad. Pobre Neil, es un calzonazos. Los dientes se le están pudriendo.

—Tiene una pinta horrible.

—Creo que no podría ligar con una mujer ni en un bar a oscuras. Se lo tiene merecido, pero es penoso para Anthony verlo en ese estado. Es tristísimo. Y le gusta su padre, siempre lo ha querido. Han estado muy unidos.

—Es muchísimo más fácil cuando son dos —dijo Nedra—. Yo no habría podido criar a mis hijas sola. Oh, claro, habría podido, pero veo en ellas cualidades que no son mías o que son una reacción contra las mías, que han heredado de Viri. En definitiva, creo que las chicas necesitan una presencia masculina. Les hace cobrar vida en algunos sentidos.

—Los chicos son iguales.

—Supongo.

—¿Por qué no compartes a Viri conmigo? —preguntó Eve. Se rió—. No hablo en serio.

—¿Compartirlo? —dijo Nedra—. Pues no sé. Nunca lo he pensado.

—No lo decía en serio.

—No creo que funcionase, con Viri no. Pero con Arnaud...

—Tienes razón —dijo Eve.

—Oh, sí. Pensándolo bien, creo que estaría mejor con dos mujeres.

—Pero tú eres mucho más ordenada que yo.

—Yo creo que tú eres más comprensiva.

—No creo.

—Sí —dijo Nedra—. Y es normal. Estoy segura de que acabaría queriéndote más. Sí, es cierto.

Salieron encariñadas y sin prisa por la entrada estrecha. En Lexington Avenue el tráfico era interminable, coches de la periferia, taxis, limusinas oscuras que flotaban sobre los carriles. Caminaron. Las calles eran como ríos alimentados por afluentes a lo largo de los cuales ellas se entretenían mirando escaparates en los que aparecían reflejadas. Había tiendas que atraían a Nedra, locales donde había comprado cosas, manteles, perfumes. A veces su mirada se cruzaba con la de una dependienta ociosa, sola, por encima de pilas de libros, expositores de vino. No tenía prisa; no sonreía. Era la inteligencia de su rostro lo que les llamaba la atención, la gracia. Era alguien cuya cara habían visto, una persona que lo poseía todo: tiempo libre, amigos, las horas del día eran como una mano de cartas. Por aquellas mismas avenidas Viri caminaba solo. La ascensión de uno es la caída del otro. Tenía la cabeza llena de detalles, de citas; a la luz del sol su piel parecía seca.

Nedra volvió a casa en el tráfico temprano, entre coches de mujeres que regresaban del médico y hombres que habían terminado su jornada de trabajo. Los árboles empezaban a cambiar.

Cinco de la tarde. Se arregló el pelo delante del espejo de su cuarto; tenía las manos pálidas. Se alisó las mejillas, como borrando las huellas de un suceso. No había ninguno, se preparaba para cuando ocurriese: una llamada de teléfono, una pieza musical, media hora de lectura.

Fue el teléfono. La voz de la señora Dahlander, titubeante, serena.

—¿Podría venir al hospital? —preguntó—. Mi marido no está. Leslie se ha caído de un caballo.

Había ocurrido una hora antes. Estaba montando sola. Nadie vio el galope, el tropiezo, el instante en que voló despatarrada por los aires en una postura como de broma y luego cayó y se quedó inmóvil mientras el caballo se paraba y se ponía a pastar. El prado estaba desierto, no se veía desde la carretera.

En el hospital dictaminaron que era grave: una conmoción cerebral. La niña seguía inconsciente. Tenía la cara magullada. Se había golpeado la cabeza contra una roca. Era adoptada, hija única. El médico estaba explicando la urgencia, el riesgo, a la madre estupefacta. Era en la sala de espera del pabellón de niños. En los anaqueles había pilas de libros, por el suelo había bloques de plástico. Si continuaba la hemorragia en el interior del cráneo, ejercería una presión fatal sobre el cerebro.

—¿Qué podemos hacer?

—Habrá que operar.

El neurocirujano ya estaba a la vista, con una bata verde.

—Necesitamos su autorización.

Ella se volvió hacia Nedra, implorante.

—¿Qué debo hacer?

Volvieron a interrogar al médico. Él repitió su descripción pacientemente. Era la hora de cenar; oscurecía en las calles. El caballo olvidado, con las bridas puestas, estaba en el campo desierto. La hierba se enfriaba.

—Quiero esperar a mi marido.

—No podemos esperar.

Ella se volvió de nuevo hacia Nedra.

—Quiero esperarle —suplicó—. ¿No cree que debo esperar?

—No sé si puede —dijo Nedra.

La mujer estéril asintió, cedió. Se encogió, sí, de acuerdo, sálvenla. Vieron a la niña pasar justo por delante en una camilla, mortalmente quieta. Desapareció durante horas y reapareció como una muñeca rota, con los ojos cerrados, la cabeza envuelta en vendajes blancos. Esa noche la colocaron en hielo. La presión dentro de la cabeza afeitada continuaba aumentando. Llamaron al cirujano a medianoche. Encontró a los padres esperándolo.

—Por la mañana lo sabremos —les dijo.

Fue una mañana en que Viri vio, en su último sueño, a una mujer con un bonito vestido que llegaba al ascensor de un gran hotel. Era Kaya. Ella no lo veía. La acompañaban dos hombres con esmoquin. Él no quería que lo viesen: su ropa corriente, sus dientes, su pelo ralo. Los vio entrar en el ascensor, subir a un jardín en la azotea, a una fiesta, una elegancia que él no podía imaginar, y de repente supo que ella ya no era la misma; por fin la habían capturado.

Soñaba esa mañana temprano en la casa junto al río. Otoño, solo en su sueño, las habitaciones frías, desiertas, los vientos del Hudson lavándolo como a un cadáver.

11

Caían las primeras nieves. Era como en pleno invierno, los cristales se estremecían. Uno podía estar acostado en la cama a oscuras y observar la llegada de la luz.

El Día de Acción de Gracias hubo una tormenta impresionante. *Hadji* estaba alborozado. Saltaba por la blancura como una marsopa, rodaba sobre el lomo, corría locamente, mordía la nieve. Danny lo vio dar media vuelta, a lo lejos, y mirarla: ojos negros, ojos de kohl, orejas altas y alertas.

—¡Ven aquí, bola de nieve! —lo llamó—. Ven aquí.

Corría con las orejas caídas; no obedecía. Ella dio una palmada. Él corría en grandes círculos ebrios, y a veces se paraba y se tumbaba en la nieve para observarla con miradas de zorro. Ella siguió llamándolo. Él ladraba.

—¡Cabrón! —le gritó.

Durante todo diciembre, al parecer, había cenas. Deliberaciones sobre el menú, los invitados. «Gambas, sí —dijo Viri—, muy bien, gambas, pero gazpacho no», insistió. No era tiempo de gazpacho, hacía demasiado frío.

—No junto al fuego —dijo Nedra.

—Pero ¡no hay chimenea en el comedor! —exclamó él.

Ella no contestó. Estaba en plena tarea. Él preguntó a quién había invitado finalmente.

—A los Ayashe.
—¡Los Ayashe!
—Viri, tenemos que invitarlos. A mí no me importa, pero es bochornoso.
—¿A quién más?
—A Vera Cray.
—¿Qué es esto? ¿El club de jubilados?
—Es una mujer maravillosa. No ha salido de casa desde que murió su marido.
—Sí, eso lo creo —dijo él—. Pero no vamos a mezclar. La señora Ayashe es idiota. Vera es muy apasionada.
—Estarás sentado entre las dos.
—No toda la noche.
—Hazles beber mucho —dijo ella—. ¿Quieres probar una cosa?
Era el *pâté maison*.
—¡Oh! —gimió él.
—¿Qué?
—¡Riquísimo!
—Pruébalo con mostaza —dijo ella.
Iban a servir Meursault, *fromages*, repostería de Leonard's.
—Va a ser una cena deliciosa —dijo él. Reflexionó un momento—. Quizá no tengamos que hablar.
Dos semanas más tarde recibían al cliente de Viri que había comprado un terreno y varias casas viejas de ladrillo cerca de Croton y quería convertir la propiedad en un complejo residencial. Las estructuras originales se incluirían en un conjunto más espacioso y elegante, algo muy similar a una escultura antigua insertada entre las paredes de un chalet. El cliente se llamaba S. Michael Warner; también lo conocían como Hada Reina.
—Viene con Bill Hale.
—Oh, mierda —dijo Nedra.
—Ni siquiera lo conoces.

—Tienes razón. Y no puede ser peor que Michael, ¿verdad?

—Nedra, es mi cliente.

—Oh, tú sabes que lo adoro.

Consagraron un día entero a los preparativos. Ella pasó horas comprando en sus tiendas predilectas.

Al atardecer la casa estaba lista. Había flores debajo de las lámparas, las cortinas estaban corridas, el fuego crepitaba detrás de las rodillas férreas de los hessianos. Nedra llevaba un vestido acolchado rosa y azul oscuro. Cosidas al cinturón tenía campanillas de plata; llevaba el pelo recogido y el cuello desnudo.

Tenía la cara fresca y radiante. Su risa era espléndida, sonaba como un aplauso.

Michael Warner era un hombre inmaculado de cuarenta y cinco años, con la desenvoltura y la sonrisa de alguien que advierte el más mínimo error. Lo hechizaba Nedra. Reconocía en ella a una mujer que no lo traicionaría. Nunca era banal ni insensata.

—Te presento a Bill Hale.

—Hola, Bill —dijo ella, cordialmente.

Una extraña velada invernal. El doctor Reinhart y su mujer se retrasaron, pero llegaron en el momento justo. Eran como los jugadores a los que se espera para la partida. Tomaron asiento como si supiesen exactamente lo que se esperaba de ellos. Reinhart tenía unos modales impecables. La mujer era su tercera esposa.

—¿Es usted médico? —preguntó Michael.

—Sí.

Estaba investigando, sin embargo, explicó. Una forma de investigación. De hecho, estaba escribiendo.

—Como Chéjov —dijo su mujer. Tenía un ligero acento.

—Bueno, no exactamente.

—Chéjov era médico, ¿no? —dijo Michael.

—Ha habido bastantes médicos que han sido escritores, sí. No pretendo incluirme, desde luego. Sólo estoy escribiendo una biografía.

—¿De verdad? —dijo Bill—. Adoro las biografías.

—¿De quién es? —preguntó Nedra.

—En realidad... es una biografía múltiple —contestó Reinhart. Aceptó con gratitud una copa—. Gracias. Es la vida de hijos de hombres famosos.

—Qué interesante.

—Dickens, Mozart, Karl Marx. —Bebió un sorbo de su bebida como un paciente se tomaría un vaso de zumo, un paciente educado, frágil, resignado—. Hasta sus nombres son fascinantes. Plorn; fue el último hijo de Dickens. Stanwix, que fue hijo de Melville.

—¿Y qué fue de ellos? —preguntó Nedra.

—Bueno, no hay una pauta fija. Pero puede ser que vivieran más infortunios que otros niños, más tristezas.

—Somerset Maugham era médico —dijo su mujer—. Y también Céline.

—Sí, querida, es cierto —contestó Reinhart.

—Un hombre horrible —dijo Michael.

—Y sin embargo un gran escritor.

—¿Gran escritor, Céline? ¿Qué entiende usted por eso?

Reinhart vaciló.

—No lo sé. La grandeza es algo que admite diversos puntos de vista —dijo—. Es, por supuesto, la apoteosis, el hombre elevado a sus facultades supremas, pero también puede ser, en un sentido, como la locura, cierta clase de desequilibrio, en muchos casos una deficiencia provechosa, una anomalía, un accidente.

—Bueno, muchos grandes hombres son excéntricos —comentó Viri—, y hasta obtusos.

—No necesariamente tan obtusos como impacientes, intensos.

—Lo que realmente yo quisiera saber —dijo Nedra— es si la fama debe formar parte de la grandeza.

—Bueno, es una pregunta difícil —respondió finalmente Reinhart—. La respuesta, probablemente, es que no, pero desde un punto de vista práctico tiene que haber cierto consenso. Tarde o temprano, la grandeza debe confirmarse.

—Ahí falta algo —dijo Nedra.

—Quizá —admitió él.

—Creo que Nedra quiere decir que la grandeza, como la virtud, no necesita que se hable de ella para existir —sugirió Viri.

—Sería bonito creerlo —dijo Reinhart.

Era a Michael a quien miraba su mujer. De pronto habló.

—Tiene usted razón —dijo ella—. Céline era un cabrón.

Noches de conversación que se ha esfumado, que asciende hasta el techo y se condensa como el humo. Los placeres de la mesa, el bienestar de los comensales. Allí, en una casa de campo, confortable y discreta, Viri supo de repente, mientras escanciaba el vino, qué necia había sido su declaración, qué nostálgica. Reinhart estaba en lo cierto: la fama no sólo formaba parte de la grandeza, sino que era algo más. Era la prueba, la única evidencia. Todo lo demás no era nada, era en vano. Quien es famoso no puede fracasar; ya ha triunfado.

Cerca del fuego, Ada Reinhart le estaba contando a Michael de qué lugar de Alemania procedía. Había vivido en Berlín. Estaban separados de los otros. Al fondo de la habitación podía verse el pelo blanco del marido, su débil mano removiendo el café.

—Yo sabía mucho entonces —dijo ella.

—¿Sí? ¿A qué se refiere?

Ella no contestó inmediatamente. Era mucho más joven que su marido.

—¿Quiere que se lo diga? —preguntó—. Si hubiese hecho lo que creía que debía hacer...

—¿Qué creía que debía hacer?

—En lugar de lo que hice.

—Eso es verdad para todo el mundo, ¿no?

—Cuando me enamoro, es de la mente de un hombre, de sus cualidades espirituales.

—Yo pienso exactamente lo mismo.

—Nos atrae, por supuesto, un cuerpo o una mirada...

Nedra los veía hablando junto al fuego. En la mesa, Ada Reinhart apenas había abierto la boca. Ahora parecía apasionadamente comunicativa.

—¿Soy poco atractiva?

—Todo lo contrario —dijo Michael.

—¿No le parezco poco atractiva?

Apenas se dio cuenta de que los demás entraban en la habitación. Siguió hablando.

—¿De qué estás convenciendo al señor Warner? —preguntó Reinhart en tono ligero.

—¿Qué? De nada, querido —dijo ella.

Cuando los Reinhart ya se habían ido, Michael se recostó y sonrió.

—Fascinante. ¿Sabéis lo que me ha dicho? —preguntó.

—Dinos —dijo Bill.

—Que falta algo en su vida.

—¿Ah, sí?

Michael hizo una pausa.

—¿Le parezco atractiva? —la imitó roncamente.

—¡Querida mía!

—Oh, sí. Y más cosas. ¿Créeis que debería haberla tomado en serio? —preguntó.

—Me habría encantado verlo.

Michael empezó a pelar una fruta, teniendo cuidado de no mancharse los dedos. El fuego se apagaba entre las cenizas, los cigarrillos habían perdido su sabor.

Noches de matrimonio, conyugales, la casa en silencio por fin, los cojines hundidos donde los invitados se habían sentado, las cenizas calientes. Noches que acababan a las dos de la mañana, nevaba y el último invitado ya se había ido. Dejaban sin fregar los platos de la cena, la cama estaba helada.

—Reinhart es un hombre agradable.

—No tiene mezquindad —dijo Viri.

—Creo que su libro será interesante.

—Lo que les pasa a los hijos... sí, es lo que a uno le apetece saber.

Yacían en la oscuridad como dos víctimas. No tenían nada que darse el uno al otro, estaban atados por un amor puro, inexplicable.

Él se había dormido, ella lo sabía sin mirarlo. Dormía como un niño, sin ruido, profundamente. Tenía el cabello ralo despeinado y la mano extendida y laxa. Si ellos hubieran sido otra pareja, a ella le habría atraído, lo habría amado, incluso... eran tan infelices.

12

Al cabo de seis años ella tendría cuarenta. Los veía a distancia, como un arrecife, el destello blanco del peligro. La aterraba la idea de esa edad, se la imaginaba con excesiva facilidad, todos los días buscaba sus indicios, primero a la luz cruda de la ventana y luego girando ligeramente la cabeza para borrar parte de la severidad, retrocediendo un poco y diciéndose que esto es lo máximo que se acerca la gente.

Su padre, en lejanas ciudades de Pensilvania, tenía ya dentro la anarquía de células que se anunció mediante una tos continua y un dolor en la espalda. Tres paquetes al día durante treinta años, admitía tosiendo. Resolvió que necesitaba algo.

—Vamos a mirarlo por rayos X —había dicho el médico—. Sólo por ver.

Ninguno de los dos estaba presente cuando los negativos fueron arrojados ante el muro de luz, colocados en su sitio como capas ondulantes, y en la oscuridad espectral se distinguía la masa fatídica, al igual que los astrónomos ven un cometa.

Llamaron al médico; le bastó una ojeada.

—Ya veo, de acuerdo —dijo.

El pronóstico habitual era de dieciocho meses, pero con las nuevas máquinas, de tres años, a veces cuatro. No se lo dijeron, por supuesto. Su destino translúcido aparecía claro en la pared a medida que desplegaban series posteriores, un grupo de seis radiografías, los dos especialistas trabajaban en casos diferentes, codo con codo, tranquilos como pilotos, dictando lo que veían, con pilas de sobres arrugados junto al codo. Su lenguaje era bello, exacto. Recitaban, comentaban, emitían un veredicto continuado mucho después de que Lionel Carnes, de sesenta y cuatro años, hubiese empezado sus visitas a la sala de tratamiento. Su tarea no se acababa nunca. Ante ellos se perfilaban cráneos, vísceras, galaxias de pechos, dedos, pequeñas fisuras, rodillas que aparecían y desaparecían en un test eterno, los dos dando respuestas en un tono siempre monocorde.

Sarcoma, decían. Bueno, hay de muchas clases, hay sarcomas de los músculos —existen— e incluso del corazón, pero son muy raros, normalmente debido a la metástasis. Nadie sabe realmente por qué se dice que el corazón es sagrado e inviolable.

La máquina beta producía un chirrido espeluznante. El paciente estaba tendido solo, abandonado, y la sala cerrada herméticamente y con aire acondicionado a causa del calor. La dosis la determinaba un ordenador a distancia teniendo en cuenta la altura, el peso y otros datos. Le dijeron que la beta no quema la piel como las máquinas de menor energía.

—No, sólo quema todo lo demás —dijo él.

El aparato, mudo, enorme, disparaba rayos que aplastaban el panal de tejidos como cáscaras de huevo. Tumbado debajo, el paciente permanecía inerte, en posición. Con un grito invisible el mecanismo comenzaba su trabajo. O se pasaba por aquello o bien por la cirugía más extrema, radical y desesperada, sangre que manaba de los puntos de sutura negros, y el desahuciado expuesto como un asado de cerdo.

La grandeza de la tecnología operaba sobre él unos instantes, las enfermeras le hacían bromas, los médicos jóvenes lo llamaban por su nombre de pila.

—¿Me estoy muriendo ya? —les preguntaba.

—Bueno, no por el momento.

Él les hablaba de coches, de su gato que sólo tenía tres patas.

—Sólo tres, ¿eh?

—Se llama *Ernie* —dijo.

—¿*Ernie*, se llama?

—Sí, es negro. Sabe vivir la vida, el bueno de *Ernie*. Se sube a los árboles y caza pájaros. Cuando te ve, cojea —dijo.

Estaba en sus células, la mancha de tabaco, la oscuridad. Tenía que dejar de fumar.

—Morir no es nada comparado con eso.

Domingo de Pascua. La mañana era hermosa, los árboles se inundaban de sol. Aparecieron los Vern, Larry y Rae. Parecían una joven pareja trabajadora circulando en motocicleta. Ella iba sentada detrás, con las manos alrededor de la cintura de Larry. Éste llevaba un jersey irlandés blanco y el viento le alborotaba el pelo. Las niñas corrieron a recibirlos. Les encantaba la moto, que estaba lacada y brillaba. Les gustaba la hermosa barba de Larry.

—Llegáis justo a tiempo para ayudar a esconderlos —les dijo Nedra.

—Bien. ¿Quién es ése?

Era Viri, con un sombrero del que salían dos orejas, cargando una cesta de huevos.

—Entrad a calentaros —dijo—. ¿No tenéis frío?

La mesa estaba puesta en la cocina: *kulich*, un pastel ruso, pedazos de feta, pan negro y mantequilla, fruta. Nedra sirvió el té. La abundancia de la mesa reflejaba su carácter.

—Va a venir Eve —dijo ella.

—Oh, qué bien —contestó Rae.

—Y los Paum, ¿lo conoces a él?

—No creo.

—Es actor.

—Ah, sí, claro.

—Bueno, puede que él venga, puede que no.

—Bebe —intervino Franca.

—Ah.

—Y en una mañana como ésta —dijo Nedra—, es posible que haya empezado temprano.

—Es triste —dijo Rae.

—Yo cada vez lo entiendo mejor.

Rae era morena y tenía una cara enjuta e intensa. Era una cara que parecía haber sufrido un accidente; había cierta contradicción entre las dos mitades. Llevaba el pelo corto. Su sonrisa era forzada.

Rae y Larry no tenían hijos. Él trabajaba en una empresa de juguetes. Tenía la piel blanca. Poseía la resignación de quien ha pasado muchos apuros, la calma de un adicto. Salió con Viri a esconder los huevos.

—¿Qué habéis hecho últimamente? —preguntó Nedra. Se estaba calentando la cara con el vaho de la taza.

—No lo sé —dijo Rae—. Tenéis mucha suerte de no vivir en la ciudad. Me levanto, preparo el desayuno, los alféizares están cubiertos de mugre, me lleva dos horas diarias mantener las cosas limpias. Ayer le escribí una carta a mi madre. Supongo que en eso se me fue el día. Tuve que ir a correos; no tenía sellos. Fui a la lavandería. No hice cena. Salimos a cenar fuera. Total, ¿qué hago en realidad?

Su sonrisa de impotencia reveló los dientes descoloridos.

Fuera estaban escondiendo los huevos en la hierba marchita, debajo de hojas y de piedras.

—¡Que no sea demasiado fácil encontrarlos! —gritó Viri.

—¿Pones alguno en las ramas?

—Oh, por supuesto. Tiene que haber algunos que no puedan encontrar.

—Tu sombrero es precioso —le dijo Larry cuando terminaban.

—Lo ha hecho Nedra.

—Te he sacado unas fotos con él puesto.

—Déjame sacarte una a ti.

—Más tarde —dijo Larry. Caminaban de regreso—. En casa.

Se elevaba encima de ellos, bañada en luz, con su tejado de gabletes y sendas chimeneas en cada extremo, el gris de la pizarra lavada por la lluvia. El clima la había ensuciado como a un granero grande, como a un barco que ha cruzado. En sus cimientos de piedra vivían ratones, crecían hierbajos en los bordes.

Los circundaba la inmensidad del día. El suelo estaba caliente, el río brillaba al sol.

—Hace un día magnífico —dijo Larry.

Le quedaban todavía tres o cuatro huevos de chocolate. Dio la espalda a la casa y los desperdigó con suavidad.

—No te preocupes, los va a encontrar el perro —dijo Viri.

Eve había llegado. Estaba en la cocina, bebiendo una copa de vino. Su coche, que tenía los parachoques oxidados, estaba aparcado en el arcén del camino, con la mitad de las ruedas en la zanja de desagüe.

—Hola, Viri —sonrió.

Parecía más mayor. En un solo año había abandonado la juventud. Tenía arrugas alrededor de los ojos y la piel presentaba poros diminutos. Pero renacía en ciertas ocasiones, había veces en que estaba hermosa, aún más, inolvidable, si la hora y la habitación eran las propicias. Y si ella se apagaba, su hijo empezaba a iluminarse. En el contorno de su cara se perfilaba ya el hombre que habría de ser Anthony. Era muy bien parecido, pero existía el riesgo de algo más: una belleza convertida en inminente por un profundo e insondable silencio. Se colocó junto a Franca. Larry les sacó una foto, dos rostros jóvenes, muy distintos, aunque a la vez compartían el mismo tipo de privilegio.

—Va a ser totalmente irresistible —dijo Nedra.

Rae lo ratificó. Lo observaba a través de la ventana, atraída por el chico. Era demasiado mayor para imaginarlo como un hijo, era ya un jovencito; las características que se transformarían en orgullo, impaciencia, estaban ya sembradas, germinaban día tras día.

Booth Paum llegó con su hija. Él hacía teatro desde los tiempos de Maxwell Anderson. Como todos los actores, sabía pronunciar largos parlamentos, recitar con una especie de intensidad amenazadora; sabía hacer mimo, sabía bailar.

—Espero que no lleguemos tarde —dijo. Presentó a la amiga que había llevado su hija.

Eran cuatro chicas y un chico. Viri empezó a explicar las reglas.

—Hay tres tipos de huevos —dijo—. De un solo color, otros con motas, y también hay doce abejas doradas. Las abejas valen cinco, los moteados, tres, y los de color, uno.

Señaló los límites.

—Ahora son las once y media. —Les dijo el tiempo de que disponían—. ¿Preparados?

—¡Sí!

—Adelante.

Se dispersaron por el terreno soleado y *Hadji* los persiguió, ladrando. Pronto estuvieron lejos, figuras separadas que se movían despacio, cabezas agachadas entre los árboles.

—¡No están todos en el suelo! —les gritó Viri.

Durante la larga búsqueda, con sus gritos lejanos, los adultos permanecieron sentados fuera, las mujeres en taburetes de hierro, los hombres en un banco. Paum tomó una taza de té al estilo ruso, con un terrón de azúcar entre los dientes. Los actores eran originales, los actores desbordaban vitalidad. Estaba sentado de espaldas al río, una figura confiada. Era como si todos los rumores fuesen infundados; los refutaba con su soltura, su cabello bien peinado.

—Me han contado un chiste —les dijo—. Hay dos borrachos en un ascensor...

El té era pardo en la taza, las uñas de Paum estaban perfectamente recortadas, sus zapatos de Bally estaban lustrosos.

Dana, su hija, ganó el concurso. Encontró la mayoría de los huevos, incluidas cuatro abejas. El premio era un enorme soldado de cartón lleno de palomitas de maíz; el segundo premio era una estilográfica de palo de rosa.

Las mujeres sacaron la comida y pusieron la mesa. Hubo vino y una botella de Moët Chandon. La tarde era templada, extensa. Una brisa ligera se llevaba las voces, de modo que a seis metros de distancia, misteriosamente, veían conversaciones, las palabras se perdían.

—Danny será guapísima —dijo Larry. La estaba observando sentada con los demás, con un plato en las rodillas—. Es diferente de Franca —añadió—. Franca siempre ha sido guapa, crece como un gato. Quiero decir que ha tenido garras y rabo desde el principio, cada cosa en su sitio, pero en el caso de Danny está sucediendo algo más misterioso. Irá saliendo despacio. Sólo se verá al final.

Más allá de ellos estaba la hierba dormida, seca del invierno, calentada por el sol.

—Es así en muchas cosas —dijo Viri—. Tiene rasgos más o menos difíciles, hasta alarmantes, pero presiento que darán fruto más tarde.

—Tus hijas te dan algo muy especial —dijo Larry—. Protegerlas, conocerlas. Pero supongo que ahí reside todo, ¿no?

Viri guardó silencio. Conocía la situación de la pareja. Rae estaba sentada al lado de ellos.

—¿Por qué no sacas fotos? —preguntó ella.
—No me queda rollo.
—Oh, sí te queda.
—No, se me ha acabado.
—Te he dicho que parásemos a comprar —dijo.
Él apuraba a sorbos su champán.
—Sí, es verdad. Siempre tienes razón, ¿no?
Ella no contestó.
—Tengo mucha suerte, ya ves —le dijo a Viri.
La cara de Rae parecía muy pequeña allí sentada, con las rodillas levantadas debajo de la falda.
—Sí, mucha. Rae siempre tiene razón. Tiene que tenerla. Nada es culpa suya, ¿verdad?
Ella no dijo nada. Él no continuó. Estaba tumbado apoyado en los codos, con el vaso en la mano. Su vida de pareja estaba expuesta en la imagen de ambos: él inmóvil, con la barbilla contra el pecho y el vaso vacío; ella, cabizbaja, estéril, con las manos enlazadas en torno a las piernas. Tenían gatos siameses, iban a museos y estrenos, ella sin duda era apasionada, vivían en un apartamento grande en el Village.
Al atardecer todos estaban dentro de la casa. Larry tomaba café, con un pañuelo alrededor del cuello, y se disponía a marcharse. Los niños jugaban, aún no los había alcanzado la extenuación de los adultos. Se quedarían dormidos junto al fuego después de la cena, con la cara colorada y el corazón en paz. Rae se despidió. Estaba alegre. Llevaba en el bolsillo un nidito de hierba y dentro de él cuatro huevos de chocolate. Iban a tomar una tortilla en el camino de vuelta, dijo. Esbozó una sonrisa afectuosa, poco inocente, breve.
Nedra y Eve se sentaron al lado de la ventana. El ruido de la moto se fue apagando. Viri había salido a dar un paseo. Nedra estaba bordando un par de zapatillas. Había un dios del sol en cada dedo.
—Es muy simpática —dijo Eve.

—Sí, me gusta.

—Habla mucho. No dice tonterías... es interesante.

—Es verdad.

—Él, por otra parte...

—Habla muy poco.

—Larry siempre está callado —dijo Nedra.

—Qué odio.

—¿Te parece? Eres muy perceptiva, Eve.

—He pasado por eso.

Viri entró, seguido por el perro con briznas de hierba adheridas al lomo.

—Oh, habéis bajado al río —dijo Nedra.

—Hoy se lo ha pasado en grande.

—Te gusta la Pascua, ¿eh, *Hadji*? Seguramente tiene sed, Viri.

—Ha bebido mucho en el río. ¿Os apetece un té? Lo hago yo.

—Sería estupendo —dijo Nedra. Cuando Viri hubo salido, se volvió hacia Eve—. ¿Qué piensas de Viri y yo?

Eve sonrió.

—¿Lo ves también en nosotros?

—Sois absolutamente... sois perfectos el uno para el otro.

Nedra emitió un sonido débil, como si hubiera encontrado un defecto en su labor.

—Es imposible vivir con él —dijo finalmente.

—No lo es. Está claro...

—Imposible para mí. No, no lo entiendes. Le quiero, es un padre maravilloso, pero es terrible. No puedo explicarlo. Es lo que te hace trizas, estar atrapada entre lo que no puedes y lo que debes hacer. Te hace polvo.

—Creo que estás cansada, eso es todo.

—Viri y yo somos como Richard Strauss y su mujer. Soy tan mezquina como era ella, sólo que... Strauss era un genio. Ella era cantante, tenían peleas tremendas. Ella chillaba y le tiraba la música a la cara. Cuando ella no era conocida, claro. Estaban ensayando la ópera de él. Ella se marchó corriendo al camerino. Él fue a buscarla y siguieron riñendo.

Viri volvió con el té en una bandeja.

—Le estoy contando lo de Strauss y su mujer —dijo Nedra.

—Él tenía una escritura bellísima —comentó Viri.

—Tenía un gran talento.

—Podría haber sido delineante.

—Bueno, pues llegó la orquesta y anunciaron que no iban a tocar ninguna ópera en la que actuase aquella mujer. Y Strauss dijo, bien, es una pena, porque Fräulein de Ahna y yo acabamos de prometernos. Era una arpía redomada, algo increíble. Él le suplicaba que lo dejara entrar en su habitación. Ella le decía cuándo había que trabajar y cuándo había que parar; lo trataba como a un perro.

Viri sirvió el té. Una fragancia ascendió de las tazas.

—¿Leche? —le preguntó a Eve.

—Solo —dijo ella.

Franca y Anthony entraron en el cuarto.

—¿Queréis un té? —les preguntó Viri—. Traed dos tazas.

Se lo sirvió; ellos se sentaron en cojines en el suelo.

—Hay cierta clase de grandeza —dijo Viri—, la de Strauss, por ejemplo, que empieza en los cielos. El artista no conquista la gloria, aparece en ella, la posee ya y el mundo se dispone a reconocerle. Meteórico, como un cometa; empleamos esas palabras, y es verdad, es como una especie de explosión. Los hace sumamente visibles y al mismo tiempo los consume, y sólo después, cuando el brillo ha desaparecido y cuando sus huesos están enterrados junto a los de hombres inferiores, podemos juzgarlos. Quiero decir que hay obras famosas, renombradas en la antigüedad, y que hoy están completamente olvidadas: libros, edificios, obras de arte.

—Pero ¿no es verdad —intervino Nedra— que casi todos los grandes arquitectos fueron reconocidos en su época?

—Bueno, tenían que serlo o no hubiesen construido nada. Pero hay muchos arquitectos que gozaron de un gran renombre y luego se han sumido en la oscuridad.

—Pero no al contrario.

—No —admitió Viri—. No se conoce todavía el caso opuesto. Quizá yo sea el primero.

—Tú no eres oscuro, papá —protestó Franca.

—Fue oscuro pero honrado —dijo Viri.

—¿Y Jude *el Oscuro*? —dijo Nedra.

—Ja, bueno, muy bueno —respondió Viri. Sentía una punzada de amargura por aquellas bromas.

Subió al piso de arriba más tarde, cuando empezaron a preparar la cena. Se miró en el espejo, súbitamente desilusionado. Estaba en la mediana edad; ya no reconocía al joven que había sido.

Sentado en el dormitorio dibujó figuras, palabras que transformaba en dibujos. «1928 —escribió y, a continuación—: Nacido el 12 de junio en Filadelfia, Pensilvania. En 1930 se traslada a Chicago, Illinois.» Continuó las reseñas, describiendo su vida como la de un pintor. «En 1941 ingresa en Phillips Exeter. En 1945, en Yale. En 1950 viaja por Europa. En 1951 se casa con Nedra Carnes.»

Le afluían pensamientos en la quietud: días que casi había olvidado, fracasos, antiguos nombres. «1960. El año más hermoso de mi vida», escribió. Y luego, debajo, «Lo pierde todo.»

Lo interrumpió la voz de su esposa: Arnaud lo llamaba por teléfono. Bajó, con la cronología guardada en el bolsillo. Las luces estaban encendidas, había anochecido. Eve, con las rodillas dobladas hacia un lado, y con la mitad de los pies —suaves, envueltos en medias— fuera de los zapatos, hablaba por teléfono.

—Escucha, no sé muy bien si me gustaría estar ahí o que tú estuvieses aquí —decía.

Arnaud había ido a visitar a su madre, pero ahora ansiaba hablar con su otra familia, la de sus afectos. Su cariño era pródigo, contaba historias divertidas, rogó que le contasen detalles del día.

Viri cogió el teléfono. Estaban unidos, todos ellos, en la gran noche azul que reinaba sobre el río y las colinas. Siguieron hablando, hablando.

Más tarde se sentó a leer el periódico, la edición dominical, inmensa y pulcra, que había estado sin abrir en el pasillo. Contenía artículos, entrevistas, noticias frescas, inimaginadas; era como un gran barco con las cubiertas llenas de pasajeros, un repertorio que recogía todo lo que era de importancia para la ciudad, el mundo. Un gran bajel que navegaba a diario, ansiaba estar a bordo, entrar en sus salones, apostarse cerca de la borda.

No eres oscuro, le habían dicho. Tienes amigos. La gente admira tu obra. Era, en definitiva, un buen padre... es decir, un hombre ineficaz. La eminencia era otra cosa, era irresistible, asesina, causaba víctimas como cualquier agresión; en suma, conquistaba. Tenemos que ser borrosos, debemos ser afables; de lo contrario estamos matando a gente, sean cuales sean nuestras intenciones, la estamos aplastando debajo de una visión de luz. La excelencia es el idiota, pensó, el alfeñique, el hijo que ha fracasado; más allá de esto, no hay virtud posible.

Cae la noche. El frío se extiende por los campos. La hierba se torna piedra.

En la cama, como un hombre en la cárcel, sueña con la vida.

—¿Cómo era ese chiste tan gracioso que ha contado Booth? —preguntó Nedra. Se estaba cepillando el pelo.

—Tiene una sonrisa extraordinaria —dijo Viri—. Como la de un viejo político.

—¿Dónde estaba su mujer?

—Está aprendiendo a volar.

—¿Aprendiendo a volar?

—Eso dice él. Bueno, pues hay dos borrachos en un ascensor. En un hotel...

—¿Eso es el chiste?

—Sube una mujer... está completamente desnuda. Ellos se quedan mirándola sin decir ni pío. Cuando ella sale del ascensor, uno le dice al otro: «¿Sabes qué?, mi mujer tiene un vestido exactamente igual que ése.»

13

Las mañanas eran blancas, los árboles estaban todavía pelados. Sonó el teléfono. Un vapor suave ascendía desde el tejado del granero de Marcel-Maas. Su mujer estaba allí sola.

—Ven a verme —le suplicó a Nedra.

—Bueno, voy a la ciudad más tarde. Quizá de camino.

—Quiero hablar contigo.

Nedra pasó a verla al mediodía. La hierba sin segar estaba silenciosa, el aire era fresco. Las paredes de piedra del granero brillaban en la clara luz de abril. Todavía seco, todavía dormido, el huerto descendía en pendiente.

—Estoy tomando un *kir* —dijo Nora—. ¿Te apetece uno? Es vino blanco con *cassis*.

—Sí. Me encantaría.

Nora sirvió el vino.

—Robert está viviendo en Nueva York —dijo—. Toma. No te preocupes, no voy a hablarte de eso.

Se sentó y bebió un sorbo.

—Debería estar más frío —dijo.

Se levantó de un salto y fue a buscar otra botella de vino.

—Está bien así.

—No, quiero que lo tomes exactamente en su punto. —Desplegaba una energía patética—. Te lo mereces —dijo.

Nedra estaba sentada cómodamente, pero se sentía incómoda. Temía las confidencias, en especial las de los extraños.

—Toma —volvió a decir Nora.

La copa estaba helada.

—Oh, está bueno.

Sosegadamente, como amantes que levantan los ojos, intercambiaron miradas involuntarias.

—Me alegra que hayas venido. Sólo quería verte. Ya sabes que la gente por aquí es aburridísima.

—Sí —dijo Nedra—, ¿por qué será?

—Están sumergidos en su vida. No conozco a nadie, de todas maneras. Casi nunca recibimos visitas. Bueno, hay una chica que se llama Julie —dijo—. ¿La conoces? Vende cosméticos. Antes hacía *striptease*. ¿Te gusta, el *kir*?

—Está buenísimo. ¿De qué era?

—Vino con *cassis*, muy poco *cassis*.

Nedra examinaba la botella.

—Se hace con bayas —dijo Nora.

—¿Qué clase de bayas?

—No lo sé. Francesas. Te estaba hablando de Julie. Ha vivido una vida fantástica. Salía con gángsters que la llevaban al hotel St. George. Puede describirlos. La mandaban a casa con un guardaespaldas. Por supuesto, ya sabes lo que hacía el guardaespaldas. Ahora vende crema facial. ¿Quieres otro? No te lo has terminado.

—Todavía no.

—Vamos a sentarnos cerca de la ventana. Es más agradable.

Cuando se desplazaban sonó el teléfono. Nora lo descolgó bruscamente.

—¿Sí? —dijo. Escuchó—. Lo siento, el señor Maas no está. Está en Nueva York.

Escuchó de nuevo.

—En Nueva York, Nueva York —repitió.

—Un momento, por favor —dijo la operadora. A continuación—: La persona que llama quisiera hablar con la señorita Moss. ¿Está ahí?

—La señorita Moss está en Los Ángeles, California —dijo Nora—. ¿Quién llama?

Nedra se sentó en una butaca confortable, con el sol en las rodillas. El alféizar rebosaba de plantas. Sonaban piezas de musicales de Broadway semiolvidados. Nora volvió, se sentó y cerró los ojos. Empezó a tararear, a cantar una frase ocasional, y finalmente entonó con toda su alma largos y apasionados compases. De pronto se levantó y empezó a moverse de un lado a otro, bailando. Estiraba las manos al estilo de las bailarinas. Se reía, cohibida, pero no se detuvo. Se veía la vida en la que había florecido, la alegría, la locura que afloraban como el relleno de una muñeca.

—Me sabía de memoria todas las partituras —confesó.

Sabía cocinar, tenía buenas piernas, ¿qué iba a hacer?, preguntó, ¿salir ahí fuera donde los manzanos? La mayoría eran tan viejos que no daban fruto.

—Me gusta leer —dijo—, pero Dios mío...

Tenía buenas manos, dijo. Se las miró, primero un lado, luego el otro, un poco ajadas, pero sabían cosas. Bueno, ocurría lo mismo con todo lo suyo.

—La cosa es que un hombre puede liarse con una mujer más joven, pero al contrario no funciona.

—Sí funciona —dijo Nedra.

—¿Tú crees?

—Totalmente.

—No, no en mi caso —decidió Nora—. Tienes que creer en ello.

Allí estaba ella, sola en el campo. En el huerto estaban los árboles; en el aparador había vasos y platos limpios. La casa era de piedra y era de esas casas que estarían en pie siglos, y en su interior estaban los libros y las ropas, las habitaciones soleadas y las mesas necesarias para vivir. Y allí dentro había también una mujer, de ojos todavía claros y de aliento dulce. La rodeaba el silencio, el aire, la quietud de la hierba. No tenía quehaceres.

—No voy a quedarme aquí —dijo bruscamente.

Había ropa de Marcel colgada en los armarios, sus lienzos seguían en el estudio encima de sus cabezas. No podía quedarse. El final de los días se hacía demasiado largo, la oscuridad, cuando llegaba, la aplastaba y no podía moverse.

—No es justo —dijo.

—No.

—¿Qué puedo hacer?

—Conocerás a alguien —dijo Nedra. ¿Cómo soy tan distinta de esta mujer?, estaba pensando. ¿Estoy mucho más segura de mi vida?—. ¿Qué edad tienes? —preguntó.

—Treinta y nueve.

—Treinta y nueve —dijo Nedra.

—Katy tiene dieciocho.

—Hace tanto tiempo que no la veo...

—Me he pasado la vida cuidándolo —lloró Nora—. Recuerdo cuando lo conocí. Era guapísimo, te enseñaré unas fotos.

—Todavía eres joven.

—¿Es verdad que sólo tenemos una estación? ¿Un verano —dijo— y se acabó?

14

Por la mañana, con la primera luz, un vendaval, un viento que daba portazos y rompía cristales, devoró el silencio en ráfagas súbitas y avasalladoras. *Hadji* estaba acurrucado en las mantas. El conejo, con las orejas replegadas hacia atrás, estaba ovillado junto a su jaula. Había lapsos de calma agorera y, después, el atroz rugido del viento, que a veces duraba hasta medio minuto. Las paredes parecían crujir.

Aunque el cielo era claro, incluso cálido, el viento sopló todo el día, embistiendo los postigos, violando a los árboles. Las vides se irguieron frenéticamente, aullaron, fueron arrastradas. En el invernadero hubo un estrépito musical de cristales. Era un viento sin filo, un viento inmenso y de fauces abiertas que no amainaba.

Hacia el final de la tarde llamaron por teléfono. Era desde otra ciudad, se oyó una voz extraña y mecánica.

—¿La señora Berland? —preguntó una voz de hombre.

—Sí.

—Soy el doctor Burnett. —Llamaba desde Altoona—. He pensado que sería mejor avisarla —dijo—. Su padre está en el hospital. Está bastante enfermo.

—¿Qué tiene?

—¿No está al corriente de su estado?

—No, ¿qué tiene?

—Bueno, ha preguntado por usted y creo que estaría bien que viniese.

—¿Cuánto tiempo lleva ingresado?

—Unos cinco días —dijo el médico.

Emprendió el viaje esa misma noche. Partió una hora antes de que oscureciera. Sibelius tronaba en la radio y el viento azotaba el coche. Rebasó astilleros, refinerías, vecindarios palpitantes y feos a los que ni siquiera dedicó una ojeada, la industria que sustentaba su vida. Circulaban coches en ambas direcciones, con faros cada vez más brillantes. Anocheció.

No hizo ninguna parada. Se perdía la voz de las emisoras de radio; contaminadas por interferencias, empezaron a devorarse unas a otras. Sonaban ráfagas de música, voces fantasmales; era como un palio vasto y decrépito, como techos que gotean en una ciudad mísera, inundada de anuncios baratos, sentimiento y sonidos necios. El caos le invadía los oídos, los faros de frente le herían los ojos. El cielo reflejaba el resplandor de ciudades más allá de los árboles negros.

Penetró en la oscuridad, la oscuridad de una tierra vieja, fatigada, encogida, vendida y revendida, y pasó a la zona de noche profunda. Las carreteras se vaciaron. Estaba cruzando el Susquehanna, inmóvil como un estanque, cuando la asaltaron las primeras oleadas de sueño. Conducir se transformó en un sueño. Pensó en su padre, en el pasado al que ella estaba retornando. Conocía la desesperación y la impotencia de comenzar de nuevo un viaje interminable, un viaje que ya había sido emprendido, de una vez por todas. El largo túnel blanco de Blue Mountain desfiló como un pasillo de hospital. Luego Tuscarora. Los nombres no habían cambiado. La estaban esperando, convencidos de que regresaría.

Finalmente durmió unas horas en el coche solitario, en una zona de servicio iluminada de azul. Al despertar, el cielo era tenue hacia el este. Estaba en un paisaje vagamente conocido: la ladera de las colinas, los árboles oscuros. La carretera era ya discernible, lisa y pálida, y los bosques, hasta donde alcanzaba la vista, no contenían una sola casa ni una luz. Estaba exultante: ojalá fuera siempre así, pensó. La madrugada, como el amanecer en el mar, la aturdió y le insufló nueva vida.

Pronto vio las primeras granjas, graneros hermosos en el silencio, la radio emitía precios, el número de ovejas y corderos sacrificados en el matadero. Viejas casas de ladrillo descolorido que encogían el corazón, porches con columnas blancas, sus habitantes todavía dormidos. El cielo se tornó cada vez más tenue, como si lo hubiesen fregado. De repente todo adquirió color, los campos se volvieron verdes. Inerme, reconoció sus orígenes, aunque a años de distancia, la región vacía e ignorante, las largas cuestas que costaba escalar, las ciudades vulgares. Adelantó a un solo vehículo, justo cuando las vacas se acercaban, un Chevrolet solitario, silencioso como un pájaro en vuelo. En él viajaban un chico y una chica sentados muy juntos. No parecieron verla. Los dejó atrás en la luz desbordante.

Pequeños jardines, iglesias, letreros pintados a mano. No sintió el calor del reconocimiento; para ella era desolación, ruina. Qué fracaso volver algún día, arrastrándose; lo borraría todo en una sola jornada.

Mañana en la región central. Trabajadores conduciendo temprano. Cerca de una granja, dos patos anadeaban atolondrados por la calzada donde, en medio de plumas blancas, otro pato yacía ensangrentado, atropellado por un coche.

Invernaderos, antiguas escuelas, fábricas con las ventanas rotas. Altoona. Recorría calles que recordaba de la adolescencia.

El hospital acababa de despertar. Los periódicos del día anterior estaban todavía en las máquinas expendedoras, los horarios de quirófano aún no habían sido mecanografiados.

La pararon enseguida.

—Lo siento, no puede entrar —le dijo la recepcionista—. Los horarios de visita empiezan a las once.

—He conducido toda la noche.

—No se puede visitar ahora.

Regresó a las once. Encontró a su padre cerca de la ventana, en una habitación con dos camas. Estaba dormido. Sus brazos, fuera de las mantas, parecían muy frágiles.

Lo tocó.

—Hola, papá.

Él abrió los ojos. Lentamente, giró la cabeza.

—¿Cómo estás? —preguntó ella.

—Bien, supongo.

Ella lo vio claramente. La cara del padre parecía más menuda, la nariz más grande, los ojos consumidos.

—Llevo una semana aquí —dijo.

Nada lo indicaba. En la mesa había un vaso de agua y una bandeja. No había libros ni cartas, ni siquiera un reloj. En la cama contigua había un anciano que se recuperaba de alguna intervención quirúrgica.

—Habla todo el tiempo —dijo el padre.

El anciano los oía. Sonrió, como complacido.

—No se calla nunca —dijo el padre—. ¿Dónde te alojas?

—En casa.

La mañana, fuera, era clara y soleada. La habitación parecía oscura.

—¿Quieres un periódico? —preguntó.

—No.

—Te lo leo yo, si quieres.

Él no contestó.

Ella se quedó hasta las dos. Hablaron muy poco. Ella leía, sentada. Él parecía en duermevela. Las enfermeras se negaron a comentar su estado; tenía un corazón fuerte, dijeron.

El médico habló con ella, por fin, en el vestíbulo.

—Está muy débil —dijo—. Ha sido una larga lucha.

—Le duele muchísimo la espalda.

—Sí, bueno, se ha extendido.

—¿Por todas partes?

—Hasta el hueso.

Le explicó la pérdida de peso y de fuerza, la inanición que seguía su curso.

En la casa se preparó un té y descansó. Era la casa en que la habían criado: habitaciones empapeladas, las cortinas grises. Cerca de la puerta trasera la tierra se había apelmazado, la hierba ya no crecía. Telefoneó a Viri.

—¿Cómo está?

—Muy mal.

—¿Se recuperará?

—No creo —dijo ella.

—Nedra, lo siento muchísimo.

—Bueno, ¿qué podemos hacer? —preguntó ella—. Estoy en casa.

—¿Estás cómoda ahí?

—No se está tan mal.

—¿Cuánto tiempo crees...? ¿Qué piensan ellos?

—Parece tan débil, tan consumido. Esta mañana me ha impresionado lo avanzada que está la enfermedad.

—¿Quieres que vaya?

—Oh, no, realmente no serviría de nada. Es muy amable por tu parte, pero creo que no.

—Bueno, si me necesitas...

—Viri, estos hospitales son espantosos. Deberías proyectar uno con luz natural y árboles. Los moribundos deberían dirigir una última mirada al mundo... por lo menos ver el cielo.

—Es por eficiencia.

—Maldita eficiencia.

Cuando volvió al hospital, su padre estaba otra vez dormido. Despertó en cuanto ella se le acercó; de repente abrió de par en par los ojos, lúcido. Ella pasó toda la tarde sentada junto a la cama. Él cenó sólo unos sorbos de leche.

—Papá, tienes que comer.

—No puedo.

Las enfermeras entraban de vez en cuando.

—¿Cómo se encuentra, señor Carnes?

—No me queda mucho —murmuró él.

—¿Se encuentra mejor? —le preguntaban.

Él parecía no oírlas. Lo estaban envolviendo en una mortaja invisible. Tenía la boca seca. Cuando hablaba era apenas un farfullar hondo, casi ininteligible. Preguntó varias veces qué día era.

Esa noche, exhausta, Nedra se dio un baño y se acostó. Se despertó una vez durante la noche. El cielo y la calle, fuera, estaban absolutamente silenciosos. Se sentía descansada, tranquila, sola. El gato había entrado en el cuarto, se sentó en el alféizar y miró fuera.

A la mañana siguiente su padre había entrado en coma. Inerte en el lecho, su respiración era más regular y lenta, y tenía velos de gasa húmeda en los ojos. Ella lo llamó: no hubo respuesta. Había dicho sus últimas palabras.

De repente la asfixió la tristeza. Oh, que tengas paz, papá, pensó. Permaneció horas sentada junto a la cama.

Él era terco. Era fuerte. No oía a su hija ya, nada podía despertarlo. Tenía los brazos cruzados débilmente sobre el pecho, como alas sin plumas. Ella le limpió la cara, le arregló la almohada.

Viri telefoneó esa noche.

—¿Hay algún cambio?

—Voy a salir a cenar —le dijo ella. Habló con las niñas. ¿Cómo está el abuelo?, le preguntaron—. Muy enfermo —les dijo.

Eran educadas. No supieron qué contestar.

Llevó largo tiempo, llevó una eternidad; días y noches, el olor del antiséptico, las silenciosas ruedas de goma. Esta frágil maquinaria, pensamos, pero cuánto cuesta apagarla. El corazón está a oscuras, sin saber, como esos animales que viven en minas y nunca han visto la luz del día. No tiene lealtades ni esperanzas; cumple su cometido.

La enfermera de noche lo auscultó. Había empezado.

Nedra se le acercó.

—Papá —dijo—, ¿me oyes? ¿Papá?

Su respiración se aceleró, como si él huyese. Eran las seis de la tarde. Estuvo toda la noche sentada mientras él jadeaba, el cuerpo le funcionaba por la costumbre de toda una vida. Ella rezaba por él, rezaba contra él y entretanto pensaba: «Tú eres la siguiente, es sólo cuestión de tiempo, unos pocos años rápidos.»

A las tres de la mañana sólo estaba encendida la luz en la mesa de la enfermera, y no había médicos. El pasillo estaba vacío.

Abajo estaba la ciudad oscura, empobrecida, con sus aceras desmoronadas, sus casas tan juntas que no había espacio para caminar entre ellas. Las antiguas escuelas estaban en silencio, el teatro, con sus ventanas cerradas por chapas de metal, las salas de veteranos. Por el centro no discurría un río, sino un lecho ancho y callado de raíles. Las vías estaban herrumbrosas, los grandes talleres de reparación cerrados. Ella conocía aquella ciudad escarpada, allí no tenía amigos, le había vuelto la espalda para siempre. Allí, durmiendo, tenía primos lejanos a los que jamás recurriría.

Escuchó el terrible combate que se estaba librando en la estrecha cama. Le cogió la mano. Estaba fría; no había en ella reacción, sentido del tacto. Observó a su padre. Estaba luchando más allá de ella; luchaban sus pulmones, las cámaras de su corazón. Y su mente, pensó ella, ¿qué estaría pensando, encerrada en sí misma, condenada? ¿Estaría su ser en armonía o en caos, como los habitantes de una ciudad que se derrumba?

La garganta empezó a hinchársele. Llamó a la enfermera.

—Venga ahora mismo —dijo.

Su respiración era alarmante, su pulso débil. La enfermera le palpó la muñeca, luego el codo.

No se murió. Siguió respirando de aquel modo espantoso. Los esfuerzos del padre debilitaban a Nedra. Todo estaría bien si él pudiera, al menos, gozar de una tregua. Transcurrió una hora. Él no sabía que se estaba extenuando. Era una especie de locura, seguía corriendo, se había caído y levantado cien veces. Nadie podía resistir semejante castigo.

Y un poco después de las cinco, bruscamente, exhaló su último aliento. Entró la enfermera. Todo había acabado.

Nedra no lloró. Sintió, al contrario, que había acompañado a su padre a casa. Súbitamente comprendió el significado de las palabras «en paz, en descanso». La cara del muerto estaba serena. Tenía una barba cenicienta. Le besó la mejilla, la mano azulada. Aún estaba caliente. La enfermera le estaba insertando la dentadura.

Fuera, las lágrimas empezaron a rodar por sus mejillas. Caminaba aturdida. Hizo un solo voto: no olvidarlo, recordarlo siempre, todo el tiempo que viviera.

El entierro fue sencillo. Ella no había pedido oficios religiosos. Cerca de tumbas que rezaban simplemente *Padre*, y cruces de piedra tallada para que pareciesen leños, entre obeliscos ladeados y lápidas de niños —*Faye Milnor, agos. 1930 - nov. 1931*, una losa pequeña, un año duro—, fue enterrado en lo alto de la cuesta, en una sección tranquila del fondo, donde reinaba un ligero desorden entre las sepulturas. La ciudad, densa de árboles, parecía dormida en la tarde, lejana como un cuadro pintado por un primitivo.

Miraba los nombres según caminaba. Había palomas en el sendero. Banderas de miniatura ondeaban trazando breves vuelos.

El sepulturero era un hombre joven, desnudo hasta la cintura, con el pelo largo recogido hacia atrás y atado.

Asintió con deferencia y empezó a trabajar. Su perro estaba tendido en la hierba, debajo de un árbol.

—Adelante —dijo ella.

La tapa del féretro estaba ya colocada.

—Este sitio es muy bueno —le dijo él. Tenía una cara estrecha y un diente roto—. La próxima vez que venga, la hierba habrá crecido.

—¿Tan pronto?

—Bueno, tiene que dejarle un par de semanas.

—Sí —dijo ella—. ¿Cómo se llama usted?

—David.

Era mexicano, advirtió ella.

—David...

—Sí, señora.

Él prosiguió su trabajo. Sus brazos eran flacos, pero daba paletadas constantes. A lo lejos se divisaba la cúpula de la catedral, gris en el cielo. Esperó hasta que la tumba estuvo medio cubierta.

—¿Ese perro es suyo? —dijo ella.

Era un perro parecido a un collie, con un hocico largo y estrecho.

—Sí, es mía.

—¿Cómo se llama? —preguntó Nedra.

—*Anita.*

Ella miró una vez más a la ciudad.

—¿La cuidarán?

—Oh, sí, señora —dijo él—. Pierda cuidado.

Ella le dio diez dólares cuando se marchaba.

—No —dijo él—. No hace falta.

—Tómelos —dijo ella, y se alejó.

El sendero parecía más empinado. La alta verja de hierro que circundaba el cementerio se había derrumbado en algunos lugares. Arriba, muy abruptamente, el cielo se había oscurecido.

Los trajes de su padre estaban puestos encima de la cama para que se los llevase el Ejército de Salvación, sus camisas, sus zapatos vacíos. La tierra había caído sordamente sobre la cripta en la que yacía. Todos los adornos, sombreros, cinturones, anillos... qué feos y baratos parecían sin él. Eran como accesorios teatrales: vistos a la luz del día resultaban ordinarios, incluso tramposos.

Guardó unas cuantas fotos; la casa y el mobiliario los puso en venta. Estaba eliminando todas las huellas, retornando a una vida desconectada de aquélla, una vida más brillante, más libre. Antaño había esperado allí diecisiete años desesperados, mientras estremecían el aire vibraciones del mundo más allá; ¿alguna vez formaría parte de él, alguna vez se iría?

Adiós Altoona, tejados, iglesias, árboles. La cuenca donde fueron tantas tardes de verano, el terreno fresco y cubierto de helechos, los hornos abandonados y repletos de mariposas y hojas. Broad Avenue con sus casas, los vecindarios de gentes desconocidas. En cada sala oscura, al parecer, había una mujer con las piernas hinchadas, o un anciano consumido, vacío, sucio. Una ciudad de apariencia casi europea, escarpada y espaciosa, brillante a la luz del final de la tarde. Como todas las encrucijadas semejantes, era una colonia penitenciaria, asentada en la provincia por los ferrocarriles.

Atravesó en coche las calles por última vez. Altoona era azul en la mañana. Una ciudad de árboles. Los cafés baratos estaban llenos, el tráfico circulaba. Comida pobre, gente vulgar. Todas aquellas vidas modestas eran como mantillo; habían engendrado los árboles urbanos, las piedras angulares de la ciudad, su infinita soledad y calma. Pensó en la nieve cayendo en aquellas mismas calles, en largos inviernos, en obras de teatro de gira años atrás, en ciertas familias ricas cuyas casas eran como de otro país, en sus hijas, sus tiendas. Pensó en su padre, en los hombres con los que un tiempo él había jugado a las cartas, en sus amigos, las mujeres de ellos.

Todo había terminado. De repente sintió que todo aquello era como un mal presagio. Estaba desprotegida. El camino hacia su propio fin quedaba despejado.

15

Arnaud estaba cómodamente sentado, velado por la niebla del humo de puro, indolente, divertido. La diversión estaba escondida; era como las brasas bajo las cenizas, había que destaparlas para que cobrasen vida. Su pelo se veía más cano, más enmarañado, y sus ojos más pálidos. Parecía un maravilloso vagabundo, un fracaso sagrado. Tenía los labios gruesos, sus dientes sucios eran, no obstante, fuertes, y su cara era de tierra.

Nedra estaba sentada enfrente de él.

—Tienes que pensar una pregunta —dijo.

—Muy bien.

—Y concentrarte en ella. No puedo hacerlo si no te lo tomas en serio.

Arnaud estaba fumando un purito que parecía un palo de madera oscura. Asintió levemente.

—Estoy serio.

Ella empezó a examinar las cartas. Él la observaba, grave. Era como si hubiesen entrado juntos en una catedral. Notaban alrededor un frío, perceptible cambio de escala.

—Ahora voy a elegir una carta que te represente —dijo.

—¿Cómo haces eso?

—Depende de tus características, tu edad.

—Y si no me conocieras, ¿cómo lo harías?

Una rápida sonrisa.

—¿Cómo podría no conocerte?

Posó una carta, un rey con una túnica amarilla. No se le veían los pies ni tampoco el trono donde estaba sentado; era un rey franco.

—El rey de espadas.

—Bien.

Era invierno. Los días eran largos y deliciosamente desprovistos de objetivo. Ella le entregó las cartas.

—Barájalas y concéntrate en la pregunta.

Él las barajó despacio.

—¿Qué origen tiene esto? —preguntó.

—¿La baraja de tarot?

—¿Quién la inventó?

—No se inventó —dijo ella—. ¿Están bien mezcladas? Córtalas tres veces. Verás, no soy una experta, Arnaud —dijo, mientras las iba echando.

—¿No?

—No lo sé todo —se disculpó—, pero sé bastante.

Colocó las cartas con todo cuidado, con una especie de precisión ceremoniosa. Tapó el rey con una carta. Puso otra cruzada encima. Luego, formando una cruz completa, puso cartas arriba, abajo y a ambos lados.

Cartas extrañas, con ilustraciones como las de los libros. Salían de las manos de Nedra con un débil crujido. A un lado de la cruz puso cuatro cartas en forma de columna, una detrás de otra. La penúltima era la muerte. Parecía esparcir oscuridad sobre las demás. Era como si, por casualidad, hubieran empezado a leer una carta de alguien que a la mitad, de pronto, contuviese una noticia aterradora.

—Bueno —dijo Nedra—, ahora te sale una carta estupenda.

Estaba señalando la última. Era el emperador.

—Es lo que va suceder —dijo ella—. Significa razón, fuerza, grandeza.

»La influencia más importante está aquí. —Señaló la carta de encima de la de él—. Es una mujer, una mujer muy buena, una amiga, cariñosa, honorable. Ella es la clave.

Estaban unidos por la fragancia del tabaco, el frío en las ventanas, el cielo invernal blanco como una taza.

—Creo que esta mujer puede incluso responder a tu pregunta. ¿Me equivoco? —dijo ella.

—Eres listísima.

—O bien tiene la respuesta o es ella la respuesta.

—Bueno, la respuesta a mi pregunta realmente es sí o no.

—No creo que yo pueda contestar a eso todavía.

—Tampoco yo —dijo Arnaud.

—A veces es imposible ver con claridad las cosas de tu propia vida. Tienes que recurrir a alguien de fuera para que te las explique.

—Estoy dispuesto a hacerlo.

—Estamos hablando de Eve, ¿verdad?

—Por supuesto.

—Es mi mejor amiga.

—Es difícil, ¿no?

—Bueno, tú sabes que eres el único hombre en su vida. O sea, el único hombre de verdad en toda su vida.

—Es muy difícil —dijo Arnaud—. La quiero, me gusta Anthony, y sin embargo hay algo que me aleja de ello.

—¿Qué?

—No sé decirlo.

—Probablemente no existe un matrimonio en que no haya habido un grado de incertidumbre.

—¿La tuviste tú?

—Fue como si me fuesen a ejecutar.

—Vamos, Nedra.

—Supongo que no fue así del todo.

—¿Qué más ves sobre mí?

Ella miró las cartas.

—Veo otra mujer que te está influyendo. No la reconozco. Es morena, tiene dinero, posiblemente tiene mucha confianza, mucha seguridad. Es el obstáculo, la fuerza opuesta. Tiene gustos insólitos que quizá estén ocultos.

—¿Ya he conocido a esa mujer?

—No lo sé seguro.

—No me parece nadie que conozca.

—Bueno, pues aquí está. Estás tapado por la reina mágica...

—Ésta.

—Sí, y cruzado por la reina de pentagramas. Es muy infrecuente. Muestra que tus verdaderas compañeras son mujeres. Ahora bien, lo que ha ocurrido es que... —Hizo una pausa—. Se han formulado ciertas ideas, ciertas sugerencias. Es probable que sea una propuesta principal. Tendrás que afrontar un combate muy duro.

—¿Todavía?

Ella siguió leyendo, como si no lo oyera.

—Creo que no lo estoy haciendo bien —dijo de repente.

—Creo que lo estás haciendo de maravilla. Me gustaría saber algo sobre esos gustos insólitos.

—No. No, me equivoco. Aquí hay cosas confusas.

Era imprecisa, incluso estaba un poco nerviosa.

—Espera. Sólo quiero saber una cosa. —La muerte en letras negras montaba un caballo blanco. La pancarta que llevaba era árabe, rígida como madera—. ¿Qué significa esto? —preguntó él.

—Bueno, puede querer decir una serie de cosas...

—¿Por ejemplo?

—Oh, cualquier cosa. La pérdida de un benefactor, por ejemplo. Mira, está nevando —dijo.

Nedra cogió uno de los puros de Arnaud. Sus dedos largos lo sostenían por el extremo, cerca de la boca. Se inclinó para que se lo encendiera.

Tras las ventanas nevaba, cada vez más fuerte. Todo se desvaneció en la nieve.

—¡Vamos a buscar a Viri! —exclamó ella.

Estaba paseando por algún sitio, fuera. Comenzaron a ponerse a lo loco lo primero que encontraban a mano. Se envolvieron como rusos en sombreros y bufandas, y cogieron un abrigo para Viri.

—Estará por el río —supuso Nedra.

Nevaba copiosamente. La nevada les cubría los hombros, les rozaba los ojos. Caminaban sin hablar, como por páramos del norte. La nieve rellenaba la huella de sus pisadas. Era maravilloso, extraño. Entonces, corriendo hacia ellos, con la cara blanca de nieve, apareció *Hadji*. Ladró, se zambulló en los montículos que empezaban a formarse, se tumbó de costado, rodó extasiado, con las patas en alto. Viri apareció detrás de él como un mito, un trotamundos, con el cuello alzado y nieve en el pelo.

—Somos tus guías esquimales —dijo Arnaud.

—Qué buena suerte.

Se estaba poniendo el abrigo.

—Te presento a Nushka, mi mujer —dijo Arnaud.

—Ah.

—Conoces, por supuesto, la costumbre de los esquimales respecto a sus mujeres.

—Es realmente civilizada —convino Viri.

—Nushka, frótate la nariz con nuestro amigo.

Nedra ofició el acto grave, sensualmente.

—Es tuya —dijo Arnaud.

—¿No habla?

—Rara vez. La que habla no frota —dijo Arnaud—, la que frota no habla.

Hadji estaba echado en la nieve cada vez más espesa, medio sepultado: los ojos negros —ojos con rímel, decía Danny—, las orejas altas, inteligentes. No se movía cuando lo llamaban.

• • •

Para la cena llegaron Jivan y, regresando de la vida con su novio, Kate Marcel-Maas. Tenía la cara bronceada, los brazos flacos.

—¿Conoces a Kate? —preguntó Nedra.

—Creo que no —dijo Arnaud. Sonrió—. ¿Vives en Nueva York?

—No. He venido sólo para dos semanas.

—¿Ah, sí? ¿De dónde vienes?

—Los Ángeles.

—¿Dónde queda eso? —murmuró él.

—¿Dónde está Los Ángeles? —dijo ella.

—Creo que lo recuerdo. ¿Qué estás haciendo allí?

—Tenemos una casita con un jardín. Me paso casi todo el tiempo cultivando lechugas.

Jivan vestía una camisa de algodón de cuello abierto. Parecía rebosante de energía, casi de impaciencia.

—Ven, quiero enseñarte una cosa —le dijo a Kate.

La llevó a la cocina, donde, ante los ojos fascinados de Franca y de Danny, había estado cortando el apio con formas de pájaros.

—¿Dónde has aprendido? —preguntó Kate.

—¿Te gusta?

—Es fantástico.

—Deberías cultivar apio —dijo él—. Mira, ahora voy a hacer un cisne. ¿Te apetece un vino?

Era vino *retsina.* Le sirvió un poco. Kate lo probó. Cuando estaba cerca de ella, parecía ligeramente más bajo. En el dedo llevaba un anillo con una piedra oscura.

—Es amargo —se quejó ella.

—Te acostumbrarás. Franca, ¿quieres probarlo?

—Sí, me encantaría.

—Llegará a gustarte —le dijo a Kate—. Al final, las cosas amargas son siempre las mejores.

—¿Ah, sí? —dijo ella.

Había anochecido. La casa estaba iluminada como para un baile, había luces por todas partes. Nedra cocinaba. Estaba más bella que nunca: una falda fina, beige, las mangas remangadas, las muñecas desnudas.

Arnaud estaba hablando con Viri. Estaban a gusto entre los almohadones del sofá más amplio. Se reían, y sus sonrisas eran simultáneas. Eran como directores de una galería vistos a través del cristal claro y tintado de su escaparate al final del día; eran como editores, como accionistas.

Nedra les sirvió el San Rafael.

—¿Qué están haciendo en la cocina? —preguntó Viri.

—Jivan intenta seducirla.

—¿Antes de cenar?

—Creo que está un poco nervioso —dijo ella—. Intuye peligro.

—Nedra, ¿no crees... es decir, en principio... que tenemos cierta responsabilidad ante sus padres?

—¿De qué estás hablando, Viri? Ella ha estado casada.

—Eso no es exactamente cierto.

—Viene a ser lo mismo.

—¿No es un poco joven? —preguntó Arnaud.

—Ah, te olvidas —dijo Nedra.

La cena, anunció cuando estuvieron sentados a la mesa, era italiana. *Petti di pollo*. Jivan escanció el vino. Esta vez Kate lo rechazó.

—Toma un poquito —la apremió él.

—¿Qué es *petti di pollo*? —preguntó ella.

—*Pollo* es pollo —dijo Arnaud.

—¿Qué es *petti*?

—Pechugas —contestó él—. Ya sabes lo que dicen de los pollos.

—No.

—Cada parte del pollo fortalece una tuya.

—Me vendrán bien —dijo ella.

Arnaud hablaba de muchas cosas, divertido. Contó anécdotas de Italia, de ciudades al borde del mar donde no había hoteles e ibas por la calle llamando a puertas en busca de una habitación, de Sicilia abrasada por el sol, de Rávena y Roma. Franca, sentada a su lado, bebía vino.

Arnaud tenía oído para las lenguas. Empezó a hablar en italiano y pasaba de un idioma a otro como si todos poseyeran su don.

—En Sicilia todo el mundo tiene una *lupara*; o sea, una escopeta. En el periódico venía un artículo sobre un hombre que disparó a otro porque hacía demasiado ruido debajo de su ventana. Compareció ante el juez, furioso porque lo hubiesen detenido. «¿Quiere decir que no puedo dispararle a alguien debajo de mi propia ventana?», preguntó.

—¿Es verdad eso? —preguntó Franca.

—Totalmente cierto.

—No, en serio.

—O es verdad o llega a serlo más tarde —dijo él—. Te contaré otra historia. Había un padre que le dio a su hijo una escopeta. Era muy pequeña: una *luparetta*. El hijo se fue a la escuela y se encontró con otro chico que tenía un reloj de pulsera. Era muy bonito y se encaprichó de él. Como lo quería, negoció con el chico y le cambió la *luparetta* por el reloj.

—¿Es una historia verídica?

—Quién sabe... Cuando el hijo volvió a su casa esa tarde, su padre le preguntó: «¿Dónde está la escopeta? *Dov'è la luparetta?*» Y el hijo respondió: «La he cambiado.» «¡Que la has cambiado!» «Sí», dijo él, «la he cambiado por este reloj.» «*Fantastico*», dijo el padre, «*meraviglioso*, la has cambiado por ese reloj. Y ahora, cuando alguien llame puta a tu hermana, ¿qué vas a hacer, decirle la hora?»

Cenaron como una familia, ruidosa y unida, se pasaban libremente los platos. Kate bebía del vaso de Arnaud. Más tarde, en la otra habitación, ella tocó la guitarra. La mesa se quedó sin retirar. Nedra encendió el fuego que había sido escrupulosamente preparado con leña seca encima y papeles debajo. La hoguera cobró vida, llameando como las de los mártires. Se sentó al lado de Jivan. Estaban bebiendo licor de pera. Kate, con la guitarra sobre el regazo, cantaba para Arnaud con una voz débil y aguda.

—Más vale que te la lleves de aquí —le susurró Nedra.

—No te preocupes.

—Se la va a llevar a la cama, lo estoy viendo.

—Kate ha bebido un poquito más de la cuenta —dijo Jivan.

—Sí, pero nada de lo que tú le has dado.

—Me ha dicho que no le gustaba el vino.

—¿Por qué estás cuchicheando, Nedra? —preguntó Viri.

—Es divertido —dijo ella, sonriendo.

Se sirvió más licor. Era como una hélice de plata navideña, una decoración de papel de aluminio que giraba despacio y cuyo resplandor disminuía y resurgía una y otra vez.

—Tocas estupendamente —dijo Nedra.

Se disculpó para dar las buenas noches a las niñas. Viri subió después. Besó a sus hijas. Sentado en las camas de las niñas, percibió el calor de sus habitaciones respectivas, las alcobas en que dormían y soñaban, donde estaban a salvo. Sus libros, sus pertenencias le infundían una sensación de paz y deber cumplido. En las escaleras oyó voces, los sensuales acordes de abajo. Kate estaba sentada al lado de Arnaud. Sus dientes tenían un tinte azulado, el azul que florece en la blancura inmaculada, en los diamantes. Viri tuvo un momento de inquietud por ella; no, no de inquietud, comprendió, sino de codicia. Era como un hombre enfermo mientras pensaba en ella, infeliz y afligido. Su dolor era imaginario, como el de los dedos de una pierna amputada. Era sólo deseo, que confiaba en que lo abandonase, y rezaba para que no lo hiciese.

Nedra estaba hablando con ella.

—Ojalá yo hubiera tenido tu valor cuando tenía tu edad —dijo.

Kate se encogió de hombros.

—En realidad no me gusta California.

—Por lo menos has vivido allí. Has visto cómo es.

—A mi madre no le gusta la idea. Ella querría que nos casáramos.

—Tu arreglo es mejor —dijo Nedra.

Sirvió para las dos un poco más de licor. Jivan y Viri escuchaban la música; Arnaud estaba despatarrado cerca del fuego, con la cabeza recostada y los ojos cerrados. Nevaba todavía, incluso las carreteras habían desaparecido.

La elegancia de la noche, los platos que permanecían en la mesa, la soltura con que Nedra y Viri se trataban, el entendimiento que parecían haber establecido entre ellos, todo esto le inspiraba a Kate una dicha febril, la felicidad que otra persona tiene a su alcance otorgar. Estaba inundada de amor por aquella pareja a la que —aunque hubiese vivido cerca de ellos a lo largo de toda su infancia— le parecía ver por primera vez, y que la trataba como a la muchacha que en aquel momento ella ansiaba ser: una de ellos.

—¿Puedo venir a verte mientras estoy aquí? —preguntó.

—Pues claro.

—Me encantaría hablar contigo, de veras.

—Y a mí me encantaría verte —dijo Nedra.

Alguna tarde, entonces. Darían un paseo juntas o tomarían té. Aquella mujer a la que Kate súbitamente amaba, aquella mujer con cara de complicidad, una mujer nada sentimental, que se apoyaba en los codos y fumaba puritos nunca había cruzado las fronteras. Nunca había viajado, ni siquiera conocía Montreal, pero sabía muy bien cómo debería ser la vida. Era cierto. Su corazón poseía un instinto como el de las aves migratorias. Sabría encontrar la tundra, los piélagos, regresar al hogar.

Arnaud había abierto los ojos. No eran inquisitivos, su mirada era serena, señal de que estaba retornando poco a poco. Su cara era suave como la de un niño.

—Por alguna razón me estoy amodorrando —murmuró—. Tu casa es tan acogedora y agradable...

—Puedes hacer lo que quieras —dijo Nedra—. Tener lo que quieras.

Hubo un silencio.

—Eso me lo dijiste una vez —comentó él.

—Y siempre lo he practicado.

—Lo que quiera... ¿cómo que lo has practicado?

—Absolutamente.

—Me estoy despertando —dijo él.

No se había movido, pero sus ojos estaban alerta. En su sopor, era como un oso. Se veía su inocencia —es decir, la inocencia de los grandes actores— mientras se despertaba.

—Has dejado de tocar, Kate —dijo.

Ella empezó de nuevo. Tocó unos cuantos acordes tristes que brotaron lentamente de sus largos dedos. Empezó a cantar con su voz fina de muchacha y la cabeza gacha. Siguió cantando. Conocía una infinidad de letras que constituían su auténtica elocuencia, los poemas en los que creía. «Las sábanas eran viejas y delgadas las mantas...»

—Mi primer novio lo cantaba —dijo Nedra—. Me llevó de fin de semana a la casa de veraneo de su familia. Fue después del verano, todos se habían ido.

—¿Quién era? —preguntó Viri.

—Era mayor que yo —dijo ella—. Tenía veinticinco años.

—¿Quién?

—Allí tomé mi primer aguacate. Me lo comí con hueso y todo —explicó.

TERCERA PARTE

1

A los dieciséis años, Franca cambió. Empezó a cumplirse la promesa de su cuerpo. En cuestión de un día, del mismo modo que las hojas brotan, adquirió de golpe la facultad de ser dueña de sí misma. Despertó con ese don una mañana, le había sido concedido. Sus pechos eran nuevos, sus pies un poco más grandes. Su cara, serena e insondable.

Madre e hija estaban unidas. Nedra la trataba como a una mujer. Hablaban mucho.

El mundo estaba cambiando, le dijo Nedra.

—No me refiero a cambios de moda —aclaró—. Ésos no son verdaderos cambios. Me refiero a cambios en la manera de vivir.

—¿Por ejemplo?

—No te lo sabría decir. Tú lo notarás. Entenderás mucho más que yo. La verdad es que soy bastante ignorante, pero puedo percibir lo que hay en el aire.

Hay calor en las familias, pero el compañerismo no es frecuente. Nedra adoraba hablar con y de Franca. Sentía que era la mujer en la que ella misma se había convertido, en el sentido en que el presente representa el pasado. Quería descubrir la vida a través de su hija, saborearla por segunda vez.

Hubo una fiesta en casa de Dana una noche, durante las vacaciones. Dana, cuya cara poseía ya una curiosa expresión muerta, casi de rencor, pero al fin y al cabo, como decía Nedra, qué puedes esperar, con un padre borracho y una madre estúpida. Esa noche, Nedra estaba leyendo un libro sobre Kandinsky, grueso, hermoso, de papel satinado. Había visto su exposición en el Guggenheim y en ese momento estaba deslumbrada por él. En el silencio del anochecer, en esa hora en que todo ya está hecho, lo abrió por fin. Kandinsky había empezado a pintar tarde, tenía treinta y dos años entonces.

Telefoneó a Eve.

—Adoro este libro —dijo.

—Me pareció que tenía buen aspecto.

—Acabo de empezarlo —explicó Nedra—. A principios de la primera guerra vivía en Múnich, y volvió a Rusia. Abandonó a la mujer, que también era pintora, con la que había vivido diez años. La volvió a ver una sola vez, ¿te imaginas?, en una exposición, en 1927.

Tenía el libro en el regazo, no había leído más. El poder de cambiar la propia vida se desprende de un párrafo, de una observación señera. Las líneas que nos penetran son delgadas, como los trematodos que viven en agua de río y entran en el cuerpo de los nadadores. Estaba excitada, llena de fuerza. Las frases pulidas habían llegado, al parecer, como tantas otras cosas, justo en el momento exacto. ¿Cómo podemos imaginar cómo debería ser nuestra vida sin la iluminación que nos procura la vida de otros?

Dejó el libro abierto al lado de otros pocos. Quería pensar, dejar que el libro la esperase. Volvería a cogerlo, a leer, lo seguiría leyendo, bañándose en la riqueza de sus láminas.

Franca llegó a casa a las once. Desde el instante en que se cerró la puerta, Nedra presintió que algo iba mal.

—¿Qué es? —le preguntó.

—¿Qué es qué?

—¿Qué ha ocurrido?

—Nada. Ha sido terrible.

—¿Cómo?

Su hija, de repente, estaba llorando.

—Franca, ¿qué te pasa?

—Mírame —sollozó. Llevaba un traje con un ribete de piel en el cuello y en el dobladillo de la falda—. Parezco una de esas muñecas que se compran en tiendas de souvenirs.

—No, no es cierto.

—Me he marchado la primera —dijo ella, desesperada—. Todo el mundo me ha dicho: «¿Adónde vas?»

—No tenías que volver tan temprano.

—Sí tenía.

Nedra estaba asustada.

—¿Qué ha pasado, no ha estado bien la fiesta?

—La fiesta ha estado muy bien. Yo era la que estaba mal.

—¿Qué llevaban las demás?

—¡Tú siempre insistes en que yo sea diferente! —explotó Franca—. Siempre llevo ropa distinta. No puedo ir aquí, no puedo ir allá. No quiero saber nada más de eso. ¡Quiero ser como todo el mundo! —Las lágrimas le rodaban por la cara—. No quiero ser como tú.

De una pincelada había establecido su propio mundo.

Nedra no dijo nada. Estaba atónita. Era el comienzo, lo supo de pronto, de algo que había pensado que nunca ocurriría. Se fue a la cama trastornada, desgarrada por el impulso de ir a la habitación de su hija y por el miedo, al mismo tiempo, de lo que hablarían.

Al día siguiente todo estaba olvidado. Franca trabajaba en el invernadero. Pintaba. Había música en su habitación. *Hadji* estaba tumbado en su cama, ella era visiblemente feliz. Ya había pasado.

Llegó una carta de Robert Chaptelle, cuya vida se precipitaba cuesta abajo. Era difícil recordarlo, su nerviosismo, sus gustos caros y sus impulsos tan parecidos a los de ella. No decía nada del teatro; hablaba sólo de un hombre que podía salvar Europa.

> ...mide alrededor de 1,75. Tiene el atractivo de Kennedy. Su voz te hace temblar. Es una voz inolvidable. He tenido el privilegio de conocerlo, las horas en su compañía son minutos. ¡Sus ojos! Por fin comprendo la naturaleza de la política.
>
> *Cela tient du prodige.*

Leyó la carta deprisa. Robert decía en esa última carta que volvería a escribir pronto. Viajaba por motivos de salud, se escondía en las remotas ciudades de Francia de la compañía de seguros donde había intentado trabajar una temporada. Se había esfumado, sumido en el silencio.

Nedra pensó más de una vez en la mujer que Kandinsky había abandonado. Hay relatos que ganan por su brevedad. Había escrito el nombre en su calendario, encima del punto en que se vuelven las páginas: Gabriele Munter.

2

Ganaba dinero, sus clientes lo apreciaban, dibujaba de maravilla. Ruskin dijo que un auténtico arquitecto tiene que ser antes escultor o pintor. Él casi lo era, y era tan distraído, estaba tan enfrascado en su trabajo, que en una ocasión había vertido alpiste, por error, en su taza de té. Era locuaz, ocurrente; su escritura parecía impresa.

Fueron a cenar con Michael Warner y su amigo. Nedra era su mujer predilecta, ambos la adoraban.

—Tu hija es una belleza.

—Me gusta —admitió Nedra—. Para mí es una buena amiga.

—Es tan invulnerable. ¿Qué piensa hacer? —preguntó Michael.

—Quiero que viaje —dijo Nedra.

—Pero ¿estudiará?

—Oh, sí. A veces, sin embargo, pienso que la única educación real viene de uno mismo. Es como nacer: lo recibes todo de una fuente perfecta.

—Bueno, tú eres esa fuente, ¿no? —dijo Michael.

—Nedra, ésa es una idea muy peligrosa, en serio —protestó Viri.

—Una persona cuya vida es tan excepcional que nutre la vida de alrededor —prosiguió ella.

—Teóricamente sería posible —dijo Viri—, pero una relación única, que lo base todo en eso, podría resultar muy peligrosa. Quiero decir que es posible que tengas grabadas las ideas de una persona muy fuerte y, aunque esas ideas puedan ser interesantes, podrían resultar totalmente erróneas para alguien como Franca.

—Marina viajó tres años con Darin Henze cuando él hizo una gira por todo el mundo. Fue una experiencia fantástica.

—¿Darin Henze?

—El bailarín.

—¿Qué significa eso de que «viajó»?

—Era su amante, por supuesto. A ella le interesaba el trabajo de Darin. Pero en realidad no importa la profesión de él, lo mismo podría haber sido antropólogo. El conocimiento específico no es educación. Yo entiendo por educación aprender a vivir —dijo Nedra—, y en qué nivel. Y tienes que aprender eso, o todo lo demás no sirve.

Noche en la ciudad. Estaban en el bar El Faro, apretujados entre gente que aguardaba una mesa. El ruido de un restaurante concurrido palpitaba en derredor. Al fondo arrastraban cajones de comida mientras los clientes envueltos en guirnaldas de humo pedían se hablaban a gritos por encima de sus copas.

—Nunca se sabe lo que va a sucederle a la gente —estaba diciendo Michael—. Tengo una amiga que es muy divertida, muy generosa. Podría haber sido actriz.

—Morgan —dijo Bill.

—Tienes que conocerla algún día.

Justo entonces les dieron una mesa. El camarero les llevó las cartas.

—Tomamos paella, ¿no? —les preguntó Michael—. Sí. —Hizo el pedido—. Vive en la Quinta Avenida, enfrente del Metropolitan. Se quedó con el apartamento cuando se divorció. Es un apartamento fabuloso...

En el pequeño comedor, en la oscuridad a la que los ojos deben habituarse, en donde es posible no advertir, unas cuantas mesas más allá, una cara que buscas, Viri vio de improviso a alguien. El corazón le dio un vuelco. Era Kaya Doutreau.

—Una noche volvía a casa del ballet...

Estaba aterrorizado; tenía miedo de que ella le viera. Su mujer era apabullante, la compañía, selecta, pero aun así se avergonzaba de su vida.

—...*El Lago de los Cisnes.* Decid lo que queráis, pero es mi favorito de toda la vida.

—Bellísimo —dijo Bill.

—Cuando abrió la puerta del apartamento se encontró a su perro allí tumbado...

Viri no escuchaba, sólo era consciente del rumor de los cubiertos, de los sonidos subyacentes, como si escuchase el mecanismo que lo activaba todo. Resultaba terrible que le afectase tanto la presencia de Kaya, los rasgos sencillos de los que ella era completamente inconsciente: su desenvoltura, el modo de sentarse, el peso de sus pechos dentro de la blusa pálida de punto.

—Bueno, no lo saben. Creen que alguien empujó veneno por debajo de la puerta. Fue algo espantoso. Ella no sabía qué pasaba. Salió con el perro en brazos a la calle y murió en el taxi.

—Viri, ¿te encuentras bien? —preguntó Nedra.

—Sí.

—¿Estás seguro?

—Totalmente. —Sonrió brevemente. Parecía que se hubiese olvidado de cómo comer, como si fuera una ceremonia que sólo había memorizado. Su atención se concentraba en el plato. Procuraba no mirar más allá de la mesa.

—En suma, es la persona más interesante y cordial imaginable. Nunca ha hecho daño a nadie. Tiene la casa llena de libros. La gente está loca.

—¡Es una historia horrible! —exclamó Nedra.

—Espero que no te haya disgustado.

—Debe de ser la estación —dijo Bill—. Febrero es así. La única vez que he estado gravemente enfermo en mi vida era febrero. Estuve seis semanas en el hospital. Dos en la lista de desahuciados. La paella está riquísima.

—¿Qué te pasó?

—Oh, fue una infección grave. Mi familia llegó a comprar un féretro. Ni siquiera era lo bastante grande. No querían gastarse dinero. Me iban a doblar las rodillas.

Se rió.

—Viri, ¿estás seguro de que estás bien?

—Oh, sí. Sí.

A lo largo de la cena le fue lanzando miradas. No podía evitarlo. Kaya estaba viva; Kaya estaba bien. De golpe, ella se levantó. Él experimentó un instante de absoluto pánico, de temor físico. Era sólo que se iban. Cuando ella pasó, caminando entre las mesas, él se llevó la mano a la frente para taparse la cara.

Al volver en coche a casa, la noche era fría e inmensamente limpia. Las manzanas de apartamentos, grandes colmenas oscurecidas, flotaban sobre ellos. A lo lejos, el puente era una hilera de luz.

Cruzado el río, la carretera estaba desierta. La luna la presidía, el cielo entero blanco. Llenaba el coche el tenue aroma de tabaco, de perfume, como el compartimento de un tren. Si uno los estuviera observando en la oscuridad, pasaban en un instante, precedidos por el fulgor de sus faros, se los veía un segundo, un atisbo nada más. El sonido se desvanece en el frío, luego hasta se pierde el rojo lejano de las luces traseras. Silencio. Arriba, tal vez el rumor débil, que roza las estrellas, de un aeroplano.

• • •

Aquella misma noche, Arnaud estaba cerca del Chelsea, en el estudio de un amigo. Se marchó después de medianoche. Caminó hacia el este. Habían charlado horas, era la clase de velada que más le gustaba, íntima, conversación enjundiosa que fluye sin fin y de la que uno jamás se cansa. Era un personaje de Dickens; comía, bebía, alzaba la punta del dedo meñique para mostrar el gran talento que tenía alguien, callejeaba por la ciudad hormigueante. Llevaba levantado el cuello del abrigo. Las aceras estaban vacías, las tiendas a oscuras detrás de sus persianas de acero.

El tráfico subía por la avenida en olas aisladas. Los faros de los automóviles subían y bajaban en un silencio agorero sobre el asfalto parcheado. Buscó un taxi, pero a aquella hora pasaban con el rótulo de FUERA DE SERVICIO. Las cuatro pespectivas de la esquina eran inhóspitas y frías. Recorrió la manzana. Una cafetería, el último ventanal iluminado, estaba cerrando. Pasó una oleada de coches, la mayoría desvencijados, conducidos por hombres solos, automóviles de la clase obrera, con todas las ventanillas cerradas.

Al doblar la esquina apareció una moto que circulaba despacio. El motorista vestía de negro, con la cara tapada por plexiglás. Pasó un taxi, Arnaud le hizo señas, pero no se detuvo.

El motorista había estacionado en el bordillo, un poco más adelante, con el motor en marcha, e inspeccionaba las ruedas. No tenía rostro, tan sólo la superficie curva y reluciente. Arnaud avanzó unos pasos en la calle. Veía las luces, los grandes edificios del anillo de la ciudad en torno al centro. El motorista se había apeado y estaba tanteando las puertas de los locales, tirando de los picaportes. Conforme los recorría, miraba en el interior de los comercios vacíos, aplastando las palmas contra el cristal. Arnaud echó a andar.

En las calles Cuarenta del lado oeste había jóvenes afeminados en las esquinas, todavía esperando. Desplomados en portales, había hombres con las manos sucias y los rostros ebrios quemados por el frío. Los taxis que circulaban por las grandes avenidas se caían a pedazos, con un traqueteo de parachoques, basura por el suelo.

Empezó a cubrirse las orejas. No podía ir caminando desde allí; vivía en la calle Sesenta y ocho. Miró hacia el tráfico lejano, se aproximaban, al parecer, cada vez menos coches. Había cambiado el tono del entorno, como cuando uno escucha el silencio demasiado tiempo. Sus pensamientos, que hasta entonces lo habían envuelto al igual que el abrigo, de pronto se ensancharon, abarcaban más: los inmuebles oscuros y mugrientos, los fríos letreros comerciales escritos por todas partes. Pensó en ir al Chelsea; sólo estaba a tres manzanas. Dos hombres habían doblado la esquina y se le acercaban lentamente, uno de ellos bailando un poco de un lado a otro, entrando a medias en los portales.

—Eh, ¿qué hora es? —preguntó uno de ellos. Eran negros.

—Las doce y media —dijo Arnaud.

—¿Dónde está tu reloj?

Arnaud no contestó. Ellos se habían parado, el ritmo de sus andares había cambiado, le interceptaban el paso.

—¿Cómo sabes la hora sin reloj? Eres un antipático, tío.

El corazón de Arnaud latió más deprisa.

—No —dijo.

—¿Has estado con tu novia? ¿Qué te pasa, eres muy grandote para hablar? —Sus caras eran idénticas, brillaban—. Sí, es un grandullón. Vas muy calentito, con ese gabán de ciento cincuenta dólares.

Arnaud sintió que se le escapaba la fuerza, la facultad de moverse, como si estuviese en un escenario sin idea alguna, sin ningún texto. Se aproximaba un grupo de coches, a cinco o seis manzanas de distancia. Empezó a hablar como si fuera un confidente.

—Oye, no puedo quedarme, pero quiero contaros algo...
—No puede quedarse —le dijo el uno al otro.
—Había un hombre sordo...
—¿Qué hombre sordo?
Los coches estaban más cerca.
—Se encontró con un amigo en la calle...
—A ver ese reloj. Ya hemos jugado bastante.
—Quiero haceros una pregunta —dijo Arnaud rápidamente.
—Vamos.
—Una pregunta que sólo vosotros podéis contestar...
Súbitamente se volvió hacia los coches que se acercaban y dio unas zancadas en dirección a ellos, llamando y agitando los brazos. Ninguno era un taxi. Eran bajeles oscuros y sellados que viraban para esquivarlo. Lo golpeó algo que escocía en el frío. Cayó sobre una rodilla, como si lo hubieran empujado.

Trató de levantarse. Lo golpeaba algo como un trapo mojado. Era el comienzo de alguna cosa y el final de otra. Se tambaleaba como un flagelante, perdido el porte fácil de la vida indemne. Se cubrió la cabeza con los brazos, gritando: «¡Por el amor de Dios!»

Trastabilló, intentando defenderse de aquella lluvia de golpes furibundos que lo estaba mojando. Intentó huir corriendo. Estaba ciego, no veía, avanzaba a lo largo de la plancha legendaria, ridículo hasta el final, gritando, balbuceante en el aire glacial, flaqueantes las piernas.

De rodillas en la calle les entregó su dinero. Al huir, esparcieron el contenido de su cartera. No se molestaron en quitarle el reloj. Estaba roto. Indicaba, como los mandos de un avión caído, el momento exacto del desastre. Estuvo tendido durante más de una hora, y los coches lo esquivaban, sin pisar el freno.

• • •

Eve llamó por la mañana.

—Oh, Dios —gimió.

—¿Qué ocurre?

—¿No te has enterado?

—¿Enterado de qué? —dijo Nedra.

A la luz del sol, al otro lado de la ventana, el perro caminaba por el suelo congelado.

—Arnaud... —Rompió a llorar—. Le pegaron. Ha perdido un ojo.

—¿Le pegaron?

—Sí. En algún sitio del centro —sollozó Eve.

3

Las cicatrices dividen la vida como los anillos de un árbol. Qué juntos parecen los más antiguos, el tiempo los comprime, veinte años no se distinguen entre sí.

Ella había entrado en una nueva era. Todo lo que pertenecía a la antigua había que sepultarlo, arrumbarlo. La imagen de Arnaud con el ojo tapado con un vendaje espeso, las contusiones profundas, su dicción lenta, como un tocadiscos que pierde velocidad: eran heridas de mal agüero para ella. Señalaban los primeros miedos de la vida, de la malevolencia que formaba parte de su savia, y que no tenían explicación ni cura. Nedra quería vender su casa. Estaba sucediendo algo en cada pedazo de su existencia, empezaba a verlo en las calles, era como la oscuridad, de pronto se percataba de ello: cuando llega, llega a todas partes.

En Jivan advirtió por vez primera cosas nimias pero claras, como las finas grietas en su cara que ella sabía que un día serían surcos; eran las huellas del carácter de Jivan, de su destino. Ella entendía, por ejemplo, que la deferencia algo servil que él mostraba hacia Viri no era producto de una situación singular, sino que era la propia idiosincrasia de Jivan, había en él algo obsequioso, respetaba demasiado a los triunfadores. Su aplomo era físico, no trascendía ese estadio, como el de un joven que se ejercita con pesas en su cuarto; era fuerte, pero su fuerza era pueril. Algo había cambiado entre ellos. Siempre le tendría afecto, pero el verano ya había pasado.

—¿Qué ocurre? —le preguntó él.

Ella no tenía ganas de explicarlo.

—El amor es movimiento —respondió—. Es cambio.

—Sí, claro que es movimiento, pero entre dos personas. Nedra, algo te preocupa. Te conozco muy bien.

—Es sólo que necesito respirar aire nuevo.

—Aire nuevo. ¿No querrás decir aire?

—Ya me has entendido.

—Quizá. Estás preciosa, ¿sabes? Más que cuando te conocí. Es natural, pero te diré una cosa que no comprendes. Cuando tienes amor crees que es fácil de encontrar, que todo el mundo lo tiene. No es cierto. Es muy difícil de encontrar.

—No lo he estado buscando.

—Es como un árbol —le dijo él—, tarda mucho en crecer. Tiene raíces muy hondas, y esas raíces se extienden muchísimo, más de lo que crees. No puedes cortarlas así como así. Además, no es propio de ti. No eres una niña, no te interesa la sensación sin más. Yo no tengo otra mujer, no estoy casado, no tengo hijos.

—Puedes casarte.

—Tú sabes que no puedo.

—Las cosas cambiarán.

—Nedra, tú sabes que amo a Franca. Amo a Danny.

—Ya lo sé.

—No es justo, lo que estás diciendo.

—Estoy cansada de mirar los dos lados de las cosas —se limitó a decir ella.

No tenía intención de discutir. Había decidido.

Sus hijas se volvieron para ella lo único que contaba, hasta el punto de que le molestó el comentario de Jivan sobre el amor que les profesaba. Algunas veces eso le parecía peligroso.

El amor de Nedra por ellas era el amor al que había consagrado su vida, el único que no habría de consumirse o perecer. La vida de sus hijas iría ascendiendo cuando la suya se fuese agostando, ellas transportarían la devoción materna como una especie de conocimiento que circulaba por sus venas. Siempre serían jóvenes para ella; perdurarían, caminarían al sol, hablarían con ella hasta el final.

Estaba leyendo a Alma Mahler.

—Viri, escucha esto —dijo.

Era la muerte de la hija de Mahler, que tenía difteria. Habían ido al campo y la hija enfermó de repente. Empeoró enseguida. La última noche le practicaron una traqueotomía; se estaba asfixiando, no podía respirar. Alma Mahler corrió por la orilla del lago, sola, sollozando. Su marido, incapaz de soportar la pena, iba y volvía continuamente a la puerta de su hija agonizante, pero no se atrevía a entrar en el cuarto. No pudo tampoco asistir al entierro.

—¿Por qué lees eso? —preguntó Viri.

—Es tan espantoso... —reconoció ella. Extendió la mano y le tocó la cabeza—. Estás perdiendo pelo.

—Ya lo sé.

—Lo pierdes en el despacho.

—En todas partes —dijo él.

Estaba sentada en la butaca tapizada de blanco, que era su predilecta; también la de él; siempre la ocupaban la una o el otro, la luz era buena para leer, en la mesa había una pila de libros nuevos.

—Oh, Dios —suspiró ella—, estamos en la tienda de comestibles de la vida. Nos sentamos aquí por la noche, cenamos, pagamos facturas. Quiero ir a Europa. Quiero viajar. Quiero ver las catedrales de Wren, los grandes edificios, las plazas. Quiero conocer Francia.

—Italia.

—Sí. Italia. Cuando vayamos lo veremos todo.

—No podemos ir hasta primavera —dijo Viri.

—Yo quiero ir esta primavera.

La idea del viaje lo ilusionaba a él también. Despertar en Londres, a la luz del sol, una fila de taxis negros a la puerta de los hoteles, cuatro estaciones en el aire.

—Antes quiero leer al respecto. Un buen libro sobre arquitectura —dijo ella.

—Pevsner.

—¿Quién es?

—Un alemán. Es uno de esos europeos que llegaron a sentirse como en casa en Inglaterra (al fin y al cabo, es el país civilizado por antonomasia) y que vivieron allí toda su vida. Es una de las máximas autoridades.

—Me gustaría ir en barco.

La noche de invierno envolvía la casa. *Hadji*, que se estaba haciendo viejo, estaba tumbado contra el sofá, con las patas extendidas. A Nedra la transportaba un sueño, la emoción del descubrimiento.

—Voy a tomar un *ouzo* —dijo.

Sirvió dos vasos de una botella que Jivan había llevado en navidades. Parecía una mujer para quien viajar a Europa fuera un acto corriente: su desparpajo, su largo cuello del que colgaban rosarios de cuentas de color masilla, azul y tabaco, la botella en su mano.

—No sabía que tuviésemos *ouzo* —dijo él.

—Este poquito.

—¿Sabes cómo murió Mahler? —preguntó Viri—. Durante una tormenta. Estaba muy enfermo, en coma. Y a medianoche hubo una tormenta terrible y se lo tragó, casi literalmente: su aliento, su alma, todo entero.

—Es fantástico.

—Las campanas doblaban. Alma estaba acostada con una fotografía de él, hablando con la foto.

—Eso es tan típico de ella. ¿Cómo sabes todo esto?

—Te he adelantado en la lectura del libro.

Cuando estaban en una esquina cerca de Bloomingdale's, entre la multitud que pasaba rozándolas y el rugido de los autobuses, Nedra le dijo a Eve: «Se acabó», y con ello se refería a todo lo que la había alimentado, sobre todo la ciudad, más allá de cuyos márgenes extremos había hallado refugio, todavía sometida a su empuje, todavía debajo de un confín de cielo que tomaba prestado su resplandor de la luz urbana.

Al franquear la puerta del comercio miró a los que entraban con ella y a los que salían, a las mujeres que compraban en los estantes de bolsos. La auténtica pregunta, pensó, es la siguiente: «¿Soy una de esas personas? Voy a convertirme en una de ellas, grotesca, amargada, estancada en sus problemas, mujeres con gafas de sol estrafalarias, ancianos sin corbata?» ¿Tendría los dedos manchados como su padre? ¿Se le pondrían oscuros los dientes?

Buscaban copas de vino. Todo lo elegante o fino procedía de Bélgica o de Francia. Ponía las copas boca abajo, para leer el precio. Treinta y ocho dólares la docena. Cuarenta y cuatro.

—Éstas son bonitas —dijo Eve.

—Creo que éstas son mejores.

—Sesenta dólares la docena. ¿Para qué las quieres?

—Siempre hacen falta copas de vino.

—¿No tienes miedo de que se te rompan?

—Lo único de lo que tengo miedo es de las palabras «vida ordinaria» —dijo Nedra.

Estaban sentadas en casa de Eve cuando llegó Neil. Venía a visitar a su hijo. La habitación era demasiado pequeña para tres personas. Tenía el techo bajo y una pequeña chimenea protegida por cristal. La casa entera era pequeña. Era una vivienda para un escritor y un gato, apartada de la calle, al fondo de un callejón privado, un escritor disciplinado, probablemente homosexual, que de vez en cuando recibiera a un amigo que se quedaba a dormir.

—Qué pena lo de Arnaud —dijo Neil.

—Es horrible.

—Eve dice que... quizá nunca vuelva a hablar bien —dijo, en dirección al vaso de agua. Tenía una boca fina que tamizaba las palabras.

—No lo saben.

—¿Te apetece un té? —preguntó Eve.

—Ya lo hago yo —dijo Nedra, poniéndose de pie rápidamente. Desapareció en la cocina.

—Un tiempo de perros, ¿eh? —murmuró Neil después de una pausa.

—Sí.

—Hace mucho más frío que... el invierno pasado —dijo.

—Supongo que sí.

—Tiene algo que ver con la... órbita de la tierra... No sé. Se supone que estamos entrando en una nueva era de hielo.

—Otra no —dijo ella.

4

Las estaciones se convertían en su resguardo, sus vestiduras. Se plegaba a ellas, era como la tierra, maduraba, se agostaba, en invierno se envolvía en un abrigo largo de piel de borrego. Tenía tiempo de asueto, cocinaba, hacía adornos de flores, veía a su hija cautivada por un joven.

Se llamaba Mark. Hacía maravillosos dibujos lineales, sin sombra, sin mácula, como los *Vollard* de Picasso. Se parecía a ellos; era delgado, zanquilargo, con el pelo de un castaño desvaído. Llegaba por las tardes, pasaba horas con Franca sentados en su cuarto con la puerta cerrada, y algunas noches se quedaba a cenar.

—Me gusta —dijo Nedra—. No es imberbe.

Después Franca consultó la palabra. Desprovisto de barba, decía el diccionario.

—Tú le gustas a él. Dice que tienes plumas.

—¿Que tengo qué?

—Plumas, como un pájaro —dijo Franca.

Mark estaba enamorado de Franca, pero veneraba a Nedra. Su mundo de pareja poseía una atracción misteriosa. Era más vívido, más apasionado que otros. Estar con ellos era como estar en una barca, flotaban siguiendo su propia deriva. Inventaban su vida.

Los tres se reunieron en el Russian Tea Room. El jefe de camareros conocía a Nedra; les dio uno de los reservados al lado del mostrador. Era un sitio que a ella le gustaba. Nureyev se había sentado una vez cerca.

—En aquella mesa —dijo.

—¿Solo?

—No. ¿Lo habéis visto alguna vez? —dijo—. Es el hombre más hermoso de la tierra. No se puede ser más guapo. Cuando se levantó para irse, se acercó al espejo y se abotonó el abrigo, se ató el cinturón. Los camareros lo miraban, de pie, adorándolo, como colegialas.

—Nació en una ciudad pequeña, ¿no? —dijo Franca—. Sabían que poseía un gran talento. Pensaron que tenía que ir a la escuela en Moscú, pero era tan pobre que no podía pagarse el tren. Esperó seis años para pagar el billete.

—No sé si eso es cierto —dijo Nedra—, pero encaja con él. ¿Cuántos años tienes, Mark?

—Diecinueve —contestó él.

Ella sabía lo que esa edad representaba, qué actos ardientes había dentro de Mark, qué hallazgos lo reclamaban. Había estado en Italia un año, en un intercambio, y despertaba en Franca el deseo de imitarlo. Imagina a un chico de dieciocho años desembarcando en Southampton. Consultó un mapa y se dio cuenta de que Salisbury no estaba lejos. Salisbury, pensó de repente, y le vino a la memoria la catedral pintada por Constable, una pintura que él admiraba, y allí estaba el nombre en el mapa. Lo abrumó la coincidencia, como si la única palabra que conocía de un idioma extranjero le hubiese sido provechosa. Tomó el tren, dispuso de un compartimento entero para él solo, estaba encantado, el campo era delicioso, estaba solo, recorriendo mundo, y entonces, al otro lado de un valle, apareció la catedral. Eran las últimas horas de la tarde, se ponía el sol. Estaba tan profundamente conmovido que aplaudió, dijo.

Viri llegó y se sentó. Era un hombre mundano; en aquella estancia, a aquella hora, parecía tener la edad que uno ansía tener, la edad de los logros, de la aceptación, la edad a la que nunca llegaremos. Vio frente a él a su mujer y a una joven pareja. Franca era sin duda una mujer, lo supo de golpe. De alguna manera se había perdido el momento en que había ocurrido, pero el hecho era evidente. El rostro auténtico había emergido de la cara joven y receptiva que había tenido, y en el lapso de una hora se había vuelto más apasionada y mortal. Era una de esas caras que inspiran un temor reverente. Viri la oyó decir «Sí, sí», en ansiosa respuesta a la voz de Mark; los años adolescentes de Franca se esfumaban ante los ojos de Viri. Ella se desvestiría, viviría en México, se toparía con la vida.

—¿Quieres beber algo, Viri?

—¿Beber? Sí, ¿qué estás tomando tú?

—Se llama Noches Blancas.

—Déjame probarlo —dijo él—. ¿Qué lleva?

—Vodka y Pernod.

—¿Nada más?

—Mucho hielo.

—Hoy, cuando subía en el ascensor, no te imaginas con quién me he encontrado: Philip Johnson.

—¿De veras?

—Tiene una pinta estupenda. Le he saludado. Llevaba un sombrero fantástico.

—¿Es Philip Johnson, el...? —dijo Mark.

—Arquitecto.

—¿Por qué llevaba sombrero? —preguntó Franca.

—Ah, bueno. ¿Por qué un gallo lleva plumas?

—Tú tienes tanto talento como él —dijo Nedra.

—El sombrero no parecía molestarle.

—Yo voy a comprar uno maravilloso.

—Un sombrero no mejora tanto las cosas.

—Uno grande, de terciopelo, color gamo —dijo ella—. Como el que llevan los chulos.

—Creo que en cierto modo te lo he explicado mal.

—Si Philip Johnson usa sombrero, tú también puedes usarlo.

—Es como ese chiste del actor que se queda seco en el escenario —dijo Viri—. ¿Lo conoces? —Se dirigió a Mark. Era uno de los chistes mordaces y campechanos que contaba Arnaud—. Es en el teatro yiddish. Creo que está interpretando *Macbeth*.

—Bajan el telón, pero todo el mundo nota que pasa algo malo —añadió Nedra—. Al final sale el director y le dice al público: «Ha sido horrible, horrible, ha muerto.»

—Pero una mujer de la platea grita: «¡Dele sopa de pollo! ¡Dele sopa de pollo!» Y el director está allí plantado junto al cadáver y por fin responde: «Oiga, no lo entiende. ¡Está muerto! ¡La sopa de pollo no lo ayudará, señora!» «Tampoco le sentará mal», dice ella.

Contaban el chiste juntos, del mismo modo que habían juntado sus vidas. Nadie conocía a Nedra mejor que Viri. Eran los dueños de una vasta y desordenada mercancía; lo habían encarado todo juntos. Cuando él se desvistió por la noche, era como un diplomático o un juez. Un cuerpo blanco, suave e impotente surgió de sus ropas, su posición en el mundo yacía desplomada en el suelo, caída de sus tobillos; era un hombre clemente, era como una rana, con una pizca de melancolía en su sonrisa.

Se abotonó el pijama, se cepilló el pelo.

—¿Lo apruebas? —preguntó Nedra.

—¿A Mark?

—Estoy segura de que han hecho el amor.

A él lo hirió la frialdad del hecho.

—Oh. ¿Por qué?

—¿No lo habrías hecho tú? —preguntó ella—. Bueno, quizá tú no.

—Creo que es muy importante que ella sepa lo que hace.

—Oh, lo sabe. Le he dado todo lo que necesita.

—¿Qué quieres decir, píldoras?

—No quiere tomar píldoras —dijo Nedra.

—Ya veo.

—Estoy de acuerdo con ella. No quiere productos químicos en su cuerpo.

El pensamiento de Viri se precipitó de pronto sobre su hija. Ella no estaba lejos, estaba en su cuarto, con la música baja, sus vestidos colgados pulcramente. Pensó en su inocencia, en la prodigalidad de la vida, como si lo hubiese sorprendido, como una ola súbita que el paseante por la playa no ha oído y que le empapa los pantalones, el cabello. Y, sin embargo, una vez mojado por la ola, le sobrevino un sentimiento de aceptación, incluso de placer. Lo había tocado el mar, el más grandioso de los elementos de la tierra, era como un hombre tocado por la mano de Dios. La necesidad de temer tales cosas había cesado.

Esa noche soñó con una orilla de plata agitada por el viento. Kaya se le acercó. Estaban solos en una habitación espaciosa, fuera se celebraba un congreso. No sabía cómo la había convencido, pero ella dijo: «Sí, de acuerdo.» Se despojó de su ropa. «Pero también quiero esta noche.»

Las caderas de Kaya eran tan reales, tan deslumbrantes, que él apenas se avergonzó cuando su madre pasó por delante, fingiendo que no los veía. No sabía a ciencia cierta si su madre se lo diría o no se lo diría a Nedra, procuró no preocuparse. Después perdió a aquella mujer luminosa entre la multitud, cerca de un teatro. Desapareció. Aulas vacías, pasillos en los que había corros de antiguos condiscípulos, absortos en su conversación. Pasó de largo entre ellos, notoriamente solo.

Por la mañana miró a Franca con mayor atención, ocultándolo, tratando de ser natural. No vio nada. Parecía la misma, en todo caso más cariñosa, más en armonía con el día, el aire, las estrellas invisibles.

—¿Cómo van las cosas en el instituto? —preguntó.

—Oh, me encanta el instituto —dijo—. Este año es el mejor.

—Qué bien. ¿Qué es lo que más te gusta?

—Bueno, de todas las...

—¿Sí?

—La biología.

Daba golpecitos a la cáscara de un huevo pasado por agua, iba bien vestida, se le veía la cara fresca.

—¿Y después?

—No lo sé. Supongo que francés.

—¿No te gustaría estudiar un año de universidad allí?

—¿En París?

—París, Grenoble. Hay cantidad de sitios.

—Sí. Bueno, no sé seguro si quiero ir a la universidad.

—¿Qué quieres decir?

—Papá, no te alteres —dijo ella—. Me refiero solamente a que quizá prefiera estudiar arte o algo así.

—Bueno, es verdad que pintas de maravilla —reconoció él.

—No lo he decidido todavía. —Sonrió como su madre, misteriosa, segura de sí misma—. Ya veremos.

—¿Mark se queda en el instituto?

—Tampoco lo sabe —dijo ella—. Depende.

—Ya.

Había mucha sensatez en la voz de Franca.

5

En otoño —era octubre, un día de viento— Nedra fue en automóvil a almorzar con Jivan. El río era de un gris brillante, la luz del sol parecía de escamas.

Jivan se había mudado. Había comprado una casita de piedra al final de un sendero con surcos, un largo camino de entrada que cruzaba un arroyo. Había árboles por doquier, el sol se derramaba entre ellos. Ella llevaba un vestido blanco, fresco como fruta.

El brillo de Asia Menor llenó la habitación cuando Nedra abrió la puerta. Había una mesa de patas plateadas que contenía, como un catálogo, objetos completamente inusitados: libros de arte, esculturas, guijarros, boles de cuentas. En la pared había cuadros. Ella se había encargado de la decoración; su huella estaba en todas partes. Las butacas estaban cubiertas de almohadones de hermosos colores: limón, magenta, tabaco.

Jivan avanzó a su encuentro. Con cortesía.

—Nedra —la recibió, extendiendo los brazos.

—Hace un día precioso.

—¿Cómo está tu familia?

—Todos bien.

Había un hombre sentado en silencio, con un traje de ejecutivo, a quien ella no había visto.

—Te presento a André Orlosky —dijo Jivan.

Una tez pálida y mandíbula prominente. Llevaba gafas de montura dorada, y también un chaleco. Había una extraña discordancia entre su persona y su ropa, como si se hubiera vestido para una fotografía o como si el traje fuese prestado. Una cara impasible, la cara de un fanático.

—André es poeta.

—Acabo de llevar a uno en mi coche —dijo Nedra. Había visto a un hombre de pelo blanco trotando por la carretera—. «¿Adónde va?» —le había preguntado ella, reduciendo la velocidad. Él se lo dijo. Estaba como a un kilómetro. Trabajaba allí de jardinero. ¿Y por qué corría? Vivía en Nanuet; venía corriendo desde allí—. Era viejo, pero tenía una cara maravillosa, toda tostada.

—Y piernas muy fuertes.

—Era interesante, en serio. Californiano. Me ha recitado uno de sus poemas. Sobre astronautas. No era gran cosa —admitió.

Jivan le llevó un vaso de vino.

—Lo que admiro es su valor —dijo Nedra. Sonrió con aquella sonrisa fulgurante y amplia. Miró a André—. ¿Entiendes lo que quiero decir?

—¿Qué tal todo? —preguntó Jivan.

—Nos vamos a Europa —anunció ella.

—¿Cuándo? —dijo él, un poco débilmente.

—Vamos a París, la primavera que viene, espero.

—La primavera que viene.

—Alquilaremos un coche para hacer un recorrido. Quiero verlo todo.

—¿Cuánto tiempo estaréis?

—Tres semanas, por lo menos. Quiero ir a Chartres y al monte Saint-Michel. Al fin y al cabo, es la primera vez.

—Pero Viri ya ha estado.

—Eso dice.

—André conoce Europa.

—¿Es cierto?

—Estudié allí de niño —dijo André. Tuvo que carraspear.

—¿Ah, sí? ¿Dónde?

—Cerca de Ginebra.

—Es curioso —dijo Jivan—. No tengo ningunas ganas de ir a Europa. Me gustaría ir a ver a mi madre, pero para mí éste es el país de las maravillas. Haya lo que haya en Europa, aquí hay más.

—Pero tú ya has estado —señaló Nedra.

—Ya lo verás.

Ella tomó un sorbo de vino. Jivan había servido una primorosa comida fría. Servía mientras hablaban.

—Europa... —continuó.

—Vale ya —dijo ella.

—¿No quieres más carne?

—Vale ya de Europa. No quiero que lo estropees. —Abrió su servilleta y aceptó un plato—. Me encanta almorzar —dijo—. Es tan agradable comer con amigos.

—Eso es verdad —dijo André.

—Pero la gente es suspicaz al respecto.

Él hizo un vago movimiento de cabeza.

—¿Vives en la ciudad? —preguntó ella.

—Sí.

En la ciudad y solo. La idea de vivir sola era muy interesante para ella, dijo Nedra. ¿Cómo era?

—Un lujo —dijo André.

—Te acostumbras —añadió Jivan.

—Depende mucho de a quién se lo preguntas, ¿no? —opinó ella.

—Si no tienes una mujer, tienes que tener alguna otra pasión —dijo Jivan—. Una cosa u otra.

—Pero no las dos —murmuró André.

Hablaba poco y con voz suave, casi con indiferencia. Comía muy poco. En vez de comer, fumaba un cigarrillo y bebía vino. El aroma de tabaco en la habitación iluminada por el sol era tenue y delicioso. Jivan sacó platillos de uvas confitadas que le había enviado su madre, y junto a ellos puso cucharillas de plata. Sirvió el café. El cigarro del poeta azulaba el aire.

—¿Qué has escrito? —preguntó Nedra.

—«Esos huuesos en la caama» —deletreó él.

—¿Es un poema?

—Un poema y un libro.

Ella bebió un sorbo de café.

—Me encantaría leerlo —dijo.

Le gustaba cómo iba vestido André, como un hombre de negocios. Con la taza en la mano, la claridad de su voz, la blancura de su vestido, sus movimientos, sus sonrisas, ella era el centro de la habitación. Debajo de su brillo, las mujeres poseen un poder, al igual que las estrellas poseen gravedad. En el fondo de su taza reposaba el limo cálido, suntuoso.

—¿Más café? —preguntó Jivan.

—Por favor.

Sirvió el líquido negro como lo había hecho tantas veces, turco, denso, no hacía ningún ruido.

—¿Sabes? En todo el tiempo que he vivido en América, que para mí es como un día largo —dijo—, no he conseguido que me guste el café. Ni amigos. He hecho muy pocos amigos.

—Has hecho muchísimos.

—No. Conozco a todo el mundo, pero no son amigos. Un amigo es alguien con quien puedes hablar de verdad... llorar, si hace falta. Tengo muy pocos. Uno.

—Más de uno.

—No.

—Bueno —dijo Nedra—. Creo que los encuentras cuando los necesitas.

—Eres tan americana. Crees que todo es posible, que todo llegará. Yo sé que no es así.

Era como un vendedor que ha perdido un contrato. Había cierta resignación en él; tenía el mismo aspecto, hacía los mismos gestos, pero su energía había desaparecido. Al lado de él, pensativo, como un estudiante de teología, un saltador de pértiga —no podía caracterizarlo, le habría gustado contemplarlo y memorizar su rostro—, estaba sentado un hombre de... —trató de adivinar— ¿treinta y dos, treinta y cuatro años? Sus miradas se cruzaron brevemente. Ella se sabía hermosa —su cuello, su amplia boca—, lo notaba como se nota la fortaleza propia. Había estado nadando sin rumbo, resignada a perderse en el mar, y de repente estaba almorzando en una habitación iluminada cuya luz centelleaba de vez en cuando en los vasos.

Cuando se marchó, Jivan la acompañó fuera.

—Ha sido como los almuerzos que hacíamos —dijo ella.

—Sí. Parecido.

—Me gusta tu amigo.

—Nedra, tengo que verte.

—Bueno, ¿no ha sido muy agradable?

—Te echo en falta horriblemente.

Ella lo miró. Vio sus ojos negros, inciertos. Lo besó en la mejilla.

Condujo el coche a través de la luz de otoño. Los caballos que rebasó estaban en paz, vagaban, bañados por un día más resplandeciente que cualquier otro del año. Los árboles, sensitivos, destilaban calma. La hondura del cielo parecía infinita, hirviente de luz.

Se sentó a leer en la butaca blanca. Ciudades abandonadas muy arriba del Amazonas, ciudades con palacios de ópera, grandes barcos europeos encallados en el verde. Se imaginó viajando a aquellos parajes, huésped de los viejos hoteles. Caminaba por la mañana temprano, cuando las calles estaban frescas, y sus talones golpeaban el pavimento como aplausos. La ciudad era gris y plata, el río, oscuro.

Antes de cenar, se arreglaba sentada ante espejos que nunca habían visto su cara. Había automóviles sin neumáticos circulando por las vías del ferrocarril, aceras de mosaico, putas como Eve a los veinte años en la penumbra de los cafés. Volaba a Brasil como viaja la luz, como las palabras de una canción llegan al alma. Llevaba el vestido blanco que había llevado durante el almuerzo, y se había quitado los zapatos. Se acercaba el invierno de ese año, el invierno de su vida. Allí era verano. Atravesabas una línea invisible y todo se transformaba. Caía el sol, los brazos estaban bronceados. Ella era una mujer de un país lejano, en parte ya leyenda, ignoto.

Estaba abismada en las fantasías que se desplegaban ante ella; la saciaban. A las cuatro de la tarde, apagado, como el timbrazo que anuncia el intermedio de un concierto, sonó el teléfono. Se levantó para contestar.

—¿Nedra?

Ella reconoció la voz al instante.

—Sí.

—Soy André Orlosky.

6

Despunta el sol, sin cuerpo, sin calor, con su tono pálido y sereno. El agua parece muerta. La superficie de los atracaderos es oscura, los gallardetes cuelgan fláccidos. El río es inglés, frío como plata. Sobre el césped yace un cuerpo. Es Mark, dormido. Ha llegado en coche antes del alba desde New Haven, y está tumbado debajo de la ventana, una madeja de miembros largos, como mangos de hacha, por debajo de sus ropas.

Nedra ha madrugado y lo observa desde arriba. Mark duerme apaciblemente, ella admira la sencillez de su sueño. Vierte sus pensamientos sobre él, se imagina cómo se remueve circundado por ellos, cómo cobra vida, abre los ojos despacio y ve los de ella. Es joven, grácil, lleno de ideas impetuosas. El flujo seminal lo atosiga, lo impulsa a recorrer largas distancias, a buscar por todas partes. Verlo en reposo es, por un momento, una ocasión de sopesarlo, examinarlo, pues de lo contrario es inaccesible, corre, se ríe, se esfuma tras su rostro joven.

Nedra se tiende en el suelo y empieza sus ejercicios: primero una relajación profunda de brazos, hombros, rodillas. Ha encontrado en la ciudad a un yogui, Vinhara. Iba a verlo cuatro veces por semana. Era un hombre calvo, con un largo y grasiento flequillo de pelo negro. Se movía por ahí con ropa holgada. Tenía una voz segura e imperiosa.

—El agua *pudifica* el cuerpo —decía—. La verdad *pudifica* la mente.

Era moreno. Tenía una nariz ancha y picada, unas manos enormes y las orejas peludas como las de un gato. La sabiduría *pudifica* el intelecto, la meditación *pudifica* el alma.

El apartamento de Vinhara olía a incienso. La cocina estaba llena de sartenes sucias. Dormía en un colchón en el suelo. En un rincón había un maniquí abollado de sastre al que a veces golpeaba con un palo. «Práctica», explicó.

Ella se le entregó durante una hora, y se sintió más cálida y flexible, notaba que las partes de su cuerpo se revelaban como si las estuvieran señalando en un gráfico. Después, receptiva, despabilada, recorrió a pie unas manzanas hasta el apartamento de André. Él la esperaba, conocía casi al minuto cuándo llegaría.

—A veces pienso —le dijo ella— que si vivieras en el lado oeste yo no haría esto.

—¿El lado oeste?

—No sólo allí. En cualquier otro sitio.

El apartamento tenía tres habitaciones limpias, amuebladas pulcramente, con cada cosa en su sitio. Sonaba *Petrushka*, de Mahler. Las persianas ya estaban echadas.

Con su marido ella era comprensiva, incluso cariñosa, aunque dormían como si se tratase de un arreglo entre ellos; ni siquiera se tocaban con los pies. Era un arreglo, era un matrimonio.

—Tenemos que hablar de ello como de alguien muerto —le dijo ella.

Por todas partes a su alrededor, entrando por todas las ventanas, en el aire mismo, gravitaba la luz del otoño. Las duras manzanas amarillas estaban en la mesa, junto con las secciones del periódico.

—Nedra, es evidente que no está muerto.

—¿Quieres una tostada?
—Sí, gracias.
—Sí lo está —dijo ella.
Mark entraba por la puerta. Llegaba de la habitación de Franca, arriba; se había lavado las manos, y llevaba la camisa remangada. Sentados, hablaron del tiempo, de los primeros y tenues amarillos que ahora brotaban en el bosque. Aún no habían caído hojas. El suelo estaba seco. La tierra, todavía caliente.
—¿No tienes frío durmiendo ahí fuera? —le preguntó Viri.
—No.
—Bueno, muchas veces echo una siestecita cerca de ahí —confesó Viri—. De día.
—La hierba es preciosa —dijo Mark.
Nedra les sirvió tostadas y mantequilla, higos, té. Se sentó.
—Es como una foto quemada —dijo con calma—. Algunas partes persisten. Las demás se han consumido para siempre.
Viri sonrió levemente. No respondió.
—Hablamos del matrimonio —le dijo ella a Mark.
—Matrimonio...
—¿Nunca piensas en él?
Mark vaciló.
—Sí —contestó finalmente.
—Probablemente no mucho —dijo ella—. Pero en cuanto estés casado verás que piensas mucho en él.
—Buenos días, papá —dijo Franca.
Estaba todavía un poco dormida cuando se sentó con ellos. La saludaron; cálida, ella tenía un aire de animal hembra, su sonrisa lo decía todo, se sentó cómodamente. Su vida le pertenecía, pero estaba estrechamente fundida con aquellas otras vidas: con la sonrisa de gnomo de su padre, con la radiante de su madre. Era como un árbol joven,

discreto, al sol, en un claro, grácil y solitario, pero el musgo sobre la tierra de alrededor, las piedras, las raíces sepultadas, las arboledas lejanas, el bosque, le hablaban y ejercían todavía su influencia sobre ella.

Sobre el mostrador había un cuenco de cristal verde como el mar, lleno de conchas descoloridas como residuos del verano. En la pared había tres fotos clavadas, una encima de otra y cada una de diferentes ojos femeninos. De un viejo marco dorado colgaban unas llaves. Había dibujos de pájaros, hermosos huevos de ónix, una postal enmarcada de Gaudí dirigida a un hombre llamado Francisco Aron.

Hablaban del día que tenían por delante como si sólo compartieran la felicidad. Aquella hora grata, aquella habitación confortable, aquella muerte. Pues todo, de hecho, cada plato y objeto, utensilio, bol, ilustraba algo inexistente; eran fragmentos rescatados del pasado, astillas de una totalidad desvanecida.

Vivimos falsamente entre pruebas de falsedad. ¿Cómo se acumula, cómo acontece? Cuando Viri mencionó a André, cuya presencia comenzaba apenas a sentirse, que no dejaba mensajes telefónicos ni se sentaba todavía a su mesa, Nedra respondió sosegadamente que le parecía una persona interesante.

Estaban solos en la cocina. El otoño presidía el aire.

—¿Cómo de interesante?

—Oh, Viri, ya lo sabes.

—¿Tanto como Jivan?

—No —dijo—. No, para ser sincera.

—Ojalá no me resultara tan perturbador.

—No es tan importante —dijo ella.

—Esas cosas... Estoy seguro de que comprendes que esas cosas, hechas abiertamente...

—¿Sí?

—... pueden causar un efecto profundo en las niñas.

—Bueno, he pensado en eso —admitió ella.

—Pero sin duda no has hecho nada al respecto.

—He hecho muchísimo.

—¡¿Crees que es divertido?! —gritó él.

Se levantó bruscamente, con la cara blanca, y fue a la otra habitación. Ella lo oyó marcar un número de teléfono.

—Viri —dijo, a través de la puerta—, pero ¿no es mejor ser una mujer que sigue su verdadera vida y es feliz y generosa, que una mujer amargada y que es fiel? ¿No te parece?

Él no contestó.

—¿Viri?

—¿Qué? —dijo él—. Me temo que esto me pone enfermo.

—Todo se iguala al final, en realidad.

—¿Sí?

—No cambia tanto las cosas —dijo ella.

7

Danny sucumbió por azar, como un pájaro ante un gato.

Era invierno. Estaba con una amiga. Se encontraron con Juan Prisant en la calle, cerca del Filmore. Él no llevaba abrigo, sólo un tosco jersey blanco. Hacía frío. Los dientes de su boca barbada eran perfectos; se asemejaban a las manos delicadas que traicionan a aristócratas en fuga. Tenía veintitrés años. Desde el primer instante ella estuvo dispuesta a olvidar sus estudios, su perro, su hogar. Él no le prestaba esa clase de atención que los enamorados acostumbran a esperar. Ella se sabía demasiado joven, demasiado clase media; no era lo bastante interesante para él. Llevaba un abrigo que odiaba. Miró a la acera, y a intervalos osaba aventurar una mirada para confirmar la cara cuyo poder la aturdía. Hiciera lo que hiciese, Danny parecía incapaz de recordarla, no podía mirarla mucho tiempo, como frente al sol. Él irradiaba una energía que a ella la asustaba y expulsaba de su mente todos los demás pensamientos.

—¿Quién es? —preguntó después.

—Un amigo de un amigo.

—¿Qué hace?

Eran preguntas impotentes, se avergonzaba de hacerlas.

Él vivía en Fulton Street. A la primera oportunidad, ella hojeó febrilmente la guía telefónica: figuraba su nombre. El corazón le daba brincos locos, no creía en su suerte. Él no estaba más próximo, pero tampoco lo había perdido, sabía dónde estaba.

El amor debe esperar; tiene que romperte los huesos. Ella no lo veía, no concebía por medio de qué coincidencia ocurriría. Al final —no había otra manera— telefoneó con un pretexto. La voz de él sonó desconcertada, fría.

—Nos conocimos cerca del Filmore —dijo ella, torpemente.

—Ah, sí. Tienes un abrigo morado.

Ella se apresuró a denigrarlo. Iba a estar por su barrio ese día y se preguntaba si...

—Sí, muy bien.

Para Danny fue el momento más feliz de su vida.

Se encontraron en un local de la esquina, una sala larga y antigua como las que antaño existían en todas partes de la ciudad, con su suelo gastado de baldosas, el mostrador desierto. Ahora había una cocina al fondo. El aire olía a sopa. Juan estaba sentado a una mesa.

—Llevas el mismo abrigo —dijo él.

Ella asintió. El abrigo odiado.

—¿Quieres tomar algo? —le preguntó—. ¿Una sopa?

No. No podía comer nada, como un perro que ha sido vendido.

—Bueno, ¿qué haces? ¿Trabajas? —preguntó él.

—Estudio.

—¿Para qué?

—No lo sé —dijo ella.

—Vamos.

Era una tarde de invierno, luminosa y fría. Cruzaron una calle ancha, casi una plaza en cuyo centro había gaviotas. Eran gaviotas de cimas de tejados blancos de excrementos.

Caminaron deprisa y después corrieron. Ella trataba de seguirle el paso. Pasaron delante de escaparates sucios, atajaron por solares vacíos donde él encontraba las maderas para su trabajo, la llevaba corriendo, arrastrando a través de los escombros. El suelo estaba sembrado de ladrillos; ella tropezó y cayó. Se le rompió el tacón de un zapato.

—No es nada —dijo Danny. Se llevó en la mano la pieza rota.

Él siguió corriendo, extendiendo la mano hacia ella. Danny renqueaba a su zaga. La llevó a una entrada llena de cristales rotos; las puertas estaban vacías, había un colchón destripado en el suelo y junto a él botellas. Ella subió cojeando la escalera.

Él vivía en una habitación enorme, un almacén de ventanas mugrientas y de suelo de madera astillada. Había alguien más allí, de pie cerca de la estufa.

Ella miró alrededor. En la oscuridad donde la luz no penetraba había estructuras parcialmente ensambladas. Era como un astillero; había martillos, virutas por el suelo. La cama estaba montada sobre cuatro columnas, elevada, próxima a las flores de lis grabadas en el techo de metal. Clavados con chinchetas en la pared, había bocetos, anuncios, fotos.

Ella permaneció en silencio mientras ellos hablaban de trabajo, de estanterías que había que instalar en una galería de la calle Sesenta. Tenían que cubrir toda la longitud de la habitación y estar pintadas de blanco. Ella no miró a ninguno de los dos, que se estaban calentando las manos. Le daba miedo mirar, la sangre le fluía a saltos en los brazos, las rodillas, no se atrevía a mirarle la cara. Él le tendió una taza de algo ligeramente coloreado y aromático. Bebió un sorbo. Té. Él llevaba pantalones de un azul desvaído, y sus zapatos tenían suelas de tacos.

—¿Quieres azúcar? —preguntó.

Ella declinó con la cabeza. Él no se había molestado en presentarla, pero estaba muy cerca de ella mientras hablaba, como para incluirla. Sus miembros desplegaban su autoridad. Ella procuró no pensar en ellos. Se sentía débil, como una enferma. No sabía lo que hacía su propia cara, su cuerpo; estaba demasiado perpleja para acordarse de ellos. Cepillarían los bordes de la madera, estaban diciendo, pero sin eliminar las asperezas de la superficie. Los ladrillos de las paredes estaban enyesados, no podrían usar clavos corrientes. Danny escuchaba sin comprender, como un niño que escucha a los adultos, sabía que ellos eran más sabios, más poderosos que ella.

Finalmente se marchó el otro hombre. Ella no estaba nerviosa, no estaba asustada, simplemente era incapaz de hablar.

—Vamos a acostarnos —dijo él.

Le quitó la taza de la mano y la ayudó a subir a la cama. Era una cama de hombre, sin hacer, con un edredón sucio y sábanas con vetas grises. Ella no sabía qué hacer. Se arrodilló y esperó. Pensaba en las casas construidas sobre pilotes en Tailandia, en Filipinas. El techo estaba apenas a un palmo de su cabeza.

Él se arrodilló a su lado y le acarició el pelo. Ella temblaba bajo sus besos. No había una segunda persona en su interior que se preguntase qué sucedería, qué haría él a continuación; cada parte de su conciencia consentía, forzada. Casi no comprendió lo que él estaba haciendo. Sus brazos se marchitaron, como sin fuerza, cuando él le levantó el vestido. El zapato roto se cayó al suelo. Las manos de él se introducían suavemente por el elástico de las bragas, su cuerpo tenía allí una marca, impresa en rojo en torno a la cintura. Aflora a la luz el maravilloso montículo mudo, con vello aplastado. Él la toca; es como si ella estuviese muerta, no se puede mover. Lo único que recuerda es haber murmurado:

—No he hecho nada.

Juan no respondió. Ella logró repetirlo.

—No te preocupes —dijo él.

Estaba desnudo, su cuerpo abrasaba el de ella. No pudo hacer nada cuando él le separó las piernas.

Cuando todo acabó, Danny se quedó tendida a su lado, ensoñada, satisfecha. Notaba las grietas en las sábanas, debajo, olía que eran viejas. Estaba mojada, temerosa de tocarse. El cuerpo del chico era duro, erizado de músculos. El olor de su pelo, como humo de leña, la mareaba.

No se movió. Lo he hecho, pensó. La luz que filtraban las ventanas era invernal. El aire quemaba como una brasa. Arriba, débil, el sonido de un reactor que cruzaba la ciudad, rumbo a Canadá, Francia.

Él la observó mientras ella se vestía.

—¿Adónde vas?

Danny no pudo continuar. Se sentó medio desnuda, con los brazos expuestos y los pechos llenos, firmes. Estaba tranquila ante su mirada, casi inánime.

—Tengo que irme.

—Oye, quiero hacerte un pedido.

—¿Un pedido?

—Tú repartes, ¿no? Tres litros a la semana, y medio de nata.

—Podría venir el miércoles —dijo ella.

—Vale.

Él le había puesto la vida patas arriba. Danny quiso besarle las manos; no sabía con certeza si él la apreciaba lo bastante para que ella mostrara sus sentimientos. Se sintió avergonzada mientras se vestía. Las ropas le parecían pueriles, artificiales.

8

Es una mañana de verano, los árboles verdes se fustigan entre sí, las hojas suspiran al viento, hay equipaje junto a la puerta. El desayuno fue apresurado; no podían tomárselo con calma.

—¿Tienes el pasaporte, Viri? ¿Tienes los billetes?

Iban por fin a Inglaterra.

Danny los despidió en la puerta y de nuevo en el coche, con las ventanillas bajadas. *Hadji* no estaba contento. Ella lo tenía en brazos.

—¡Dios mío, cúanto pesa!

El animal tenía los ojos nublados por la edad.

—Escríbenos al hotel —le recordó Nedra.

—Lo haré.

—¡Vamos, Viri, llegaremos tarde! —exclamó Nedra.

La mañana abierta a la luz, intacta, se extendía ante ellos como el mar. Se pusieron en marcha, con Franca a bordo para llevar el coche de vuelta. Tenía diecinueve años. Iba a irse de viaje a Vermont.

—Qué pena que no vengas con nosotros —dijo Nedra—. Supongo que no sería tan divertido.

—Ojalá pudiera ir a los dos sitios.

—Viri, no puedo creerlo —dijo Nedra.

—Que vayamos a...

—Por fin.

Él carraspeó y buscó en el espejo la cara de Franca.

—La próxima vez iremos juntos —le dijo.

El automóvil estaba saliéndose de la carretera.

—¡Por el amor de Dios! —gritó Nedra.

—Perdona.

El día era como un río que naciese muy lejos. Poco a poco, alimentado por riachuelos y afluentes, se hacía más ancho, más rápido, hasta que por fin llegaba a una cuenca donde el ruido y la confusión de la multitud se alzaban como niebla.

Los motores habían arrancado; la gran cabina, dando ligeros bandazos, enfilaba hacia el extremo de la pista. Nedra, segura ya de que no había nada interesante que ver por la ventanilla, estaba hojeando las páginas de *Vogue*, mientras Viri miraba una tarjeta que ilustraba las salidas de emergencia del avión. Era como si hubiesen hecho aquel vuelo una docena de veces. Aguardaron un rato en una hilera reluciente de aviones y luego, arrastrando una estela de fragor que incluso dentro resultaba prodigiosa, y en la que hasta los asientos retemblaban, despegaron.

Nedra quería champán.

—¿Tomarás un poco? —preguntó a su marido.

—Por supuesto.

Pasaron seis días en Londres y dos días en Kent, en una casa preciosa, con jardines que bajaban hasta el mar. Había un patio de grava y una verja de hierro. La casa era de ladrillo pintado de color crema y blanco. Era propiedad de Thomas Alba, un amigo de los Troy. Tenía un rostro fuerte, con todas las facciones anchas, cultivado, relajante. Su dicción era lenta y clara.

—Llevamos una vida tranquila, me temo —dijo.

En la casa abundaban las pinturas y grabados. De una parte a otra de las ventanas del estudio había repisas con una colección de tazas de té. Las vistas desde todas las habitaciones eran magníficas, panoramas de campo remoto y ordenado, del mar inglés. Sin embargo, lo mejor de todo era la mujer de Thomas; ella era sin duda la pieza de más valor. Había vivido en Burdeos. Había estado casada antes, como había hecho toda la gente de valía, según afirmaba Nedra.

—¿Esta charla sobre Londres no te da ganas de ir? —preguntó Claire.

—No —contestó Alba, con calma.

—Hace un mes que no pisamos Londres.

—¿Hace ya un mes?

—Por lo menos. Tommy odia Londres —dijo ella.

—Bueno, supongo que antes me gustaba. Ahora prefiero esto.

—¡Oh, las farolas de Londres! ¡Sus orfebres, sus imprentas, sus jugueterías, sus artesanos, el cementerio de St. Paul, Charing Cross, el Strand!

—Vaya mezcla has hecho.

—Es algo así —dijo ella. Tenía una cara maravillosa.

Estaban cenando, era la clase de cena que a Nedra le gustaba dar, no sofisticada, sino una en la que demorarse horas. Las ventanas al jardín estaban abiertas, la fría noche inglesa había entrado en la habitación.

—Me gusta la jardinería —dijo Alba—. Trabajo en nuestro jardín todos los días. Si no lo hago no soy feliz. Soy soportable, pero no feliz. A veces viajamos. Fuimos a Chester, ¿te acuerdas? —le preguntó a Claire—. No me importa viajar de vez en cuando.

—Con tal de que no sea muy lejos.

—En realidad, me gusta visitar los jardines botánicos. A veces alguna ruina bonita. Están muy bien si no hay nadie. Verán, la cosa es que no conduzco. Claire conduce y nos gusta ir despacio. Puede que hagamos cien kilómetros en un día.

—¡En un día! —dijo Nedra.

—Solamente.

—Figúrese.

—Bueno, nos gusta parar —explicó él.

Claire estaba sirviendo café.

—¿Qué clase de vida lleva en América? —preguntó Alba—. ¿Qué hace allí?

—Bueno, tengo mi familia —dijo Nedra.

—Aparte de eso.

—Oh, estudio cosas.

—¿No es extraño? —dijo él.

—¿Qué?

—Que las norteamericanas siempre parecen estar estudiando cosas.

Nedra no protestó. Le gustaba Alba, su franqueza, su pelo descolorido.

—En realidad, hablamos de Norteamérica con frecuencia. Hasta leemos sus periódicos —dijo—. Estoy más o menos obsesionado con la idea de su país, que, en definitiva, ha significado tanto para el mundo entero. Me trastorna mucho ver ahora lo que está sucediendo. Es como una puesta de sol.

—¿Cree que Norteamérica está agonizando? —preguntó Viri.

—Querida, ¿podemos tomar un poco de coñac con el café? —dijo Alba—. ¿Hay coñac?

Ofreció la botella que ella le llevó.

—No creo realmente que los países agonicen —dijo—. Un lugar y una historia tan vastos como los de ustedes no pueden desaparecer, pero sí eclipsarse. Y parece que es lo que está ocurriendo. Quiero decir que las pasiones totalmente ciegas, la falta de moderación... esas cosas son como una fiebre. Bueno, es más que eso. Quizá nos alarme algo que no hemos advertido antes, que siempre ha existido, pero no lo creo. ¿Conocen la historia de la guerra civil española? No me refiero al aspecto militar.

—También nosotros estamos muy preocupados —dijo Viri—. Todo el mundo lo está.

—Lo cierto es que dependemos mucho de ustedes. Ahora somos un país muy pequeño. Se acabó para nosotros.

—No lo creo.

—Nos quedan nuestros recuerdos, por supuesto.

Siguieron charlando sentados. Alba y su mujer estaban el uno al lado del otro. El brazo de ella descansaba en el respaldo del sofá, un brazo largo y hermoso, bien hecho, blanco como hueso. La cara de ambos era igualmente blanca y se recortaba contra la densidad de libros en penumbras, cortinas, ventanas de la noche. Su vida era apacible y bien organizada; no había pasión en ella, al menos no en la superficie, pero había una gran bondad, casi indolencia, como en las fieras cuando están descansando.

—Hacemos nuestras bromitas —dijo Alba—, ¿verdad, Claire?

—De vez en cuando.

Eran hombre y mujer. En aquel momento componían una foto inmejorable; los perales del jardín, la grava del sendero de entrada, los problemas con su hija adulta quedaban en suspenso, en paz bajo la jurisdicción de la pareja.

A Viri lo dejó atónito la imagen —que tan a menudo él había producido en otro— de la vida conyugal en su faceta más pura y generosa. De repente se sentía vulnerable, desvalido. Parecía que no supiese nada, que lo hubiera olvidado todo. Intentó ver máculas en la dicha de sus anfitriones, pero la superficie lo cegaba. Los dedos de Claire no llevaban anillo, la enjuta desnudez de aquellos dedos lo confundía, así como la forma de sus mejillas, sus rodillas. Lo asaltó ese momento de pavor inconfesable en que uno comprende que su vida no es nada.

Nedra también lo vio, pero para ella significaba algo distinto: la prueba de que la vida exigía egoísmo, aislamiento, y de que, incluso en otro país, una perfecta desconocida podía confiárselo con suma claridad, porque estaba segura de que los Alba eran partidarios de una clase de vida sobre todas las demás, y la habían hallado, felizmente juntos. En Portobello Road, en Londres, compró un hermoso frasco de cristal de Lalique, de color heno. Se lo envió a Claire de regalo.

Era verano, el humo azul del tubo de escape de los automóviles teñía la ciudad congestionada. Comían bocadillos de pepino con el té. Cenaban en restaurantes italianos. Visitaron Chelsea y la Tate Gallery. En un barrio de Nueva York desierto a partir de las cinco de la tarde, Danny estaba sentada con su dios. Las calles estaban despobladas. La terrible tristeza de los días fenecidos lo impregnaba todo, pero aquella tristeza no les afectaba, era su escenario vacío. Estaban sentados a una mesa solos, dibujando en una servilleta de papel: inscripciones, una inicial, un nombre. Él dibujó la boca de ella. Ella dibujó la de él. Él dibujó una D compuesta de hojas y vides, un matorral, y, dentro de la D, ella dibujó a los dos, un Adán y una Eva sexuales.

—Me estás halagando.

—Es como lo veo —murmuró ella.

Pasaban caminando por delante de almacenes cerrados y figuras patéticas desplomadas en portales, con las manos sucias y las ropas mugrientas. El cielo estaba exhausto, sangrado por el calor. En su contorno inferior había gaviotas posadas en hileras, y sus patas pisaban tejados blancos como tiza.

La habitación siempre estaba fresca y en penumbra. Despedía un olor salobre, como la bodega de un barco. Él había fabricado una mesa y había pintado la pared junto a la cama. Ella era una muchacha aturdida por el amor. Tenían la misma edad, eran casi iguales. Es difícil de describir la hondura, el silencio, de aquellos días estivales. Ella iba a verlo casi todos los días. Él le daba trabajo con el mayor placer del mundo.

Los padres de Danny cenaron en Marlow, una ciudad a una hora de Londres. El restaurante estaba concurrido. El calor del día remitía por fin. Ocuparon una mesa en el rincón. Al otro lado de las ventanas, embarcaciones de recreo navegaban por el Támesis, estrecho en aquel punto. Leyeron el largo menú. Llegó la camarera. Viri alzó la vista hacia ella. Tenía una cara lozana, incluso pecosa, y grandes ojos azules. Ella no pareció reparar en él, se movía con una concentración profunda, y la mano le temblaba ligeramente mientras colocaba las cucharas con cuidado en la mesa —tenía memorizado cada uno de sus actos— y doblaba ante ellos las servilletas en forma de conos.

—¿Nos toma nota? —preguntó Viri.

Una larga pausa en la que ella continuó su trabajo. Dirigió a Viri una mirada inexpresiva.

—No —dijo.

Se retiró, con su débil sonrisa todavía en los labios. Tenía las piernas bien torneadas y llevaba una falda muy corta. Cerca del dobladillo había una mota de nata batida.

—¿Has visto a esa chica? —preguntó Nedra.

—Sí. Esto promete ser una señora comida.

Al final resultó que ella se limitaba a servir y a escanciar el vino. El jefe de camareros, un extranjero cuya mandíbula tenía una sombra oscura, anotó el pedido. Todas las mesas estaban ocupadas. Había parejas mayores, silenciosas, y chicas con los ojos pintados de un modo extravagante. El intervalo entre platos era largo. Bebieron el vino blanco.

—¿Te has fijado en esta gente? —dijo Viri—. Mira alrededor. ¿No es increíble?

—¿Lo feos que son?

—No se libra ni uno. Si no tienen la nariz larga, tienen mala dentadura. Si no tienen mal los dientes, tienen caspa en el cuello de la camisa. ¿Puedes creer que procedan de la misma arcilla que los Alba? ¿Que sean de la misma raza?

—Me impresionó Alba —dijo Nedra—. ¿Viste sus manos? Tiene manos muy fuertes.

—Es extraño cómo notas de inmediato que ciertas personas son amigas tuyas, ¿no?

—Sí, muy extraño.

La camarera, con lento desconcierto, servía en otras mesas. Cuando se inclinaba se veía lo que había más arriba de las medias. Por fin les llevó el pescado.

—Este viaje ha sido de lo más maravilloso —dijo Nedra—. Ha sido exactamente tal como sabía que sería, he disfrutado cada minuto. Mira el río. Todo es perfecto. Y todas las cosas que hemos visto son sólo una ojeada. Quiero decir que comprendes que Inglaterra tiene muchas cosas; riquezas sin fin. Me encanta esa sensación.

—¿Te gustaría que intentásemos conseguir entradas para el Teatro Nacional mañana por la noche?

—No creo que podamos.

—Podemos intentarlo.

—No, creo que no. De todos modos, es nuestra última noche aquí y no quiero pasarla en el teatro.

—Tienes razón, supongo.

—Quiero solamente agradecerte este viaje fantástico.

—Lamento que no lo hiciéramos hace mucho tiempo. Siempre quisimos hacerlo.

—Me alegro de no haberlo hecho. Piensa que ahora es mucho mejor. Es como abrir una puerta en tu vida. —Bebió un sorbo de vino—. Y eso solamente ocurre cuando llega el momento. Bueno, hay algo que he decidido definitivamente...

—¿Sí?

—No quiero volver a nuestra antigua vida.

Lo dijo como de pasada. La camarera estaba tratando de escanciar más vino, pero la botella estaba vacía. Miró el cuello un momento, sin comprenderlo, y luego la puso boca abajo en el cubo de hielo.

—¿Quieren más vino? —preguntó.

—Uf, no, gracias —dijo Viri.

Comieron en silencio. El río estaba plano e inmóvil.

—¿Desean que les muestre la bandeja de postres? —recitó la chica.

—¿Nedra?

—No.

Después cruzaron caminando el puente hacia la pequeña ciudad de mercado donde vivió un tiempo Shelley. La blancura del día perduraba en los cielos. Las tiendas estaban cerradas.

Se detuvieron en las cercanías de la iglesia.

—Dicen que en la capilla está la mano de san Jaime —dijo Viri.

—¿La mano auténtica?

—Sí. Una reliquia.

Viri seguía trastornado por las palabras de Nedra; no había estado preparado para oírlas. De pronto sintió terror, en el calor del verano, en el silencio del pueblo con sus casas oscuras.

Estaba alcanzando, se encontraba al borde de esa edad en que el mundo se torna súbitamente más hermoso, en que se revela de un modo especial, en cada detalle, techo y pared, en las hojas de árboles que se agitan levemente antes de una lluvia. El mundo se abría como para conceder, ahora que la vida se acortaba, una larga mirada apasionada, y todo lo que había sido denegado sería otorgado finalmente.

En aquel momento en que estaban en el frondoso cementerio, evocador de ingleses convertidos en polvo, de ceremonia murmurada, tuvo una visión nauseabunda de lo que podían depararle los años: el restaurante archiconocido, un pequeño apartamento, noches vacías. No sería capaz de afrontarlo.

—¿Qué entiendes por nuestra antigua vida? —preguntó.

—Mira esta lápida —dijo Nedra. Estaba leyendo una fina placa erosionada, llena de palabras—. Viri, tú sabes lo que quiero decir. Es una de las cosas que más me gustan de ti. Sabes lo que quiero decir en todos los casos.

—En éste no estoy seguro —contestó él, titubeante.

—No te preocupes de eso ahora —dijo ella, tranquilizadora.

—Ha sido como un golpe. Una sorpresa enorme.

—No, no ha sido una sorpresa.

—Cuando dices nuestra antigua vida, no sé exactamente qué pensar. Nuestra vida ha ido cambiando constantemente.

—¿Tú crees?

—Pero si tú lo sabes, Nedra. Con el paso del tiempo, siempre ha cobrado una forma que más o menos nos satisface, nos permite estar a gusto. No es igual que cuando empezamos.

—No, no lo es.

—Entonces ¿de qué hablas?

Ella no respondió.

—Nedra.

Ella se volvió hacia el puente.

—Hablaremos de esto en su momento —dijo.

Regresaron al anochecer. El río dormía debajo de ellos. Apenas había ya embarcaciones.

Durmieron en Brown's, y la medianoche fue por fin fría, y envolvía la ciudad únicamente el sonido de un avión que pasaba. Se bañaron y se desvistieron en las habitaciones confortables creadas por un pueblo que ama la caza, que conoce al dedillo las normas de conducta, es lacónico en sus conversaciones personales y victorioso en público. Durmieron en camas separadas, blandas, contiguas, como monarcas de reinos distintos.

Ella le escribió a André:

> No hemos paseado por Hyde Park, que es una de las cosas que me dijiste que te gustaría hacer cuando me enseñaras Londres. Claro que no ha sido difícil evitar el parque, pues hay tantas cosas que ver... Es una ciudad tan grande que es imposible agotarla.
>
> Recorro estas calles maravillosas, pienso en tu cara y en lo que te quiero, en esas cosas que tú dices y que de alguna manera son todas las cosas. Pienso en ti a menudo y de una forma que te dejo imaginar. Por algún motivo aquí me siento muy próxima a ti, y no soy realmente infeliz porque estemos separados. Por tu causa no puede llegarme ninguna desdicha, ése es el sol que me has introducido (el único hijo, espero). Te añoro, te ansío, te veo en todas partes.
>
> Lo estamos pasando de maravilla. Hablamos de edificios, los rastreamos. Soy como la mujer de un coleccionista de bichos. Estamos en esta isla extraordinaria de bosques, conciertos, restaurantes... y todo son bichos. Pero siempre he creído —sé que es cierto— que cada rama principal te lleva derecho al tronco. Si conoces algo por entero, ese algo lo toca todo. Pero, por supuesto, tienes que conocerlo.
>
> Te amo muchísimo hoy. Te abrazo con todo mi corazón.

CUARTA PARTE

1

Se divorciaron en otoño. Yo hubiera deseado que no sucediera. La claridad de aquellos días otoñales les afectó a los dos. Para Nedra, fue como si por fin se le hubiesen abierto los ojos; lo veía todo, la embargaba una gran fuerza pausada. Hacía todavía calor suficiente para sentarse fuera. Viri paseaba acompañado por el viejo perro. La hierba que se marchitaba, los árboles, la luz misma lo mareaban, como si fuera un inválido o estuviese desnutrido. Captaba el aroma de su propia vida transcurriendo. Durante todos los trámites, vivieron como siempre, como si nada ocurriese.

El juez que dictó el fallo definitivo pronunció mal el nombre de ella. Era alto y decrépito, y se le veían los poros en las mejillas. Leyó mal varias cosas; nadie lo corrigió.

Era noviembre. Su última noche juntos escucharon música —Mendelssohn— como un compositor moribundo y su esposa. Bellos sonidos llenaban la habitación en paz. Ardían los últimos troncos.

—¿Te apetece un *ouzo*? —preguntó ella.

—Creo que no queda.

—¿Lo hemos acabado?

—Hace tiempo.

Ella calzaba zapatillas y llevaba pantalones de terciopelo marrón. En la muñeca lucía pulseras de plata y bambú, y tenía el pelo suelto. Partía para emprender una nueva vida, aunque tenía cuarenta años. Utilizaba la cifra cuarenta, pero en realidad tenía cuarenta y uno. Era infeliz. Estaba contenta. Haría yoga, leería, se sosegaría a sí misma como se sosiega a un gato. «Los monos respiran treinta, treinta y dos veces por minuto, los monos viven veinte años. Las ranas respiran, dos, tres veces por minuto, en invierno se meten debajo del barro, viven doscientos años.»

—Eso es un disparate —había dicho Viri—. Las ranas no viven doscientos años.

—Él está pensando en otra cosa.

—Serían tan grandes como nosotros.

Nedra tendría dificultades, por supuesto, pero no las temía. Miraba con confianza el futuro. Quizá —tantos pensamientos e ideas se le ocurrían, la mayoría breves— hasta lograse, a la larga, una especie de entendimiento nuevo y más sincero con Viri; su amistad cobraría hondura, por fin libre de trabas. En cualquier caso, podía imaginárselo, al igual que muchas otras cosas. Se alejaba de todo lo que ya no era útil; se aprestaba a encarar lo que viniera.

Al día siguiente partió hacia Europa. El coche estaba parado delante de la casa al final de la tarde. De lejos parecía otra partida más, una de las miles que la habían precedido.

—Bueno, adiós —dijo ella.

Puso el motor en marcha. Encendió la radio y partió rápidamente. La carretera estaba vacía. Las luces de las casas vecinas estaban encendidas. En la oscuridad temprana, rebasó la fantasmal valla blanca del campo donde Leslie Dahlander había montado su poni. El silencio de aquel prado le dijo adiós de una forma distinta a todo lo demás. Era solemne, silencioso, como el emplazamiento de un barco hundido. El poni vivía todavía. Había zozobrado; estaba en un campo más allá de la casa. Y entonces se echó a llorar sin inclinar la cabeza, lágrimas que le mojaban la cara por la muerte de la hija de otros cuando empezaba el noticiario de las seis.

Viri se quedó en la casa. Cada objeto, incluso los que habían sido de ella, que él nunca tocaba, parecía compartir su pérdida. Estaba de repente desgajado de su propia vida. Aquella presencia, amorosa o no, que llena las habitaciones vacías, las suaviza, las aligera, aquella presencia había desaparecido. La simple avaricia que nos hace aferrarnos a una mujer lo dejaba de pronto desesperado y atónito. Un espacio fatal se había abierto, como el que separa a un buque del muelle y que de improviso es demasiado ancho para salvarlo de un salto; todo sigue presente, visible, pero no es posible recobrarlo.

—Quizá deberíamos salir a cenar —le dijo a Danny.

Apenas hablaron. Cenaron en silencio, como viajeros. Cuando volvieron a la casa, estaba iluminada y vacía como un hotel de las afueras, abierto pero perdido.

—Hola, *Hadji* —dijo él—. Te hemos traído algo rico de comer. Pobre *Hadji*, tu madre se ha ido.

Sostuvo al perro en sus brazos. Apoyaba el hocico gris contra su pecho, le colgaban las patas rígidas. Danny estaba cortando en tiras el filete que le habían llevado.

—No te preocupes, *Hadji* —dijo Viri—. Te cuidaremos. Seguiremos encendiendo el fuego. Cuando nieve bajaremos al río.

—Toma, papá.

Danny le tendió el plato; estaba llorando.

—Pobre Danny.

—Estoy bien. Sólo que todavía no me he hecho a la idea.

—No, claro que no.

—Voy arriba.

—Encenderé el fuego —dijo él—. Quizá quieras bajar dentro de un rato.

—Sí, quizá —dijo ella.

Era como su madre, provisional, discreta. Tenía una figura más compacta que Nedra y una boca algo cruel, de labios blandos, complacientes consigo mismos, y sonrisa irresistible, taimada. Su cara tenía la resignación huraña de chicas que examinan objetos en los que no ven utilidad, chicas traicionadas por las circunstancias, obligadas a trabajar los domingos, chicas en burdeles extranjeros. Era una cara adorable.

2

Aquel invierno Nedra estuvo en Davos, del que le habían dicho erróneamente que era un lugar interesante. Era opresivo incluso cuando estaba cubierto de nieve. El sol, sin embargo, deslumbraba. El aire, diáfano como agua de manantial, inundaba la habitación.

Un día, a la hora del almuerzo, le presentaron a un hombre llamado Harry Pall.

—¿Dónde vive, en París? —le preguntó él.

—No lo he decidido todavía.

—Parece de París —dijo él.

Se sirvió vino generosamente y luego hizo un gesto con la botella hacia Nedra.

—Lo probaré encantada —dijo ella.

Harry tenía el pelo rizado y los ojos de un azul apagado. Tenía cincuenta años, un torso corpulento y un rostro que la edad deshacía como papel mojado. Dominaba la mesa con su vigor y su voz, y no obstante había algo en él que la conmovió al momento. Tenía cierto parecido con Arnaud. Era como el superviviente maltrecho de una misma familia, el hermano mayor que moriría sin dolor, cordialmente, bromeando, y que dejaría cien dólares para la enfermera. Sus manos eran como garras. Era el último de los osos, o eso parecía. Vino, anécdotas, amigos; era un hombre inmerso, totalmente vestido, en la corriente de los días.

—No quiero dejar nada —confesó. No a su ex mujer, desde luego—. Ella lo tiene todo, salvo el número de teléfono de casa de mi abogado. —Con su hijo era distinto. Le dejaría algunas amantes—. Como hizo Dumas. —Se rió—. ¿Seguro que no es usted de París?

—¿Por qué de París?

—Es usted alta, como una modelo de Dior.

—No.

—Una ex modelo de Dior. Hay un momento en la vida en que todo se vuelve ex: ex atleta, ex presidente, expatriado. —La comida se le escurría del tenedor. La recuperaba. Comía sin parar—. ¿Dónde se hospeda?

Ella dijo el hotel.

—¿En Davos? —exclamó él—. Una ciudad horrible. Ya sabe que es donde transcurre *La montaña mágica*. ¿Dónde piensa cenar? La llevaré al Chesa, es mi lugar favorito en Europa. ¿Conoce el Chesa? Vendré a buscarla a las siete.

Se levantó bruscamente y pagó la cuenta entre gritos de amigos a los que no hizo caso, saludó con la mano y se fue. Ella lo vio ponerse los esquís, con la cara colorada por el esfuerzo. Tenía un rostro extraordinario en el que todo estaba escrito, arrugado y áspero como la corteza de un árbol. La copa de la que había bebido estaba vacía, y su servilleta tirada en el suelo. Cuando ella volvió a mirar, él ya se había ido.

Volvió a su hotel al atardecer. No había cartas. Una estirpe de personas calladas leía los periódicos de Zúrich y del sur de Alemania. Pidió que le subieran un té a su habitación. Tomó un baño caliente. El frío del entorno, que formaba parte de la gloria del día, comenzaba a abandonarla en oleadas febriles, y lo reemplazó una sensación de bienestar, de placer corporal. Luego, como después de todos los placeres intensos, se sintió deshecha. Había anochecido. Se había extinguido la luz postrera y fría. La asaltó una desorientación imprecisa, un sentimiento de inexistencia. Las golondrinas trinaban sobre los tejados manchados de Roma. El mar rompía en una playa gris como pizarra de Amagansett. Fuerzas terrestres la transportaban a lugares lejanos. No lograba remontarse al presente, a una hora tan vacía como la que precede a una tormenta.

La habitación tenía la desnudez de las mesas en restaurantes cerrados. Era una habitación de inválida, fría, con las alfombras raídas. Era un cuarto donde los objetos, aislados, comenzaban a irradiar absurdidad. Un libro, una cuchara, un cepillo de dientes, parecían tan extraños como un sofá en la nieve. Ella había vestido aquel espacio yermo con sus ropas, barras de labios, gafas de sol, cinturones, mapas de los remontes de esquí, pero nada había hecho mella en la frialdad. Sólo en la primera y clara luz de la mañana se sentía segura, o cuando había tormenta.

Se pintó los ojos ante el espejo. Se examinó, girando lentamente la cabeza de un lado a otro. No quería envejecer. Estaba leyendo a Madame de Staël. La valentía de vivir cuando habían pasado los mejores tiempos. Sí, allí estaba, pero todavía no conseguía pensar en ella sin confusión. Las habitaciones de hotel en que uno está solo, en que el teléfono permanece en silencio y las voces de la calle son como ráfagas de música: eran ésas las cosas que ya había decidido que no soportaría. Conservaba los dientes, conservaba los ojos. Bebe, son las últimas gotas, se dijo.

Retrocedió. ¿Cómo recrear a la joven alta cuya risa hacía que la gente girase la cabeza, cuya sonrisa deslumbrante caía en las reuniones como dinero en mesas de restaurantes, nieve sobre casas de campo, la mañana en el mar? Cogió sus adminículos, su lápiz de ojos, la crema de pepino, la barra de labios del color de la cola de pescado... Finalmente se dio por satisfecha. Bajo determinada luz, con el trasfondo correcto, la ropa adecuada, un abrigo bonito... sí, y tenía su sonrisa, era lo unico que le quedaba de los primeros tiempos, era suya, la tendría siempre, al igual que recordamos siempre cómo nadar.

Él llegó a la puerta inesperadamente con una botella de champán.

—La he tenido en hielo durante semanas —dijo—, a la espera de una ocasión...

El champán se vertió sobre su mano cuando abrió la botella, y cayó al suelo con un reguero largo y espumoso. Él no le prestó atención. Olió los vasos en el cuarto de baño: estaban limpios.

—Está casada —anunció.

—No.

—Ha estado casada. —Le tendió un vaso—. Lo veo. Las mujeres se secan si viven solas. No creo que haga falta explicarlo. Es demostrable. Aunque el matrimonio no sea bueno, las salva de deshidratarse. Son como las moscas de la fruta en el vino de Franklin. ¿Conoce esa historia? Increíble. Una de las historias más grandes de todos los tiempos... Es decir, aunque la conozcas te asombra lo mismo, nunca te decepciona, es como un truco. Y yo creo a Franklin: fue nuestro último y honesto gran hombre. Bueno, quizá Walt Whitman. No, olvidemos a Whitman.

Bebió un largo trago de champán.

—Es como la juventud —dijo—. No hay nada más dulce, aunque apenas la recuerdo. Bueno, recuerdo algunas cosas. Ciertas casas donde viví. Las clases de latín. Creo que ya no se estudia latín. Es como un traje que se ha planchado demasiado, del que no quedan nada más que las manchas.

»Las moscas —escuche esto—, las moscas se habían ahogado dentro del vino, estaban en el fondo de la botella con un pequeño sedimento, la suciedad que te dice que las cosas son reales. Eso es lo que falta en la vida en Estados Unidos, el sedimento. Resumiendo, Franklin vio aquellas moscas ahogadas que eran moscas de la fruta, siempre revoloteando sobre melocotones y peras, y las puso a secar al sol encima de una bandeja. ¿Sabe lo que ocurrió?

—No.

—Revivieron.

—¿Cómo es posible?

—Le he dicho que era increíble. El vino procedía directamente de Francia. Tenía por lo menos un año. Puede decir que es el poder del vino francés, pero la historia es verídica. Así que ése es mi plan. Si funciona con moscas, ¿por qué no con primates?

—Bueno...

—¿Bueno qué?

—Se ha intentado muchas veces —dijo ella.

Cenaron en una buena mesa, él se sentía claramente a sus anchas, había flores, las copas de vino eran grandes. El joven encargado, con cuello alto y pantalones de rayas, se acercó a hablarles.

—¿Cómo está usted, señor Pall? —dijo.

—Tráiganos una botella de Dôle —le dijo Pall.

Crepitar de fuego. Vino seco suizo. Desapareció rápidamente dentro de las copas.

—Entonces, ¿qué planes tiene? —preguntó él—. ¿No se queda en Davos? Debería venir aquí. Es muy confortable. Hablaré con el dueño; veré si puedo conseguirle una habitación.

—Me encanta el restaurante.

—Delo por hecho. Éste es su lugar. ¿Le gusta el vino?

—Delicioso.

—No bebe usted mucho —dijo él—. Economiza mucho sus actos. Admiro eso. Hábleme de su vida.

—¿De cuál?

—Tiene muchas, ¿eh?

—Sólo dos —dijo ella.

—¿Va a pasar el invierno aquí?

—No lo sé. Depende.

—Naturalmente —dijo Pall. Bebió un poco de vino. Había encargado la cena sin mirar el menú—. Naturalmente. Bueno, tengo amigos aquí que debería conocer. Antes tenía muchos, pero con el divorcio se divide todo, y mi mujer se llevó la mitad al marcharse... algunos de los mejores, por desgracia. En realidad eran suyos, de todos modos. Siempre me gustaron sus amistades. Ése fue uno de los problemas. —Se rió—. Un par de ellas me gustaban un poco demasiado.

Pidió más vino.

—El mejor amigo que he tenido nunca... usted no habrá oído hablar de él, es un escritor que se llama Gordon Eddy. ¿Lo conoce?

—No.

—Eso pensaba. Un tipo fantástico.

Gotas de saliva le perlaban las comisuras de la boca. Había desenvoltura en sus movimientos, gesticulaba libremente con las manos. Sólido, generoso, práctico, era todo casco; no tenía quilla. Su timón era pequeño, su brújula, errática.

—Fue el amigo de mi vida. Sólo se tiene un amigo así, no puede haber dos. No tenía dinero; hablo de un período determinado después de la guerra. Vivía con nosotros. Le daba algún dinero y lo perdía inmediatamente en el casino. Volvía con chicas que se quedaban un par de días. Naturalmente, a mi mujer él no le gustaba: lo de las chicas, y que dejara por ahí ceniza de cigarrillos y que bajara con la bragueta abierta. Dice que lo que mejor recuerda de Francia es la bragueta abierta de Gordon. Así que al final dijo que o se iba él o se marchaba ella. Yo debería haber dicho, muy bien, vete tú. Por entonces yo no sabía nada.

Servían la cena en grandes bandejas calientes: filete en rodajas y *rosti*, frambuesas con nata de postre. Él estaba vaciando la segunda botella de vino. Fuera hacía frío, las callejuelas estaban oscuras, la nieve crujía bajo los pies. Tenía los ojos vidriosos. Era como un boxeador sonado que espera en su rincón. Todavía era capaz de sonreír y hablar, su presión sobre la vida no había aflojado, pero estaba consumido. Cuando la gente se paraba a hablar con él, no se levantaba, no podía hacerlo, pero recordaba el nombre de Nedra.

—Vamos a tomar un brandy —dijo. Llamó a la camarera—. Rémy Martin. *Zwei*. Rémy Martin es bueno —le aconsejó a Nedra—. Martell es bueno, pero conozco a Martell. Personalmente. Ya es suficientemente rico.

—Parece que conoce a mucha gente. ¿A qué se dedica?

—Soy rentista. Antes era banquero, pero me retiré. Ahora me divierto un poco. No tengo ninguna responsabilidad. Puedo hacerlo todo por teléfono. Me he librado de todos mis problemas.

—¿Como qué?

—Pues todos —dijo—. Estoy pensando en irme a la India.

—Me encantaría ir a la India. He estudiado con indios.

—Apuesto a que no sabe una palabra de eso.

—¿De la India?

—¿Ha estado alguna vez?

—No.

—Bueno, eso es lo malo —dijo él—. Usted estudia, pero la India es distinto.

—Probablemente hay más de una India.

—Más de una India... no, sólo hay una. Sólo hay un Chesa, una Nedra y un Harry Pall. Ojalá hubiese otro, con dos hígados.

—¿Ha estado en Túnez?

—Nunca tenga trato con los árabes.

—¿Por qué?

—Usted créame. Créame —murmuró—. No debe preocuparse, no es usted tan joven, les tiene sin cuidado hasta si es joven o no. Son gente enferma.

—Terriblemente pobres.

—No son tan pobres. Yo sí que lo fui. Mire, haga lo que quiera, ellos siempre han sido así, no van a cambiar. Puedes darles escuelas, maestros, libros, pero ¿cómo evita que se coman las páginas?

Pidió que le llevaran la cuenta y firmó con un garabato ilegible.

—¡Carlo! —llamó.

—Sí, señor Pall.

—Carlo —se puso en pie—, ¿podrá organizar que lleven a la señora... Berland —recordó finalmente— a Davos? —Se volvió hacia ella—. Nos veremos mañana allí arriba para almorzar juntos —dijo—. Estoy demasiado borracho para atenderla ahora.

Su mirada reparó en la copa de brandy. Lo apuró como si fuese una medicina. Pareció revivirlo, le infundió una súbita y falsa ráfaga de compostura.

—Buenas noches, Nedra —dijo, muy nítidamente, y salió de la sala con paso firme y hondamente preocupado, como si lo ensayara. Se cayó en los escalones de la entrada.

—¿Llamo a un taxi? —le preguntó el camarero jefe.

—Dentro de unos minutos —dijo ella.

Se sentía segura, con una especie de dicha pagana. Era de nuevo una criatura elegante, sola, admirada. Tomó una copa en el bar con amigos de Harry. Habría de conocer a muchos otros. Era el comienzo del triunfo al que le daba derecho su habitación desnuda en el Bellevue, del mismo modo que un aula da derecho a encuentros deslumbrantes, a noches de amor.

3

Franca trabajaba en una editorial, era un trabajo de verano. Contestaba al teléfono y decía: «Oficina de la señorita Habeeb.»

Mecanografiaba y recibía mensajes. Iba a verla gente, es decir, empleados, chicos de la sala de correo, editores jóvenes que pasaban por allí. Era la muchacha por quien, de repente, toda la empresa existía. Tenía veinte años. Tenía el cabello largo y moreno peinado con raya en medio y, como a veces ocurre con mujeres bellísimas, poseía ciertos rasgos levemente viriles. Cuántas veces nos deja pasmados una chica que corre velozmente, una espalda esbelta como la de un joven campesino, o un brazo de chico. En su caso eran las cejas rectas y oscuras y las manos como las de su madre: largas, diestras, pálidas. Su rostro era claro, casi podía decirse que radiante. No era como las demás. Sonreía, hacía amistades, al atardecer desaparecía. Lo sagrado es siempre remoto.

Fuera las calles ardían, el aire era pesado como planchas de hierro. Una ciudad sin un solo árbol, sin una fuente verde, hasta los ríos eran invisibles desde allí dentro, incluso el cielo. A ella eso le resultaba emocionante, las multitudes, sus voces, las cabezas que se volvían cuando ella pasaba. Hablaba con los escritores que iban a la editorial y les ofrecía té. Nile era uno de ellos.

Vestía como un hombre recién excarcelado; como dos hombres, de hecho, puesto que nada combinaba. La camisa era de una tienda de excedentes, llevaba la corbata floja. Tenía la confianza, los labios agrietados de quien ha determinado vivir sin dinero. Era un hombre que fracasaría en cualquier entrevista.

—¿Cómo conseguiste este trabajo? —preguntó él. Había cogido un libro y estaba pasando las páginas.

—¿Cómo? Pues presenté una solicitud.

—Una solicitud —dijo él—. Curioso, cuando te presentas... —La voz se le apagaba—. Suelen hacerte un montón de preguntas. ¿Tuviste que pasar por eso?

—No.

—Por supuesto que no.

—Estoy segura de que tú puedes responder a todas.

—No es tan fácil —dijo él—. O sea, nunca sabes adónde quieren ir a parar. Te preguntan: ¿Le gusta la música? ¿Qué clase de música? Bueno, me gusta Beethoven, Mozart. Beethoven, uy, uy. Mozart. ¿Y leer, le gusta leer? ¿Qué libros lee? Shakespeare. Ah, te dice él, Shakespeare. Y apunta algo que no puedes ver, porque la tapa de la carpeta está levantada: «Habla sólo de muertos.» —Pasaba las páginas como si buscara algo—. ¿Te sabes el del caníbal?

—No.

—Le dice a su madre: «No me gustan los misioneros.» Ella dice: «Pues entonces, cariño, cómete sólo la verdura.» —Pasó más páginas—. ¿Éste es uno de tus libros? ¿Lo has publicado tú?

Ella lo miró para comprobarlo.

—No tiene ni pies ni cabeza —continuó él—. Mira, esto es una conversación que tuve con un amigo, no es una broma. Hablábamos de una pareja que había tenido un hijo. Él dijo: «¿Cómo van a llamarlo?» Yo dije: «Carson.» «Carson», dijo él, «¿es niño o niña?» «Niño», dije yo. «Ah, es interesante», dijo él, «así que le han puesto Carson...»

Bueno, ya te he dicho que no era una broma. Es sólo un... ¿Tú qué crees que está ocurriendo? —Se interrumpió—. Me invade un gran impulso de hablar contigo.

Era inteligente e indeciso. En aquel momento le publicaban sus relatos en *Transatlantic Review*. Era hijo de una mujer que trabajaba de psicóloga y que estaba divorciada desde que él tenía tres años. No se hacía ilusiones con su hijo: lo que más le asustaba a Nile era triunfar, pero había que conocerle muy bien para percatarse de ello. La impresión que daba era de debilidad, una debilidad voluntaria, como ciertas enfermedades imprecisas. Pero al cabo de un tiempo esas dolencias pedían a gritos que las legitimasen, insistían en que las trataran como un estado natural, se fundían con quien las sufría.

Sabía de todo: tenía vastos conocimientos. Era como un estudiante irreverente que aprueba todos los exámenes. Tenía ojos oscuros, del castaño barroso de los negros. Llevaba los puños sucios. Muchas de sus frases comenzaban por un nombre propio.

—Gödel enseñaba en Princeton —dijo—. Un día recorría el pasillo, enfrascado en sus pensamientos, cuando pasó un estudiante y dijo: «Buenos días, doctor Gödel» Gödel levantó la vista de pronto y dijo: «¡Gödel! ¡Eso es!»

La primera vez que comieron juntos, mientras la interrogaba pausadamente, supo que ella tenía una casa en el campo.

—Ah —dijo—. Lo sabía. Sabía que tenías una casa así.

—¿Por qué lo dices?

—Me lo imaginaba. Es una casa grande, ¿verdad? ¿Dónde está? ¿Cerca del río?

—Sí.

—Muy cerca —conjeturó.

—Bastante.

—Tan cerca, de hecho, como cabe esperar que esté una casa así.

—Sí —dijo ella—. Tan cerca.

Él estaba eufórico.

—Hay árboles.

—Repletos de pájaros —dijo ella.

—¡Eso no tiene sentido! —exclamó él.

—¿Por qué?

—Tu vida —dijo Nile—. Porque no hay dolor en ella. A fin de cuentas, ¿qué es la vida sin un poco de tristeza ocasional? ¿Me la enseñarás? —preguntó—. ¿Me llevarás a verla?

Ella pensó en la casa. De improviso, aunque se había criado en ella y la conocía en cada estación, anheló volver a verla, al igual que se ansía tener en las manos un libro concreto del que, sin embargo, se conoce cada frase, al igual que se anhela una música o amigos. De golpe, aquella casa amada, a través de las palabras de un extraño, volvía a ocupar su pensamiento y a entrar en su vida, que se había vuelto más fortuita, rozada por otras como kelp en el océano, en la ciudad que era la gran e inexplicable estrella hacia la cual siempre había mirado su zona residencial de las afueras, con sus tejados y sus días apacibles. Era repentinamente inextirpable, como los antiguos cementerios en el corazón de la ciudad.

Había habido muchos cambios. Su madre se había ido. La casa proseguía su existencia sin ella de igual manera que existen las ropas, las fotos, las sortijas en dedos que no las merecen. La vivienda formaba parte de aquellos recuerdos, los albergaba, les infundía aliento.

—Sí, te llevaré —dijo ella.

Condujo Nile. El sol le blanqueaba la cara. Ella podía examinar su perfil mientras él miraba hacia delante.

—¿Estamos en la carretera correcta? —preguntó.

—Sí.

Tenía la piel pálida. Se le abrían las puntas de su pelo despeinado. Le raleaba también, cosa que a ella, por alguna razón, la complacía, como si hubiese estado enfermo y lo viera recobrar las fuerzas.

A ochocientos metros de la casa, súbitamente, la perturbó ver la tierra excavada. Estaban construyendo apartamentos, se perfilaba claramente la forma de cimientos enormes, las excavadoras amarillas estaban abandonadas al final de la tarde.

—Oh, Dios mío —dijo ella.

—¿Qué?

—Mira lo que están haciendo.

Los árboles, las pocas casas antiguas habían sido derribados, y sólo quedaba tierra desnuda y removida. Estuvo a punto de llorar. De algún modo aquello no podría haber sucedido si Nedra hubiese estado presente, no porque lo hubiera evitado, sino porque su partida, en un sentido, fue el toque de difuntos. Los sucesos requieren una invitación, las disoluciones necesitan un comienzo.

La sombra del cambio lo envolvía todo. La primera visión de la casa, desde un recodo de la carretera que ella conocía bien —las chimeneas por encima de los árboles, la silueta del tejado— le infundió un sentimiento de tristeza, como si aquello estuviera condenado. Parecía vacía, parecía inmóvil. Se habían esfumado los conejos, que huían perseguidos por *Hadji*: ¿de veras habían huido?; viraban tan rápido, brincaban, se perdían de vista.

Aparcaron en el camino de entrada. Eran más de las cinco. No había nadie. Nile miraba la casa, los árboles, los bancales de césped.

—¿Aquí te criaste?

—Sí.

—No me extraña —dijo él.

Caminaron hasta el establo del poni; todavía había briznas de paja esparcidas. Se sentaron en el invernadero, con su suelo de gravilla. El sol incendiaba el ventanal. Ella fue a buscar vino.

—¿Cómo conseguiste sobreponerte a todo esto? —preguntó él.

—No lo sé.

—Es un misterio. Qué vida has tenido. Tan superior. Podría mencionar una docena de cosas, pero es algo patente. —Hablaba sinceramente. Le olía un poco el aliento.

—*Laurence* vivía aquí —dijo ella.

—*Laurence...*

—Un conejo.

La luz del sol caía como címbalos sobre las planicies de hierba. En el aire inmóvil, un tenue aroma de vino. El recuerdo lejano del conejo —su negrura, sus largos dientes de roedor— parecía inundarla como un arrebol.

—¿Has conocido alguna vez conejos? —preguntó.

—A temporadas —dijo él—. No parece que exista una pauta. Una vez trabajé en un laboratorio. Allí había una liebre grande, belga, que se llamaba *Judy*. ¡Y cómo mordía!

—Sí, muerden.

—Tenía que ponerme el abrigo.

—*Laurence* también mordía.

—Todo muerde —dijo él—. ¿Qué fue de *Laurence*?

—Murió. Era invierno. Fue muy triste. Ya sabes cómo uno quiere ayudar a los animales cuando están enfermos. Lo metimos en una cama de paja y lo tapamos, pero a la mañana siguiente ya no estaba.

—¿Se escapó?

—Estaba en un rincón, como si se hubiese caído. Tenía los ojos abiertos, pero estaba ya tieso, como si fuese de alambre. Lo enterramos en el jardín. Era más grande de lo que pensábamos y tuvimos que agrandar cada vez más el agujero. Tenía todavía la piel caliente. Le eché la tierra encima con las manos. Lloraba, todos estábamos llorando, y yo dije: «Oh, Dios, acepta a Tu conejo...»

Había llorado en el jardín, en el frío. Habían empezado a esculpir una piedra gris y lisa que habían encontrado, pero nunca la acabaron; seguía allí, escondida entre la maleza. LAU...

—Tu hermana... ¿cómo has dicho que se llama?

—Se ha cambiado de nombre.

—¿Cómo?

—Pues que se llama Danny, pero se lo ha cambiado por Karen.

—¿Karen?

—Es una larga historia. Vive con alguien que piensa que debería llamarse Karen.

—Ya.

—Bueno... —Franca se encogió de hombros—. Eso no es todo. Algo sin importancia. Se ha perforado las orejas por él.

—Ya.

—Cualquier cosa que él diga...

Nile asintió como si comprendiera. Le deslumbraba aquella imagen de inmolación, los actos de aquella hermana lo maravillaban. No lograba imaginárselos, estaba desconcertado, como por la luz. Cuanto más intensamente necesitas saber, más difícil es preguntar. Quería decir algo. La adolescencia de aquellas chicas había transcurrido en aquellos cuartos que ahora veía encima de su cabeza, en aquellos pasillos, ventanas con cortinas. Lo atormentaban preguntas a ese respecto; todo lo que él conocía no valía nada comparado con aquello.

—Ya —murmuró.

4

Moscas muertas en los alféizares de ventanas soleadas, hierbajos a lo largo del sendero, la cocina vacía. La casa estaba melancólica, engañosa; era como una catedral donde, en medio de la serenidad, hay algo falso, los santos están hechos con cera de florista, el órgano ha sido desventrado.

Viri no tenía ánimos para remediarlo. Vivía allí impotente, como habitamos nuestro cuerpo cuando somos más viejos. Alma seguía yendo tres veces por semana para limpiar y desempolvar. Le dejaba cuarenta dólares en un sobre todos los viernes, pero rara vez la veía. Era como si hubiese acontecido algo horrible: la ceguera o la pérdida de un miembro, algo irreparable. No había compasión que lo superase, distracción que lo mitigara.

Una noche, en el teatro, vio una reposición de *Solness, el constructor*, de Ibsen. Las luces de la sala se apagaron, el escenario diseminó su hechizo. Era como una acusación. De repente su vida de arquitecto, como en la obra de Ibsen, parecía quedar al descubierto. Lo avergonzaba su pequeñez, su grisura, su resignación. La primera vez que, en escena, Solness hablaba con su amante y contable, la primera en que le cuchicheaba algo al oído, Viri notó que la sangre se le retiraba de la cara, sintió que la gente lo miraba como si se le hubiera escapado un sollozo involuntario.

Y cuando Solness, en aquella primera escena a solas por fin con ella, la llamaba ferozmente y ella respondía, asustada: «¿Sí?»; cuando él decía: «¡Ven aquí!», y ella iba; cuando él decía: «¡Más cerca!» y ella obedecía, preguntando: «¿Qué quiere de mí?», Viri se sintió devastado; su corazón hecho trizas sufrió un desmayo momentáneo.

Y cuando Solness decía —todo esto al principio, antes de que hubiese oportunidad de prepararse, no había manera de estar preparado—: «No puedo vivir sin ti, ¿comprendes? Tengo que tenerte cerca todos los días». Y, trémula, ella gemía: «¡Oh, Dios! ¡Dios!» Y se desplomaba murmurando lo bueno que él era con ella, lo increíblemente bueno. Viri —no podía creerlo— tenía el nombre de ella impreso en el regazo: Kaya.

Pero eso solamente fue el principio. A medida que transcurrían, a medida que Viri presenciaba los sucesivos actos, perdía poco a poco la fuerza para resistir y la obra se convertía en la cosa más peligrosa que existe: un ejemplo inolvidable, inolvidable y falso. Apresado por su impacto, por sus frases que traspasaban como flechas, por una historia cuyo desenlace ya estaba escrito y cuyas líneas estaban memorizadas por el cerebro de los actores en el orden exacto en que debían pronunciarse —y sin embargo él nunca osaría tratar de imaginarlas—, era como un niño, un chico que entreoye detrás de una puerta una voz que no tenía intención de oír, una declaración que habría de aplastarlo de por vida.

Miró otras caras, las que le ofrecían su perfil y miraban hacia arriba, iluminadas por la función de teatro. Estaba tan completamente desvalido, era tan incapaz de responder, de discutir, incluso de imaginar un mundo que no se movía, supeditado a la energía que veía ante él, que le pareció que era libre; escuchaba, observaba, no le costaba esfuerzo. Viajaba sin cesar, cien veces más lejos que la obra, vivía su propia vida hacia atrás y hacia delante, vivía las vidas de ellos, entraba en el terreno de la fantasía con mujeres sentadas tres filas más allá.

Después, cuando el público salía, permaneció en la entrada, inteligente, circunspecto, mientras los espectadores se perdían velozmente en la noche. Daba la impresión de que la verdad desfilaba al mismo tiempo que todas aquellas personas dirigiéndose a un destino, aquellos hombres y mujeres casados entre sí, atados por el tedio y los afanes ordinarios. Él siempre había sido como ellos, aunque lo negase; ahora ya no lo era.

Recorrió calles semivacías, alumbradas por los neones de restaurantes chinos, las puertas de hoteles baratos. Pensaba en su esposa, en dónde estaría. Todavía no se había liberado de ella, de su aprobación, de sus caprichos. Súbitamente, veinte pasos por delante de él, vio a su propio padre. Por un momento no pudo creerlo. Caminaban en la misma dirección. Miró más atentamente: la forma de andar, la de la cabeza, sí, era inconfundible. La realidad se desmenuzaba en bloques, en grandes segmentos que se encaminaban hacia el centro. Un anciano que caminaba solo, con la boca un poco abierta y los ojos acuosos y lentos. Se acercaban a una esquina, Viri lo vería claramente, el corazón se le aceleraba, no quería, lo asustaba. Era como si la tapa de un féretro estuviese a punto de abrirse y un hombre más enfermo que nunca saliera de su interior, con arrugas negras en las comisuras de la boca y el aliento apestando a tabaco de puros. Precisaría medicamentos y cuidados. Va a pedirme dinero, pensó Viri, desesperado. El anciano tendría aquel tono grisáceo en las mejillas, esa tristeza de los viejos que no se han afeitado. Abrazos de quienes ya se han separado, la insufrible agonía repetida. Por el amor de Dios, papá, pensó. Tenía la mente viva pero impotente, ablandada por los gritos del corazón de Ibsen, como una ostra desgajada de su concha. Ven a casa, pensó, ¡ven a casa a morirte!

Miró al desconocido bajo la farola, un hombre con el rostro marcado por la ciudad, insalubre, negro de avaricia. Por un instante fueron como hombres en una estación de tren, solos en el andén. Se inspeccionaron fríamente y se distanciaron. Permaneció en la esquina. El viejo siguió su camino y se volvió una vez a mirar atrás, receloso. No se parecía en nada a Isaac Berland. Se lo tragaron los escaparates vacíos, los autobuses estruendosos, la noche.

Era tarde cuando llegó a casa, *Hadji* ladraba en la cocina, era tan viejo que sonaba como un serrucho.

La casa había cambiado; tuvo esa súbita sensación en la puerta. Conocía aquella casa, era como si hubiese alguien escondido, un intruso aplastado contra la pared; no, su imaginación estaba sobreexcitada. Mientras iba de una habitación a otra —el perro, entretanto, había perdido el interés y se había echado, y Viri estaba calmado, resignado, aceptando el peligro—, poco a poco se percató de que estaba vacía.

—¡Nedra! —comenzó a llamar—. ¡Nedra!

Corría mientras gritaba, frenéticamente, como si fuera una llamada telefónica urgente.

—¡Nedra!

Estaba temblando, deshecho. Encendía las luces según pasaba corriendo, y en el salón se topó inesperadamente con su hija dormida, que musitó, confusa:

—¿Qué pasa, papá? ¿Qué ocurre?

—¡Oh, Dios! —exclamó él.

Ella le preparó té en la cocina. Descalza y en bata, conservaba la cara estragada de sueño. Él reparó, al sentarse con gratitud a la mesa, en que aquella cara, un poco sandia, un poco avergonzada, no era tan hermosa como la de Franca. Era más humana, no tan misteriosa, podría haber pertenecido a una criada o a una joven enfermera. Y sin maquillaje parecía todavía más veraz, más reveladora, como la palma de una mano. Se sentó en la cocina y su hija le preparó un té. Este acto sencillo, que era como el amor, en donde ninguna insinceridad podría esconderse nunca, lo conmovió profundamente. Desconcertado, comprendió que aquello era como una pieza de mobiliario ajada en un refugio, que quizá no fuese nada para otras personas, pero que en aquellos tiempos tristes lo era todo para él, lo único que tenía.

Ella se sentó con él. Viri veía constantemente a Nedra en los gestos femeninos, los movimientos, las miradas claras y directas de Danny.

—¿Qué tal ha sido la obra? —preguntó ella.

—Al parecer bastante poderosa —dijo él—. Me ha convertido en una especie de loco que corre por la casa y aúlla buscando a tu madre.

—Sí, ha sido extraño. Por un momento, al despertar, he pensado que ella estaba aquí.

Viri bebió el té. Oyó las viejas uñas de su perro raspando el suelo. *Hadji* estaba sentado a sus pies, mirando hacia arriba, hambriento como todos los viejos. Era su perro, el que había corrido por la nieve infatigable, con sus patas fuertes, jóvenes, y las orejas plegadas, sus miradas agudas, su olor puro. Su vida había transcurrido en un soplo.

Miró a su hija. Al igual que un jugador que ha perdido su apuesta puede imaginarse fácilmente de nuevo en posesión de su dinero, y piensa en lo falso, lo inmerecido que ha sido el proceso que se lo ha arrebatado, él a veces se sentía reacio a creer lo que había sucedido, o convencido de que de algún modo volvería a recuperar su matrimonio. Tantas cosas de él permanecían vivas...

—¿Cómo está la parienta? —preguntaba el capitán Bonner.

Recogía chatarra por la carretera. La mitad de las veces no reconocía a Viri. ¿Era una pregunta malévola o solamente necia? Sucio, con un sobretodo pardo, un gorro con borla, una cara envejecida como la de Punch, una cara cetrina, desdentado hacía mucho tiempo, sonriente mientras piensa en algo, ¿en comida, mujeres? Acarreaba una puerta carretera abajo, se plantó de un brinco delante del coche cuando Viri avanzaba hacia él, e hizo gestos solicitando transporte.

—Voy a la ciudad —anunció. No acertaba a meter la puerta en el coche. Forcejeó—. La pondré en el techo —dijo—. La sujetaré con la mano.

La piel de sus manos era azul, fina como papel, y barba de días cubría sus mejillas resecas. Sus zapatos eran como zapatillas sucias, con los dedos curvados hacia arriba.

—Bonito tiempo —dijo. Olía a vino. Luego, tras una pausa, la pregunta sobre Nedra, como de pasada.

—Está bien —dijo Viri—, gracias.

—Creo que no la he visto por aquí.

—Está en Europa.

—Europa —dijo el anciano—. Ah. Hay montones de sitios bonitos allí.

Viri vigilaba la puerta, que asomaba por encima del parabrisas.

—¿Ha estado? —preguntó, distraídamente.

—No. No, yo no —dijo Bonner—. Ya he visto lo mío aquí. —Hubo una pausa—. Demasiado —añadió.

—¿Qué quiere decir con eso, demasiado?

El viejo asintió. Sonrió a nada concreto, a la luz blanca del sol frente a ellos.

—Es un sueño —dijo.

La casa olía aún a las flores secas de Nedra, el jardín era pasto de la incuria. En una gaveta de un escritorio sobre la que caía el sol, había cuadernos escolares de años antes. Franca, con su letra tan obediente, tan pulcra, los había guardado todos.

El festín había terminado. Como en el cuento que les había leído a sus hijas tantas veces, de la pareja pobre a la que concedieron tres deseos y los malgastaron, él no había deseado suficiente. Lo veía claramente. Cuando todo quedó dicho, él había expresado un solo deseo, que era demasiado nimio: que ellas crecieran en el más feliz de los hogares.

5

Uno de los últimos grandes descubrimientos es que la vida no será lo que soñabas.

Fue a cenar a casa de los Daro. Allí había gente a la que no conocía. «Encantado», le dijeron. Gente apuesta, completamente a sus anchas. La mujer llevaba un vestido esmeralda hasta el suelo, con un collar de oro y pulseras de malla de oro. Se llamaba Candis. Su marido era director de arte. Trabajaba en películas; diseñaba cubiertas de libros.

—Viri, ¿qué te apetece beber? —preguntó Peter.

—¿Sabes qué?... Hace mucho tiempo que no me tomo uno...

—Toma lo que quieras.

—Pues creo que tomaré un martini —dijo Viri.

Tomó uno helado, en un vaso brillante. Era como un cambio de clima. La jarra contenía otro, potente, claro.

—¿Cómo los haces tan fríos? —preguntó.

—Bueno, resulta que has pedido la bebida que es, a mi juicio, la única prueba auténtica. Tienes que tener los ingredientes exactos, y también guardar la ginebra en el congelador.

—Ah.

—Una vez iba a escribir un artículo sobre los diez mejores bares del mundo. Hice muchísima investigación. Estuve a punto de arruinarme la salud.

—¿Cuál es el mejor? —preguntó el director de arte.

—No creo que se pueda elegir uno. En realidad, es más una cuestión de cuál de ellos está más a mano. O sea, hay una hora del día en que la lengua empieza a estar condicionada, en que nada sirve excepto tomar una copa, y estar cerca de uno de esos locales en ese momento es como encontrarse en el paraíso de Mahoma.

—No creo que puedas encontrar alcohol allí —dijo Candis—. No en un paraíso musulmán.

—Exacto —convino Peter—. Lo cual hace que no sea para mí.

—Pero hay mujeres en abundancia —dijo el marido.

—Creo que —empezó Peter— para cuando me lleven al paraíso... —Se había levantado para ir a la cocina, era él quien preparaba las cenas—, mi relación con las mujeres será puramente histórica.

—Nunca, querido —lo corrigió Catherine, entrando.

—O imaginaria —puntualizó él.

—Nunca perderás tu interés por las mujeres —insistió ella—. Hola, Viri. ¿Cómo estás? Vaya, tienes buen aspecto.

—Mi interés quizá no, pero mi capacidad, me temo...

—Eterna —dijo ella.

—Bueno. No sé qué has estado bebiendo ahí dentro —murmuró él—, pero me conmueve tu confianza en mí.

—Creo que las mujeres saben esas cosas, ¿no? —preguntó ella.

—A veces están en condiciones de saberlo —dijo Viri.

Durante la carcajada, su mirada se cruzó con la de Candis. Tenía la nariz larga y un rostro inteligente. Sus ojos eran muy blancos y claros.

—Viri, te hemos echado de menos —dijo Catherine.

Llegó otra pareja. Viri se vio hablando libremente. Estaba describiendo una velada en el teatro.

—Yo soy la única de nuestra familia a la que le gusta el teatro —dijo Candis—. Una de las primeras obras que vi (hay una historia maravillosa sobre ella) fue *El bosque petrificado*.

—Oh, no eres tan mayor —dijo Viri. Se sentía inmensamente cordial y a gusto.

—Tenía catorce años.

—Fue escrita antes de que nacieras —dijo él.

—Bueno, quizá era una reposición. De todos modos...

—¿Qué edad tienes?

—Veintiocho.

—Veintiocho...

—Cuando volví a casa me preguntaron: «¿Qué te ha parecido?» Y yo les dije que era una obra muy divertida. Por ejemplo, hay un momento en que él le dice a la chica: «¿Y si nos damos un revolcón en el heno?» Y el público se reía, porque por supuesto no hay heno en el desierto.

La opulencia, el confort de aquel apartamento en un vecindario que no era elegante. Era un viejo edificio, un apartamento precioso como un parque, como un hermoso volumen hallado entre las pilas de una librería de viejo.

Peter sabía historia, sabía de pintura y de vinos, la segunda y la tercera añada de Burdeos que eran tan buenas como la primera. Conocía una pequeña ciudad que era mejor que Beaune, conocía viñedos por su nombre. Estaba en la cocina estrecha, con todas las superficies llenas de verduras y bandejas, y en medio de aquel desbarajuste picaba perejil con un cuchillo enorme.

—En nuestra próxima casa —le dijo a Viri—, voy a tener una cocina lo bastante grande para maniobrar dentro, una cocina como la vuestra.

Llevaba un delantal encima del traje. Mientras preparaba la cena gritaba de vez en cuando, para preguntarle a su mujer dónde estaba tal cosa o si había comprado tal otra.

—Quiero una cocina tan grande que se pueda cenar dentro, o hasta dormir, incluso. Ya sabes que poco a poco me estoy retirando de los negocios. No es que me vayan mal, todo lo contrario, pero lo malo es que el suministro de buenos grabados está decayendo. No los encuentro para venderlos o si los encuentro tengo que pagar tanto que no hay margen de ganancia. Es decir, si vendo un Vuillard, no puedo conseguir otro. Antes podías irte a Europa, pero ya no. Sus precios son más altos que los nuestros. Hay muchos compradores, pero no hay nada que venderles.

—¿Qué piensas hacer?

—Pasar más tiempo en la cocina. En realidad sólo quiero dos cosas...

—¿Que son...?

—Quiero una cocina de verdad —dijo él— y quiero morir bajo las estrellas.

Los invitados estaban enfrascados en sus charlas, las cortinas estaban corridas y el vino abierto sobre el largo aparador. Peter buscaba las anchoas.

—Están en una lata pequeña y delgada —murmuró—. Delgada pero inexpugnable. Las diseñan antiguos constructores de acorazados. —Había estado en la marina—. Si los acorazados hubieran sido la mitad de fuertes... Ah, aquí están.

—¿Qué vas a hacer con las anchoas?

—Voy a intentar abrirlas —dijo él.

Los aromas excelentes, el desorden hermoso, las páginas abiertas de un libro de cocina escrito por Toulouse-Lautrec, un libro confeccionado con las cenas y salidas de toda una vida: todo aquello generaba en Viri la calidez de una noche de amor. Hay horas en las que uno literalmente bebe vida.

Se encontró al lado de Catherine.

—Ese chico al que acabas de conocer... —le susurró ella.

—¿Cuál?

El comentario le pareció muy divertido, no pudo evitar reírse.

—... el del traje marrón —estaba diciendo ella.

—El traje marrón. —Se acercó inclinado para escuchar la confidencia. Entretanto mantenía la mirada puesta en el objeto de la misma, un hombre corpulento y con gafas—. Marroncísimo —musitó—. ¿Cómo dices que se llama?

—Derek Berns.

—¡Eso! —exclamó Viri.

Berns les lanzó una mirada, como si los oyera. Tenía una cara tersa, de facciones algo grandes, como un niño que será feo, y sostenía el extremo de un cigarrillo entre los dedos índice y corazón.

—Es un colega de Peter, tiene una galería maravillosa —dijo Catherine—. Es muy amigo de un miembro de la familia Matisse. Consigue todas sus obras.

Viri trató de hablar con él más tarde. Para entonces ya se había olvidado del nombre del galerista y del de Matisse, pero no se arredró. Tenía cierta dificultad de pronunciación, que resolvió articulando con todo cuidado cada consonante. En la mitad de la conversación recordó de pronto el nombre e inmediatamente lo utilizó: Kenneth. Berns no lo corrigió.

La atención de Viri se concentró de nuevo en Candis. Estaba sentada cerca de él y hablaba de la primera cosa que los hombres miraban en una mujer. Alguien dijo que eran las manos y los pies.

—No exactamente —dijo ella.

Coincidió con Viri revolviendo entre los discos del fonógrafo.

—¿Hay alguno de Neil Young? —preguntó ella.

—No lo sé. Mira éste.

—Oh, Dios.

Era un disco de Maurice Chevalier. Lo pusieron.

—Esto sí que es vida —dijo Viri—. Ménilmontant, Mistinguett...

—¿Qué es eso?

—Los años treinta. Las dos guerras. Chevalier decía que hasta los cincuenta vivió de cintura para abajo, y a partir de los cincuenta, de cintura para arriba. Ojalá supiera francés.

—Bueno, sabes, ¿no?

—Oh, lo justo para entender estas canciones.

Hubo una pausa.

—Está cantando en inglés —dijo ella.

Él no podía explicar lo inmensamente divertido que era aquello. Lo intentó, pero no pudo expresarlo claramente.

—¿Lo has visto alguna vez ? —preguntó él.

—No.

—¿No lo has visto nunca?

—No, nunca.

—Espera —dijo Viri—. Espérame aquí.

Se ausentó durante cinco minutos. Cuando volvió a la habitación llevaba un sombrero de paja de Peter, y ante los atónitos ojos de todos, con movimientos apasionados y una voz ronca e imitativa, cantó *Valentine* entera, encogiéndose de hombros, atascándose, olvidando la letra, y antes de que sirvieran la cena, cruzó a trompicones la cocina para desmayarse, de bruces, en la cama de la habitación de la sirvienta.

—¿Quién es ese hombre tan patético? —preguntaron.

Telefoneó a Europa a la mañana siguiente. Allí era la tarde. La voz de ella sonó ronca, como si acabara de despertarse.

—Hola.

—Hola, Nedra.

—Hola, Viri —dijo ella.

—Hace tanto tiempo que no he hablo contigo que me apetecía llamarte.

—Sí.

—Anoche estuve cenando en casa de Catherine y Peter. Es realmente un hombre maravilloso. Me preguntaron por ti, por supuesto.

—¿Cómo están?

—Bueno, ya sabes, su vida es muy curiosa. No se tienen gran afecto, y sin embargo están muy unidos. —Hizo una pausa—. Supongo que en nuestro caso era parecido.

—En el de todo el mundo.

—¿Qué tal te va?

—Oh, no muy mal. ¿Y a ti?

—Muchas veces he estado tentado, en realidad incontables veces, de coger un avión hacia ahí.

—Bueno, Viri, verás, la idea es estupenda, me gustaría verte, pero no... Bueno, ya sabes, todo eso pasó.

—Es duro recordármelo a mí mismo.

—Sí, me lo figuro.

Nedra contestaba a sus ruegos sabiamente, cosa que siempre lo asombraba. Quería aferrarse a ella para escuchar lo que diría.

—Vas a cumplir cuarenta y cuatro dentro de un par de semanas —dijo Nedra.

—Sí.

—Siento perderme tu cumpleaños.

—Cumplo cuarenta y cuatro —dijo él—. Me temo que estoy empezando a aparentarlos.

—La parte fácil ya se ha acabado.

—¿Fue fácil?

—Estamos entrando en el río subterráneo —respondió ella—. ¿Entiendes a qué me refiero?

—Sí. Lo sé.

—Lo tenemos delante. Lo único que puedo decirte es que ni siquiera el valor sirve de ayuda.

—¿Estás leyendo otra vez a Alma Mahler?

—No.

Su voz sonaba serena y cómplice.

El río subterráneo. El techo desciende, se humedece, el agua se precipita en la oscuridad. El aire se vuelve húmedo y glacial, el pasaje se estrecha. Se pierde la luz, el sonido; la corriente empieza a fluir por debajo de losas grandes, infranqueables.

—¿Por qué dices que el valor no sirve de ayuda?

—Ni el valor ni la sabiduría, nada.

—Nedra...

—Sí.

—¿Va todo bien?

—Claro.

—No, en serio. Nedra, ya lo sabes, yo siempre... estoy aquí.

—Viri, estoy bien.

—¿Eres feliz? —preguntó él.

Nedra se rió. La felicidad. Ella quería ser libre.

6

Nedra fue a casa de Marina Troy cuando por fin volvió. Incluso se quedó con ellos una temporada. El genio del teatro en aquella época era Philip Kasine. Sus obras no se anunciaban, las noticias al respecto corrían de boca en boca, había que buscar para encontrarlas, como para una ceremonia vudú o una pelea de gallos. El propio dramaturgo era inaccesible. Tenía una nariz delgada, huesuda como un dedo, acento de ciudad, emanaciones de mito. No contestaba al teléfono. Tenía un ego tan grande que lo tomaban por desinterés, los dos se habían fundido. Era una fuente de energía más que un individuo. Obedecía las leyes de Newton, del mayor de los soles.

La noche que fueron a su teatro éste estaba en un viejo salón de baile. El público tuvo que hacer cola una hora en la escalera. Kasine no apareció, aunque alguien dijo después que era el hombre que barría el escenario mientras los espectadores ocupaban sus asientos. Por fin anunciaron el título de la función de aquella noche. Silencio. Salió un actor. Tenía cara de alguien poco fiable, de hombre que lo ha intentado todo y está tan hambriento que podría matar. Sus movimientos poseían la intensidad de los de un lunático, pero a Nedra la impresionaron sobre todo sus ojos. Captó su poder, su desdén; pertenecían a alguien que era su hermano, al ego que Nedra envidiaba, pero que nunca había logrado crear.

—¿Quién es? —susurró.

—Richard Brom.

—Es extraordinario.

—¿Quieres conocerlo?

No entendió la obra, pero eso no la decepcionó. Significara lo que significase —era todo repetición, cólera, gritos—, la cautivó y quería volver a verla. Cuando se encendieron las luces y el público aplaudió, ella se levantó casi sin darse cuenta y aplaudió con las manos en alto. En su falta de vergüenza, en su fervor, se veía claramente a una conversa.

Los bastidores eran como una tienda de comestibles que permanece abierta toda la noche. Las luces eran antiguas y fluorescentes; deambulaban de un lado a otro una serie de personas mal vestidas que no parecían tener relación alguna con la compañía de teatro. Brom no estaba allí.

—Ven a la fiesta —dijo alguien.

Fueron en taxi. Las calles oscuras desfilaban velozmente.

—¿Te ha gustado? —preguntó Marina.

—Es tan apabullante... No la obra, sino la función. No parece que actúen... por lo menos, no es ésa la palabra.

—Sí, es una especie de locura a cámara lenta.

—Hay una fuerza fantástica simplemente en el modo en que parece que se sacan el alma de dentro. Me ha maravillado. ¿Hay un hombre que enseña eso?

—Le regalaron una casa en Vermont —dijo Marina—. Todo el mundo va allí, trabajan, charlan. Todo lo hacen juntos.

—Pero ¿él es el maestro?

—Oh, sí. Él es todo.

Subieron en un ascensor chirriante. Había ya otras personas. Entre ellas estaba Brom. Vestía ropa ordinaria.

—Su actuación es la mejor que he visto en mi vida —dijo Nedra.

Él la miró fijamente con sus ojos oscuros. Se limitó a asentir, todavía inánime, todavía consumido. Ella no supo qué pensaba, qué sentía. Como todos los grandes actores, sufría una especie de extenuación visible, como un pájaro que ha volado una gran distancia. No había nada que contestar.

Ofrecieron una bebida a Nedra. Todo el mundo era cordial. Se reían, hablaban en voz baja, eran la gente más congruente que había conocido, la aceptaban. Escuchó comentarios sobre Kasine. Sus dotes eran prodigiosas. Era un maestro excepcional; sabía instintivamente dónde estaba la dificultad, como un curandero.

—Fui a verle todos los días a la misma hora, durante un mes. Hablamos, nada más. Lo aprendí todo.

—¿De qué hablabais? —preguntó Nedra.

—Bueno, no es tan sencillo...

—Claro que no. Pero, por ejemplo...

—Siempre me preguntaba lo mismo: ¿qué has hecho hoy?

Estaban satisfechos de una manera que ella envidiaba, pero no lograba comprender. Era como conocer a los miembros de una familia ortodoxa, todos ellos distintos pero firmemente unidos.

—Me gustaría estudiar con él —dijo. No se justificó, no puso condiciones.

En una ocasión, él había enseñado a una actriz a hablar en sólo cuatro horas.

—¿A hablar?

—A utilizar la voz. A hacer que la gente escuche.

Nedra quería conocerlo. Miraba alrededor como san Juan; se preguntaba si él estaría escondido entre ellos.

—Tienes que venir a Vermont —le dijeron.

Las horas pasaron sin que se percatara. Más tarde, cerca de la ventana, cayó en la cuenta de que había amanecido.

El fragmento de ciudad, abajo, era silencioso y gris. Alzó los ojos. El techo del cielo era azul, un azul que descendía a la tierra mientras ella lo observaba. Los árboles de la calle desplegaban sus hojas. Como por simpatía, las luces de la habitación se apagaron. Sin duda, había llegado el alba. Fuera había algunos pájaros, los únicos sonidos de la naturaleza; más allá, quietud. No estaba cansada. Le habría gustado quedarse. Tenía las manos frías y entumecidas mientras estrechaba las de las personas que tenía a su lado, despidiéndose. Durmió; nunca había dormido tan bien.

Diez o doce alumnos al año, era lo único que admitía. Vivían juntos, trabajaban juntos. Ella quería ser una de ellos, renunciar a toda diversión, estudiar una cosa, sólo una.

—¿Crees que importa que no sea actriz?

—Lo eres —le dijo Marina.

—Tienen tanta fuerza, todos ellos. Tanta naturalidad. Es como si estuvieras viendo la vida por primera vez. Ven conmigo —la apremió Nedra.

—Me gustaría. No puedo.

—Gerald te dejaría.

—No, no me dejará.

Consultó con Eve. Estaban almorzando en un reservado, con largos menús en las manos.

—¿Tú crees que es un disparate?

—Todo el mundo que conozco quiere estudiar con él.

—¿De verdad?

—¿Te lo presentó Marina?

—Bueno, no lo conozco —dijo Nedra.

Eve parecía marchita, resignada. Arnaud se había ido. De todas formas, no había vuelto a ser el mismo. Nadie sabía si era algo físico o no. Eve estaba pensando en volverse a casar con su ex marido.

—¿Lo dices en serio? —preguntó Nedra.

—Hemos hablado mucho al respecto. Quizá deberíamos intentarlo. Tenemos muchas cosas en común.

Nedra no contestó.

—Ha empezado una dieta —dijo Eve—. Tiene muy buen aspecto.

—No era su peso lo que causaba problemas.

—Sólo trata de demostrar que quiere cambiar. ¿No te parece una buena idea?

—No lo sé. Sólo que parece...

—¿Qué?

—Que has pasado por muchos apuros.

—¿Para volver a empezar, te refieres?

—Es como rendirse.

—¿Qué puede hacer una?

—Tomaremos vino —dijo Nedra.

Fue en automóvil a Vermont para una entrevista. Estaba nerviosa. Había otras quince o veinte personas. Aguardaban en bancos cerca del granero. Kasine recibía a los candidatos en la cocina. A veces la puerta tardaba media hora en abrirse, a veces más.

Esperó toda la tarde, hasta la noche. Nadie les llevó comida ni nada de beber. Permanecían sentados en silencio. Oscureció. Era abril; refrescaba. Por fin le llegó el turno. Estaba cansada. Tenía las piernas rígidas. Entró en la casa por una puerta con mosquitera.

Kasine estaba sentado ante una mesa desnuda, con gafas ahumadas. Llevaba un traje negro, manchado de tiza. Al día siguiente ella lo vio en el pueblo con el mismo traje y un maletín en la mano, como un contable o un conferenciante. Al extremo de la mesa, impasible, estaba Richard Brom. No habló durante toda la entrevista.

Ella les dijo que no tenía experiencia. Dijo la verdad; que de algún modo, sin saberlo, se había estado preparando. Físicamente era flexible, fuerte. No tenía responsabilidades ni necesidades, estaba libre para entregarse por entero. Había estado leyendo a san Agustín...

—¿Quién?

—*Las confesiones* —dijo ella.

—Sí, siga.

Había un pasaje sobre que tenemos la espalda vuelta hacia la luz y que nuestros ojos ven las cosas iluminadas por ella, pero no la luz misma. Eso era lo que la abrumaba: las cosas iluminadas por la luz. Se volvió para mirar a Brom, que seguía inmóvil, como si no escuchara, como perdido en sueños.

—¿Qué edad tiene? —preguntó Kasine. Se miraba las manos enlazadas sobre la mesa.

—Cuarenta y tres —dijo ella.

Hubo un silencio, como después de una pregunta definitiva, la que perdura. Ella sucumbió a un instante de desamparo, de rabia.

—Pero eso no significa nada —les aseguró.

—Somos una compañía de teatro —dijo Kasine, simplemente. Si aceptaban a una actriz joven, explicó, iría haciéndose mayor, naturalmente...

Sí, sí, quiso interrumpirlo ella. Sabía lo que seguiría.

—Creo que, por ahora —dijo él—, debería estudiar en algún otro sitio para ver lo que pasa. Quizá entonces sea más fácil saber si hay o no una oportunidad para usted aquí.

Aquél era el hombre que había escrito que, así como los más grandes santos habían sido antes los más grandes pecadores, así también sus actores procedían del material más inservible, más profanado y menos plausible que había encontrado. Pero daba lo mismo: una mujer que pidiese un pasaporte, un permiso de trabajo, lo que fuera; por mucho que ella dijera, ya no era joven.

—La edad no es una medida fiel —dijo—. Sin duda alguna no hay nada más arbitrario aquí. Tengo más cosas que aprender, sí, pero a la vez sé más cosas.

—Es una lástima —dijo Kasine.

Eran inmunes a ella. No veía los ojos del hombre con quien estaba hablando, y apenas osaba echar una ojeada al otro. Les había mostrado todo, su franqueza, su fervor, pero no bastaba.

—Gracias por haber venido —dijo él.

Había cuatro o cinco personas esperando todavía. Procuró no revelar nada cuando pasó por delante de ellas. Era como una mujer que sale de una catedral y baja las escaleras, inaccesible, con expresión grave.

A medianoche llamaron a su puerta. Era un hombre que sostenía algo en la mano. Se trataba de Brom.

—¿Le apetecería una copa de vino? —preguntó.

—Sí —dijo ella—. Entre.

Hacía frío en la habitación. Era un cuarto de novicia, con el suelo desnudo, una lamparilla. Él no sonrió, pero tampoco se mostró distante. La gama de posibilidades, las de su boca sólo, parecía infinita, pero descartada.

—¿Han terminado? —preguntó ella.

—No del todo.

Ella se había lavado la cara. Iba sin maquillaje y las arrugas en torno a la boca y los ojos eran tenues, pero eternas. Era una mujer que había leído, cenado en restaurantes, una mujer a quien no había que explicarle nada.

Él era un hombre de un único talento, no poseía intereses menores, ninguna deficiencia. Era como un analfabeto, un mártir; no había posibilidades para él a la derecha ni a la izquierda. La severidad de su vida, su parquedad, cabía en una sola línea en un epitafio.

La luz de la luna alumbraba el campo más allá de la ventana, los árboles, las colinas oscuras. La luna era demasiado grande, demasiado blanca. Brom tenía un pecho de corredor, plano como una tabla. Sus arterias eran gruesas, como las de un caballo que ha galopado. Más adelante, ella habría de examinarlas en busca de cicatrices. Tenía dedos fuertes.

Era como si estuviesen a bordo de un barco: un viejo barco de vapor isleño, limpio e incómodo, con las puertas de los camarotes delgadas. Eran los únicos pasajeros.

—Creo que está desalentada —dijo él—. No lo esté. Encontrará el camino. Encontrará una nueva vida.

—Creo que estoy aprendiendo a nadar —dijo ella.

—Creo que nada muy bien.

—Sólo estoy buscando el río.

—Sí —dijo él—. Se trata únicamente de tener agua.

Eso fue el primer paso. Poco después, ella añadió:

—Sólo que ahora quiero volar.

Por la mañana él le dio un pequeño objeto de plata que se quitó del cuello. Era un pez primitivo, liso como una moneda de diez centavos. No le atribuyó ninguna historia. Era una especie de salvoconducto que la llevaría a puerto.

Vivía en un estudio que era de Marina. Se hallaba entre camiones y calles cochambrosas. En el piso de arriba había una pareja con un niño, y los oía discutir.

Compró una colcha de color tabaco y rosa, incienso, flores secas. Había libros junto a la cama, una colección de lupas, un reloj. Sus hijas la llamaban todos los días. No se quejaba de nada. Estaba llena de energía.

Llevaba el pez reluciente y nada más debajo del vestido cuando Brom iba a verla. A veces cenaban tarde, cuando él había terminado la función. Comía solamente carne magra y ensalada, bebía vino, y después un poco de fruta. Sonaba la música de Scriabin, Purcell. Cuando dormía con ella, guardaba silencio, inmóvil. No lo abandonaba su poder, se quedaba ovillado. No era un hombre musculoso, pero era fuerte como una soga. Hacían el amor despacio. Él no se movía, tan sólo era una flexión invisible, débil como las branquias de un pez. Ella comenzaba a agitar las rodillas. De sus labios brotaban gemidos. Al cabo de quince, veinte minutos, ella se bamboleaba, gritaba, y él le sujetaba firmemente los brazos contra los flancos, y comenzaba a ondularse un poco hacia un lado y un poco hacia el otro, en una anunciación lenta y sin sentido. Ella se debatía como un animal sacrificado, los grandes hachazos, contundentes, habían empezado, largos, inacabables, como la tala de un árbol. Él le tapaba la boca con la mano cuando ella quería chillar, se revolvía y caía como si le hubieran disparado a un palmo de distancia, abrupto, inexplicable.

Nedra dormía un sueño exhausto del que no podía despertar, un sueño de borracho. El aire de la noche los envolvía. De la avenida llegaba el rumor de camiones.

Desayunaban chocolate y naranjas. Leían, volvían a quedarse dormidos. Estaban profundamente saciados; era una plenitud más allá de las palabras. Era como un día de lluvia.

A veces ella iba a verlo actuar. Sentada entre el público, escondida en la sala, se recreaba viéndolo, se nutría de todo lo que existía entre ambos y que nadie sabía. Iba para poder mirarlo sin parar, acapararlo, robarle la cara, la boca, sus muslos potentes. Por fin satisfecha, iba a tomar una copa con Eve o un postre y un café a casa de los Troy; no le preguntaban dónde había estado, la presentaban, la acogían mejor que a sus invitados, era asombrosa, estaba ebria de vida, llevaba la provocación escrita en todo el cuerpo. Era una mujer a la que tanto el marido como la esposa deseaban ver, los excitaba, podían hablar en su presencia, cosas que no habrían sido mencionadas se volvían fáciles, y al mismo tiempo el empuje de su vida les certificaba de alguna manera los méritos de la suya conyugal. Vivía con más de lo que había tenido, era algo evidente en su rostro y en todos sus gestos; lo gastaría todo. Le profesaban la misma devoción que se profesa a la idea de la vida bebida a tragos. La caída de Nedra confirmaría su sensatez, su sentido común de pareja.

—Tu vida es la única auténtica que conozco —decía Marina.

Nedra no dijo nada.

—Ahora me arrepiento de no haber ido contigo.

—Pues no me aceptaron.

—Ya lo sé, pero eres del grupo.

El teatro era nómada. Una semana actuaba en una sala de ensayos y la siguiente en un salón de baile de algún hotel en declive. Las actuaciones de Brom no eran siempre iguales, ya fuesen bajo los focos o durante días tranquilos. Se veían en cafés. Ella se ponía gafas ovales, con montura de acero.

—¿Para qué son? —preguntó él.

—Para la letra muy pequeña.

—No, tienes la vista perfecta. Lo veo por el color, la claridad.

—Eso no quiere decir nada.

—Por supuesto que sí —dijo él—. Todo se expresa a través del cuerpo. El modo de moverse, el modo en que te miran. Se pueden ver mil detalles si sabes dónde mirar. Todo es visible.

—Nada lo es.

Sus piernas se tocaban por debajo de la mesa.

—Sobre todo eso —añadió él.

—Éstas son las horas auténticas —dijo Nedra.

La tarde declina. Ella le enseña fotos de su familia, de Franca, de días olvidados.

—¿Es tu hija?

—Aunque no lo parezca.

Más tarde, sin decir una palabra, él saca una foto suya. Es un recorte de un cuadro de Van Dongen de la amante de Picasso, la célebre Fernande. Está desnuda, expuesta como un tapiz. El parecido con Nedra es pasmoso.

—¿De dónde la has sacado?

—Hace mucho que la tengo —dijo él—. Aunque no te cases, tienes que tener alguna idea de una esposa. Por eso la llevo. Me resulta muy práctica.

Nedra experimentó una punzada de celos.

—No creo en el matrimonio, no tengo tiempo para eso —dijo él—. Es un concepto de otra época, otra forma de vivir. Si haces lo que tienes que hacer, obtendrás lo que quieres.

—Eso es cierto.

—El Bhagavad-Gita —dijo él.

Al anochecer, a la hora en que, a través de pequeños jardines, se ve a la gente congregada en cuartos iluminados, ella está tendida con las piernas apuntando a una esquina de la cama y los brazos abiertos de par en par. De la calle llega el débil sonido de bocinas. Tiene los ojos cerrados: está atada, como una fiera magnífica. Sus gemidos, sus gritos, excitan lo indecible a Brom. Dura largo rato. Después Nedra yace desnuda, sin moverse. Ella le besa los dedos. Los baña el silencio, en el largo, flotante sueño ulterior. Ella sabe muy bien —está absolutamente convencida— que éstos son sus últimos días. No podrá recuperarlos.

7

La boda de Danny se celebró en casa de un amigo. Fue en el campo, cerca de Ossining, una boda algo anticuada a pesar de la juventud e informalidad de los novios. Hacía calor. Era como un domingo en un pueblecito. Asistieron, por supuesto, su madre y su padre, su hermana y su amante, Juan. Danny se casaba con el hermano de Juan.

Theo Prisant era más alto que Juan, más joven, aunque no tan bien formado. Todavía era estudiante, cursaba su último año de Derecho. Antes de conocer a Danny había oído hablar a su hermano... la hija de un arquitecto, diecinueve años, fantástica en la cama. Prendió una esquirla incandescente en alguna clase de oscuridad. Ansia y envidia le corrieron por las venas.

—¿Cómo que fantástica? ¿Qué tiene de fantástica?

—Es increíble.

Ansiaba conocerla, lo temía a medias. Cuando la vio por primera vez, era como si la ropa se desprendiera de ella delante de sus ojos. Se sintió mareado. Apenas se atrevió a demostrar interés; lo avergonzaba saber lo que sabía. Era un conocimiento que lo condenaba, le cantaba en los oídos desde el primer instante, le cuchicheaba en la sangre.

La primera vez que salieron juntos fueron al Metropolitan y subieron la escalinata que su padre subió corriendo en su día. Era hacia el final de una tarde serena. En el interior de los grandes muros protegidos, casi no se atrevía a mirarla, aunque ella estaba a su lado. Se moría de ganas de hablar, de hablarle como si no hubiese nada en juego. Era consciente tan sólo de los miembros, el cabello de Danny, las cosas que sabía que ella había hecho. Parecía hermosa y sosegada. Todas las cosas la reflejaban, todo sugería amor: los torsos, los limpios miembros de mármol, el pliegue de músculo que circundaba las caderas de un joven griego. Él estaba un poco detrás de ella. Vio su mirada recorrer los hombros, el estómago, y detenerse en los genitales y el vello ensortijado, esculpido. Fue como si lo estuviera menospreciando a él. Siguieron caminando; Theo tenía la boca seca, no acertaba siquiera a hacer una broma. Notaba que a ella él le era indiferente.

Y ahora, con un traje y un sombrero de paja como el que usan los campesinos, con un diente de león en el ojal, Theo se erguía, poseedor por fin de la mujer que había encontrado su hermano, que éste le había preparado, le había ofrecido sin saberlo. Theo tenía la cara juvenil y las manos morenas de sol. Había visto a Viri varias veces, pero apenas lo conocía, y a Nedra una sola vez. Estaba esperando a que llegasen.

Se retrasaron. Aparcaron donde la carretera se interrumpía, rota —había ya ocho o diez coches— y subieron juntos por el pequeño sendero de piedra hasta la casa. Árboles enormes la sombreaban. Había vasos brillantes en una mesa de bufé dentro, frutas, flores, pastel. La luz del sol entraba por amplios ventanales. Varios gatos desfilaron por delante de sus pies.

—Me alegro de verlos —les dijo Theo.

—Y nosotros también —contestó Nedra.

—Vengan a conocer a nuestro anfitrión.

Nedra encontró a sus hijas arriba. Lloraron juntas, lloraron y sonrieron. Secaron las lágrimas de la cara de Danny, que le bajaban en líneas rectas hasta la boca. Cuando Viri apareció en la puerta, titubeante, ella rompió a llorar de nuevo.

—¿Por qué lloras? —preguntó él.

—Por nada.

—Yo también.

Un día vasto y luminoso, los árboles suspiraban, hacía un poco de calor en los cuartos. La ceremonia fue breve, un gato se restregaba contra la pierna de Viri. Tocaron la marcha nupcial cuando la pareja de recién casados entró en la sala de la recepción. En el momento en que vio a su hija, de un blanco radiante, cerca de otro hombre, marchándose, ya lejos, Viri sintió una súbita punzada de amargura y de pérdida, como si de algún modo fuera un fracasado, como si una palabra bastase para repudiar su vida entera.

Bebieron vino tinto y abrieron los regalos. Se volvieron hacia Viri para que propusiera un brindis.

—Theo y Danny —empezó. Levantó la copa y la miró—. Pase lo que pase, estáis entrando en la felicidad verdadera, la mayor que uno llega a conocer.

Todos bebieron. Llegó un telegrama de Chicago. QUE VUESTRA VIDA ESTÉ SEMBRADA DE FLORES AHORA Y PARA SIEMPRE. MANDAD FOTOS. ARNAUD. Hablaron de él; quizá él supiese que lo harían. Contaron historias adorables. Tales historias se habían convertido en la auténtica existencia de Arnaud, era como un personaje en una obra que uno imita y admira. No podía fracasar ni desaparecer. Era como un huésped maravilloso que se marcha pronto y cuyo recuerdo perdura, fortalecido por haberse interrumpido en el instante preciso.

El automóvil de los recién casados partió —pareció que bruscamente—, y de repente hubo manos que saludaban, gritos de despedida, y enfilaba ya la carretera, perseguido por un perro labrador.

—Bueno, ya se han ido —dijo alguien.

—Sí —asintió Viri.

El perro negro, a lo lejos, corría tras el polvo del coche, corría y se rezagaba. Por último abandonó la persecución y se quedó solo en la carretera, junto a unos árboles.

Eso fue en primavera. Franca pasó aquel verano con su madre, en el mar. Tenían una casita descolorida por la intemperie en el lindero de un campo de patatas. El automóvil estaba estacionado delante, un Morris inglés que le habían comprado al mecánico, con la pintura cuarteada por el sol. Había un jardín, un cuarto de baño en donde el agua salía a trompicones de los grifos, y una vista de las dunas difusas.

Hacían largos almuerzos. Conducían hasta el mar. Leían a Proust. Andaban por la casa descalzas y con las piernas desnudas, el cuerpo bronceado, los ojos del mismo tono gris, los labios lisos y pálidos. Días de calma, de compañerismo, el sol les filtraba toda preocupación, las dejaba satisfechas. Uno las veía por la mañana. Estaban en el jardín, una mujer hermosa regando las flores y su hija cerca de ella, extendiendo el brazo y acariciando lentamente a un larguirucho gato blanco. O veía la casa cuando ellas no estaban: las ventanas silenciosas, los breves bañadores tendidos sobre la caja de madera, los petirrojos con su cabeza oscura y su cuerpo curtido que corrían por el césped.

Se sentaban al sol ante una mesa de madera que había fuera. Pequeñas abejas amarillas comían las peladuras del queso. Nedra descansaba las palmas sobre los tablones calientes y lisos. Era a principios de agosto. El mar cantaba. Sobre él se había alzado esa mañana una neblina de plata en la que unos niños gritaban y jugaban, en las horas vacuas después del almuerzo.

Visitaron a Peter y Catherine. Cenaron debajo de los grandes árboles. Después se sentaron a hablar de Viri. Nedra se había desabrochado parte del vestido y se frotaba el estómago. Ayudaba a la digestión, dijo. Arriba, en la oscuridad, cruzaban aviones con un sonido persistente y débil, y sus luces avanzaban entre las estrellas.

—Comí con él el mes pasado —explicó ella—. Está un poco cansado de... ya sabéis, la vida. No ha sido fácil para él, no sé por qué exactamente.

—Oh, me parece que el motivo es muy simple —dijo Peter.

—Una se equivoca tantas veces...

—Sí, pero tú y Viri... dos personas que se separan son como un leño que se parte. Las mitades nunca son iguales. Una de ellas contiene el núcleo.

—Viri tiene su trabajo.

—Pero tú eras la que desempeñaba la parte sagrada. Tú puedes vivir y ser feliz; él no.

—En realidad, ahora está mejor —dijo Franca.

—Hace mucho que no lo vemos.

—Está mucho mejor —les aseguró ella.

—¿Sigue viviendo en la casa? —preguntó Catherine.

—Oh, sí.

Habían hablado de comida y de viejos amigos, de Europa, de tiendas de la ciudad, del mar. Como un hombre de negocios que deja para el final los asuntos importantes, Peter preguntó:

—¿Y tú, Nedra?

—¿Yo?

—Sí.

—Bueno, he cenado tan bien y tengo una cama tan cómoda...

—Sí.

—Estoy pensando. Supongo que no estoy acostumbrada a responder a una pregunta así, menos aún a una persona que me entiende. —Hizo una pausa—. ¿Qué impresión doy?

—Peter —intervino Catherine—, Nedra no quiere hablar de eso.

—No quiero decepcionarte —dijo Peter—, pero lo cierto es que tienes un aspecto estupendo, pareces la misma de siempre.

—La misma de siempre... No. Ninguno de nosotros es el mismo. Estamos avanzando. La historia continúa, pero ya no somos los protagonistas. Y luego... Hace unos días tuve una visión extraña. El final no es como esos grabados de un esqueleto con una capa negra. El final es un judío gordo en un Cadillac, uno de esos hombres fumándose un puro que vemos todos los días. El coche es nuevo, tiene las ventanillas cerradas. El hombre no tiene nada que decir, está demasiado ocupado. Te vas con él. Simplemente. A la oscuridad. ¿Por qué estoy tan habladora? —preguntó—. Es el brandy. Tenemos que irnos.

Sin embargo, a lo largo de los días estaba totalmente en paz. Su vida era como una hora única y bien aprovechada. Su secreto consistía en no tener remordimientos, en no compadecerse de sí misma. Se sentía purificada. Extraía sus días de una cantera que nunca se agotaba. Los días le deparaban libros, recados, la orilla del mar, correo ocasional. Leía las cartas despacio y con atención, sentada al sol, como si fueran periódicos del extranjero.

—Me da mucha pena —dijo Catherine.

—¿Pena? ¿Por qué pena?

—Es una mujer infeliz.

—Es más feliz que nunca, Catherine.

—¿Tú crees?

—Sí, porque no depende de un hombre, no depende de nadie.

—No sé lo que entiendes por depender. Siempre ha tenido alguno.

—Pero eso no es depender, ¿no?

—Es una mujer condenada a ser infeliz.

—¿No es curioso? —dijo Peter—. Yo pienso exactamente lo contrario.

—Tú no sabes gran cosa de mujeres.

—El otro día la vi haciendo ramos de flores.

—¿Haciendo ramos de flores?

—Sí.

—¿Qué quiere decir eso?

—Nada, salvo que no creo que sea infeliz.

—Peter, no sé nada de lo que has podido ver, pero una mujer que abandona su hogar tiene que ser infeliz, ¿no crees?

—Bueno, Nora Helmer abandonó su hogar.

—Estoy hablando de la vida real.

—Yo también.

—Lo que estás diciendo no tiene ningún sentido.

—Catherine, tú sabes bien que en las grandes obras de arte hay una verdad que trasciende los simples hechos.

—Si estás hablando de Nora, ¿es la Nora de Ibsen?

—Sí.

—No sabemos qué fue de ella. Cada cual puede sacar sus propias conclusiones. ¿No es así?

—Me gusta lo que Nedra representa —dijo él.

—Claro que te gusta.

—No me refiero a eso. Sabes exactamente lo que quiero decir.

—Sí, creo que lo sé.

—¡Maldita sea! —gritó él.

—¿Qué?

—Estoy hablando de otra cosa, ¿no lo entiendes? De cierta valentía, un estilo de vida.

—Creo que es algo que tú te imaginas.

—Un reino de mujer.

—¿Por qué ese interés repentino por las mujeres?

—No es repentino.

—Lo parece.

—La vida de los hombres me aburre —dijo él.

8

Peter Daro había estado de joven en el hotel Alsace de París, donde murió Oscar Wilde. En la misma habitación; había dormido en la misma cama. Todo eso había desaparecido.

Era un hombre de costumbres y una sola expresión cómica: dejaba caer bruscamente la boca, con una falsa consternación. La usaba para todo, para expresar confusión, incredulidad. Volvía de la ciudad en tren los viernes por la noche, en vagones vetustos que se deshacían y cuyos ejes chirriaban. Se oían voces en las estaciones donde paraban en la niebla, la exuberancia y rudeza cuando los policías y los técnicos de reparaciones se apeaban en sus ciudades. A continuación, el largo traqueteo del trayecto a través de los llanos, los campos que por fin aparecían, restaurantes que él reconocía, comercios. Catherine lo esperaba en el coche; volvían a casa bajo los frondosos árboles estivales.

Su casa, similar a un establo, estaba abierta, desprotegida. Su incuria formulaba una súplica, como un viajero que se ha quedado sin dinero. La carretera se ensanchaba ante la casa, formando un islote en el que había un cementerio de piedras inclinadas, nombres que se habían esfumado, hombres ahogados en el mar. El coche entraba en un sendero de guijarros lisos. Las luces estaban encendidas dentro, el fuego ardía en la chimenea, los pálidos retrievers ladraban.

Un animal de costumbres y, sí, excéntrico. Preparaba la cena, sus hijos jugaban en sus habitaciones de arriba. Su mujer estaba en el cuarto de estar, hablando con Nedra. Los andenes de las pequeñas estaciones estaban ya desiertos, oscurecía, las casitas estaban iluminadas por doquier.

Se desenvolvía bien en la cocina; vieiras frescas y Graves blanco, frío. Sabía hacer cosas: una bebida, un fuego, una cena, qué clase de cocina había que tener. Desde su casa se divisaban campos largos y vacíos en donde a veces se posaban gaviotas.

Su gran amor era la pesca. Había pescado en Irlanda, en Restigouche, había pescado en el Fryingpan y el Esopus.

—Allí conquisté a Catherine —recordaba—. Un día milagroso. Bajamos al río y ella se sentó en la orilla, leyendo mientras yo pescaba. Al final dijo: «Tengo hambre.» Y exactamente en aquel momento, como a la carta, saqué dos truchas preciosas.

»Pero la mejor historia de pesca que conozco —dijo— le sucedió a un amigo mío que vive en Francia. Su suegro tiene una gran casa de campo con un estanque, y en ese estanque vivía un lucio enorme. Un pez muy astuto, muy viejo. El jardinero lo perseguía desde hacía años, había jurado matarlo. Un día, Dix estaba pescando allí, sin pensar en nada, y al recoger sedal enganchó por accidente la cola del lucio. Insólito, pero a veces ocurre. Una lucha intensa. El lucio medía casi un metro de largo. Dix forcejeaba y pedía ayuda a gritos. El jardinero corrió a la casa y volvió con una escopeta, y antes de que nadie pudiese detenerlo estaba disparándole al lucio. Había sangre por todas partes, un gran revuelo. El pez estaba aturdido pero vivo. Lo pusieron en una bañera, donde flotaba herido. Esa noche murió. Hubo discusiones sobre la manera exacta en que había muerto, porque tenía marcas de cuchilladas, pero en cualquier caso no había remedio, lo congelaron en un bloque de hielo, era invierno, y más tarde lo mandaron a París para que hiciesen una sopa de pescado para una cena importante que iba a dar el suegro. Dix asistió, y todo el mundo, incluso el ministro de Educación, que probó un pedazo de pescado se llevó la mano a la boca, desconcertado, y se sacó fragmentos de perdigón. El suegro miró a Dix y Dix... ¿qué podía decir? Se limitó a encogerse de hombros.

»A las mujeres no les gusta pescar, ¿verdad? —decidió.

—Pues claro que nos gusta, querido —dijo su mujer.

—No les gusta madrugar. En realidad, a mí tampoco.

Le gustaba el brandy, los vasos de cristal, el vermut con *cassis* en The Century. Su vida era sólida, bien organizada, tal vez no feliz pero confortable; había excesos de confort, como noches en coches cama con sábanas limpias y ciudades flotantes en la oscuridad. Los primeros anacronismos aparecieron en sus ropas, las primeras manchas de la edad en el dorso de sus manos. Rara vez había música en su casa. Libros y conversaciones, reminiscencias. Llevaba camisas azules a cuadros, descoloridas a fuerza de lavarlas. Zapatos ingleses un tanto anticuados. En la cara lucía una expresión de alerta maravillosa, en el iris de un ojo, una ligera tonalidad oscura como una mácula sagrada. Había viajado, había cenado, hablaba de hoteles con el afecto que uno reserva normalmente para las mujeres o los animales. Sabía exactamente en qué museo colgaba tal cuadro. Su francés era un andamiaje destartalado, compuesto de vocabulario de comida y bebida. Lo hablaba pomposamente.

Las horas pasaban deprisa. La neblina se estaba formando, el brandy se había acabado.

—Dios mío —dijo Nedra—, ¿qué hora es?

Peter miró su reloj de pulsera. Tras un momento de reflexión, dijo:

—La una.

—He bebido demasiado brandy. No puedo beber más.

—Bueno, se ha acabado.

—Me baja a las piernas.

Silencio. Peter asintió con la cabeza.

—Nedra... —dijo finalmente.

—¿Qué?

—No les hace ningún daño —dijo.

Una última imagen de Peter plantado en la entrada iluminada, la niebla borraba todo lo demás, la casa, incluso las ventanas, los perros se apelotonaban detrás de él.

—Déjame que te lleve a casa —decidió de pronto—. Esta niebla es espantosa. Recoges tu coche mañana.

—No, no te preocupes.

—Conozco las carreteras —dijo él. Su expresión era seria, articulaba mal las palabras—. ¡Malditos perros! ¡Esperad un segundo! —gritó—. No deberías conducir sola —dictaminó.

Sólo llegaron hasta el final del sendero, donde él chocó contra un poste.

—Tenía razón. No habrías podido sola —dijo él.

Aquel otoño, en noviembre, se le empezaron a hinchar las piernas. Era algo inexplicable. Le afectaba a las rodillas y los tobillos. Fue al hospital, le hicieron pruebas, le hicieron de todo pero sin resultado, hasta que al final, como por sí solo, el líquido desapareció y, tras él, como una sequía mortal, se inició un cambio terrible. Sus piernas empezaron a cobrar rigidez y a endurecerse.

Los médicos ahora sabían lo que era.

—Es la gota —le decía él a todos, sosegadamente, acostado en la cama—. Siempre la he tenido. Va y viene a temporadas.

Era la exuberancia de la vida, explicaba, el destino de los Reyes Sol. Sufría dolores, aunque nadie lo advertía. El dolor aumentaba. Se extendía. La piel y el tejido subcutáneo se endurecían. Se estaba convirtiendo en madera.

—¿Qué tiene? —le preguntaban a Catherine los amigos.

No tenía nombre.

—No lo sabemos —respondía ella.

9

Nedra no lo vio hasta la primavera. Era domingo. Catherine salió a abrir cuando llamó a la puerta.

—Se alegrará de verte —dijo.

—¿Cómo está?

—Igual —dijo Catherine—. Está en la habitación de al lado.

—¿Entro a verlo?

—Sí, entra. Estamos bebiendo algo.

Nedra oyó voces. Desde la entrada vio a un hombre de carrillos gruesos a quien no reconoció. Al entrar en la habitación y acercarse se dio cuenta de pronto de que aquella cara hinchada era la de Peter. ¡No lo había conocido! En seis meses había dado un paso gigantesco hacia la muerte. Tenía los ojos más hundidos, su nariz parecía más pequeña. Hasta su pelo... ¿llevaba una peluca?

—Hola, Peter —saludó ella.

Él se volvió y la miró inexpresivo, como un desconocido disoluto, arrellanado en una silla. Nedra tuvo ganas de llorar.

—¿Cómo estás?

—Nedra —dijo él, por fin—. Bueno, teniéndolo todo en cuenta, no estoy mal.

Debajo de las mangas de su chaqueta tenía los brazos consumidos de un paralítico. Todo su cuerpo se había endurecido, era como la tapa de un arcón, apenas podía moverse.

—Toca —le dijo él.

La obligó a tocarle la pierna. A ella se le encogió el corazón. Era la pierna de una estatua, la rama de un árbol. La carne que la envolvía se había convertido en una caja. Dentro de ella estaba el hombre, como un preso.

—Te presento a Sally y a Brook Alexis —dijo él.

Una mujer joven, pelirroja. Su marido era flaco, plegado como una mantis religiosa bajo una ropa anodina. Sus hijos estaban jugando con los de los Daro al fondo del apartamento.

La conversación era insulsa. Llegaron otras personas, un primo de Peter y una anciana que tenía un ojo de cristal. Era la baronesa Krinsky.

—Los médicos, querido, los médicos no saben nada —dijo ésta—. Cuando yo era niña caí enferma y me llevaron al médico. Estaba malísima. Tenía fiebre y la lengua negra. Bueno, dijo él, una de dos: o te has empachado de mermelada de moras o tienes el cólera. No era ni lo uno ni lo otro, por supuesto.

Nedra tuvo ocasión de hablar con Catherine a solas.

—Pero ¿qué es? —preguntó ella.

—Esclerodermа.

—No lo he oído en mi vida. ¿Es sólo en los brazos y piernas?

—No, puede extenderse. Puede cubrirlo todo.

—¿Qué se puede hacer?

—No mucho, me temo —dijo Catherine.

—Pero habrá medicinas.

—Bueno, le están dando cortisona, pero mírale la cara. En realidad, no hay nada. Todos dicen lo mismo: no pueden prometer nada.

—¿Tiene dolores?
—Casi continuamente.
—Pobrecita mía.
—Oh, yo no. Pobre él. Se despierta tres o cuatro veces por la noche. En realidad no duerme.
—¡Catherine! —la estaba llamando—. ¿Puedes abrir una botella de champán?
—Claro —respondió ella. Fue a buscarla.
—¿Qué haces últimamente? —estaba preguntando el primo.
—Pensar —dijo Peter.
—¿Cosas en general?
—Estoy pensando en cuáles serán mis últimas palabras —contestó él—. ¿Sabes cómo murió Voltaire?
Lo interrumpió Catherine, que volvía con una bandeja y copas. Abrió la botella y empezó a escanciar.
—No —dijo Peter en cuanto hubo probado el champán—. Hay algún error.
—¿Qué?
—Este champán no es el bueno.
—Sí lo es, querido.
—No lo es.
—Querido —protestó Catherine—, es el que bebemos siempre.
Estaba en un cubo plateado. Sacó la botella para mostrarle la etiqueta.
—¿Qué le da este gusto tan raro? —Se dirigió a la baronesa—. ¿A usted qué le parece?
—Muy bueno.
—Ya. No me diga que estoy perdiendo el paladar. Eso sería grave.
Sonrió a Nedra, y al hacerlo era una figura extraña, de imitación, rubicunda y corrompida.
Su voz era lo único que no había cambiado, su voz y su carácter, pero la estructura que los albergaba se estaba di-

solviendo. Todos los conocimientos antiguos, interconectados —la arquitectura unida a la zoología y al mito persa, las recetas de liebre, la relación con pintores, museos, ríos de tierra adentro rebosantes de truchas—, se volverían polvo en cuanto fallasen las grandes cámaras internas, cuando en la hora postrera las habitaciones de su vida se derrumbaran como cuando se derriba un edificio. Su cuerpo se había vuelto contra él; la armonía corporal que reinó antaño se había desvanecido.

—Los grandes especialistas de esto están en Inglaterra —dijo—. El doctor Bywaters. ¿Cómo se llama el otro, Catherine? En el hospital de Westminster. Se me ha olvidado. Pensé en ir a Inglaterra, pero ¿para qué hacer un viaje tan largo si conozco la respuesta? El momento de ir fue cuando fuisteis Viri y tú. Deberíamos haber ido, lamento no haberlo hecho. Adoro Inglaterra.

—Nos hospedamos en Brown's.

—Brown's —dijo él—. Tomé el té allí una vez. Ya sabes lo rigurosos que son para el té de la tarde: el fuego en las chimeneas, los pasteles. Bueno, en la mesa de al lado había una inglesa con su hijo. Rondaría los cuarenta, y era una de esas mujeres de clase alta que montan a caballo hasta los ochenta. Habían ido al teatro, y durante una hora estuvieron comentando la obra que habían visto, que era *El jardín de los cerezos*. Yo estaba escuchando, claro, y en aquella hora dijeron unas cuatro frases. Fue una conversación fabulosa. Ella empezó diciendo, tras un largo silencio: «Una obra muy buena.» Nada más durante quince minutos. Al final, él dijo: «Hum, sí, muy buena.» Una larguísima pausa. Luego ella dijo: «Esos maravillosos silencios...» Pasaron otros diez minutos. «Sí, muy efectistas», dijo él. «Tan típicos del temperamento *esclavo*», dijo ella. Ya sabes que los ingleses tienen una actitud absolutamente inflexible respecto a la pronunciación. «Esclavo» fue exactamente lo que dijo, en lugar de «eslavo».

Guardó silencio, como si se arrepintiera de algo que hubiese dicho.

—Me encantaría volver a Inglaterra —dijo Nedra.

—Oh, sí. Volverás.

Su voz se fue apagando.

Al final su mujer se lo llevó fuera de la habitación. A pasitos, arrastrando los pies, como sobrellevando lo que le quedaba de existencia.

—¡Le ha alegrado tanto verte! —dijo Catherine en la puerta.

No podemos imaginar esas dolencias que se llaman idiopáticas y son de origen espontáneo, pero sabemos instintivamente que tiene que haber algo más, alguna debilidad oculta que ellas explotan. Es imposible pensar que surgen por azar, es insufrible pensarlo.

Nedra llegó a la calle. Estaba inquieta, como si el aire que había estado respirando, la copa de la que había bebido estuviesen contaminados. ¿Qué sabemos realmente de todo esto?, pensó. Había tocado la pierna de Peter. Le pareció que tenía la garganta un poco inflamada. Tendría que vigilarse para ver si aparecían indicios infrecuentes. Insensato, pensó, indigno. Al fin y al cabo, los hijos de Peter vivían en el mismo apartamento, su mujer dormía en la misma habitación. Pasó por delante de farmacias abarrotadas, al fondo de las cuales trabajaban farmacéuticos. Cosméticos, medicamentos, inhaladores para el asma: vio su imagen reflejada entre ellos, los objetos sagrados que curaban, restituían la felicidad. Y en algún lugar, arriba, tal vez durmiendo ahora o postrado en lo que aparentaba ser sueño, estaba la víctima para la que todos los remedios y las curas eran vanos.

¿Es la enfermedad un accidente, o es una especie de elección, del mismo modo que el amor lo es: escondido, involuntario, pero cierto como una huella dactilar? ¿Morimos a causa de algún acto de volición, aunque no lo entendamos?

—Ven a verlo otro día —le había dicho Catherine.

Un mes más tarde, Peter estaba peor, había vuelto al hospital. Su familia había perdido la esperanza; estaban aguardando el fin. El tiempo era ya caluroso. Muerte en verano, en una ciudad macilenta de la que todo el mundo quería huir, muerte sin sentido, sin aire.

Resistió seis semanas. Era demasiado fuerte para morir.

El médico entró para hacer su visita de rutina.

—Bueno, ¿cómo se encuentra hoy? —preguntó.

—Dicen que estoy bien —acertó a decir Peter.

—Pero ¿usted qué dice?

—No puedo disentir del mundo entero, ¿no?

El médico le palpó el abdomen, las piernas.

—¿Se siente muy incómodo?

—No.

—Pero ¿le duele?

—Me duele muchísimo.

—Es usted un tipo duro, Peter.

—Sí.

Quería salir del hospital e ir a su casa junto al océano. Su vida era ahora una serie de incidentes menudos; había perdido toda perspectiva. Tenía una ambición, dijo, una sola meta. Apenas podía moverse, no podía doblar los brazos ni las piernas, y tenía las articulaciones tan hinchadas como las de Tutankamon. Había jurado caminar hasta el mar.

—Lo harás, querido —dijo su mujer.

—Lo digo en serio —contestó él.

—Ya lo sé.

Él volvió la cabeza hacia la pared.

En septiembre lo llevaron en coche a Amagansett. No hay mes más hermoso allí. Los días vierten su calor y por las mañanas se huele el otoño. La casa era de veraneo; en invierno estaba siempre cerrada. Las paredes eran delgadas. Era como adentrarse en el mar en una frágil barca; el primer frío, las primeras tempestades la desmontarían.

Peter yacía acostado en el piso de arriba. La habitación estaba orientada al este, hacia el vasto Atlántico. Bajo sus ventanas, una enfermera con uniforme blanco tomaba el sol en el césped.

Había muchas discusiones ahora; a cada hora del día había una riña. Por debajo de estas disputas había agravios más profundos. Peter acusaba a su mujer de abandonarlo, de darlo por muerto.

—Se ha portado de maravilla —le confesó a Nedra—, como un ángel, pocas mujeres hubiesen hecho lo que ella, pero ahora quiere irse, quiere irse a la ciudad a descansar unos días, ahora que la necesito. Y unos días... sé lo que significan. ¿Cómo está Viri?

Apenas prestó atención a la respuesta. Viri leía biografías, tenía tres o cuatro a su lado en la mesilla: Tolstói, Cocteau, George Sand.

—¿Cómo está Franca? —preguntó—. ¿Y Danny?

Él le contó historias de su familia, le habló de cosas de las que nunca le había hablado antes, de su primera esposa, a la que aún escribía de vez en cuando, de su hermana, de los planes que tenía para el invierno.

Cenaron en su habitación. Su amigo John Veroet, con quien pescaba a menudo, había preparado la cena. Comieron sobre un mantel rosa. Vasos brillantes, servilletas rígidas, un fuego de leña, el frío del atardecer en las ventanas. Peter estaba en la cama con el pelo peinado y el cuello de la camisa abierto. Fue una cena deliciosa, festiva, perversa, como una cena de Nochevieja en St. Moritz en que el anfitrión se había, por desgracia, roto una pierna.

Él no comió nada. Llevaba casi una semana sin poder comer; no le entraba. Sólo un poco de yogur, de té. Hablaba con ellos incorporado sobre almohadas.

—¿Qué obras buenas hay, John? —preguntó.

Veroet comía los guisantes nuevos, mezclados con setas, que había guisado él mismo. Era un hombre corpulento y con una lengua ácida. Hacía críticas de teatro. Era propietario de una pequeña casa. Su mujer y su amante eran amigas.

—No hay ninguna —dijo finalmente.

—Oh, vamos. Tiene que haber algo bueno.

—¿Bueno? A ver, ¿qué entiendes tú por bueno? Hay un montón de obras malísimas que la gente cree que son buenas. Dios mío, es una auténtica vergüenza. Todos los años publican las obras de tipos como John Whiting, Bullins, Leonard Melfi, obras que no fue a ver absolutamente nadie, que los críticos condenaron unánimemente, es un delito ponerlas en tapa dura, pero lo hacen y la gente empieza a decir que son obras maestras, clásicos modernos. Luego te enteras de que las están representando en el repertorio de la universidad de Montana, o adaptando para la televisión.

Hablaba mirando el plato. Rara vez miraba a alguien a la cara.

—John, siempre dices lo mismo —dijo su mujer.

—Tú no te metas —replicó él.

—Nadie va a ver tampoco las obras que a ti te gustan —dijo ella.

—La gente fue a ver *Marat-Sade*, ¿no?

—A ti no te gustó.

—No me gustó, pero no me disgustó.

Bebió un poco de vino. Tenía húmedo el labio superior.

Nedra le preguntó si había oído hablar de Richard Brom.

—¿Brom?

—¿Qué piensa de él? —dijo ella.

—Bueno, no tengo mucho en su contra. No lo he visto nunca.

—Creo que es el actor más increíble de nuestra época.

—Tiene usted suerte. La mayoría de las veces vas a verlo actuar y acabas en alguna calle de antiguas tintorerías y tiendas de muebles usados. A todos nos interesa lo invisible, pero él quizá se pasa.

—Brom cree en un público comprometido.

—¡Cómo no, cómo no! —exclamó Veroet—. Está cansado del público antiguo, y yo también de formar parte de él. Pero en realidad no existe el teatro no visto, es la negación del teatro mismo. Al final tiene que salir a la luz. Si no sale no es teatro, es otra cosa, vidas recitadas.

—¿Quién es ese Brom? —preguntó Peter.

Nedra comenzó a describírselo. Le habló de sus representaciones, de la fortaleza de su cuerpo, de su inagotable energía. Veroet se había desplomado hacia un costado y estaba durmiendo en la silla, junto a la ventana.

—Siempre lo hace —explicó su mujer.

—John, despierta, escucha esto —lo llamó Peter—. No me extraña que no encuentres nada interesante en el teatro. ¡Despierta, John! Nedra, no importa, no tiene remedio, sigue...

Los Veroet la llevaron a casa. Eran las once pasadas. Ella les preguntó qué pensaban.

—¿De Peter?

—Sí.

—Puede que viva un mes —dijo Veroet—. O puede que viva cinco años. Hay una mujer en Sag Harbor que tiene lo mismo desde que yo la recuerdo. No tan grave, desde luego. Depende de si ataca a un órgano vital. Esta noche se encontraba muy bien.

—Estaba estupendo.

—Como en los viejos tiempos —dijo Veroet.

Peter Daro no caminó hasta el mar. Murió en noviembre. En el entierro, su cara dentro del féretro estaba maquillada, como una anciana invencible o como la cara de un payaso.

QUINTA PARTE

1

¿Adónde va?, pensó, ¿adónde se va?

La desconcertaban las distancias de la vida, todo lo que se perdía en ellas. Ni siquiera lograba recordar —no llevaba un diario— lo que le había dicho a Jivan la primera vez que almorzaron juntos. Se acordaba sólo de la luz del sol que la incitaba al amor, la certeza que sentía, el vacío del resturante mientras hablaban. Todo lo demás se había erosionado, ya no existía.

Las cosas que ella creyó imperecederas —imágenes, olores, el modo en que él se ponía la ropa, los actos profanos que la habían pasmado— se oscurecían ahora, se tornaban falsas. Apenas escribía cartas, no conservaba casi ninguna.

—Crees que sigue ahí, pero no es cierto. Ni siquiera recuerdas los sentimientos —le dijo a Eve—. Trata de recordar a Neil y lo que sentías.

—Es difícil de creer, pero estaba loca por él.

—Sí, lo dices, pero ya no lo sientes. ¿Te acuerdas por lo menos de cómo era?

—Sólo por fotos.

—Lo extraño es que al cabo de un tiempo tampoco crees en las fotos.

—Todo ha cambiado tanto.

—Yo siempre había creído que las cosas importantes sobrevivirían —dijo Nedra—. Pero no sobreviven.

—Recuerdo mi boda —comentó Eve.

—No te creo.

—Oh, sí. Estuvo mi madre.

—¿Qué te dijo?

—No paraba de decir: «Mi pobre niña.»

—Yo tenía diecisiete años cuando vine a Nueva York. —Nunca le había contado eso a Eve—. Vine con un hombre de cuarenta años. Era concertista de piano y había pasado por Altoona. Cuando me escribió para invitarme, puso una rosa dentro de la carta. Estuvimos en su casa de Long Island. Vivía con su madre, y venía a mi habitación de noche, tarde. Ya ves, ni siquiera recuerdo su cara.

Todo la abandonaba con movimientos lentos, imperceptibles, como la marea cuando uno le vuelve la espalda: todo y todos los que ella había conocido. De forma que los pesares y las dichas, lejos de ser enterrados con uno, se desvanecían antes, salvo pedazos dispersos. Ella vivía entre episodios olvidados, caras desconocidas desprovistas de nombre, desgajadas del universo mismo que ella había creado; así llegaban a ser las cosas. Pero no tengo que mostrar nada de esto, pensó. No debía revelárselo a sus hijas.

Componía su vida día tras día, usando como materiales la vacuidad y el pánico, así como los arranques de júbilo, similares a una fiebre. He superado el miedo a la soledad, pensó, estoy más allá.

La idea la estremecía. Lo he superado y no naufragaré.

Esta sumisión, este triunfo la hicieron más fuerte. Era como si, a la postre, tras haber rebasado etapas inferiores, su vida hubiese cobrado una forma digna. Lo artificioso quedaba atrás, junto con las esperanzas y las expectativas insensatas. Había veces en que era más feliz de lo que nunca había sido, y le parecía que aquella felicidad no era algo que le hubiese sido concedido, sino algo que ella había obtenido, había buscado, sin conocer su forma, algo por lo que había renunciado a todo lo que era más fácil de alcanzar: incluso a las cosas insustituibles.

Su vida era suya. Ya no estaba a merced de quien quisiera tomarla.

2

Se sorprendió cuando Viri vendió la casa. Era algo que ella suponía que nunca ocurriría y para lo que no estaba preparada. La venta la trastornó. Denotaba que Viri estaba enfermo o que poseía una gran fortaleza; ella no sabía cuál de las hipótesis le daba más miedo. Había en la casa muchas cosas que le pertenecían, nunca se había molestado en retirarlas, era libre de hacerlo en todo momento. Pero cuando de pronto vio que estaba a punto de perderlas, no le importó. Les dijo a sus hijas que cogieran lo que quisieran; del resto se ocuparía ella.

Viri se iba de viaje, le dijeron.

—¿Adónde?

—Tiene el escritorio lleno de folletos. Algunos los ha marcado.

Ella lo llamó.

—Me ha entristecido mucho lo de la casa.

—Se estaba cayendo a pedazos —dijo él—. No, no es verdad, pero no podía cuidarla. Es toda una vida, ¿sabes?

—Lo sé.

—Me han pagado ciento diez mil dólares.

—¿Tanto?

—La mitad es tuya. Descontados la hipoteca y gastos.

—Creo que has conseguido un buen precio. No vale eso. Estoy segura de que no miraron el sótano.

—No es el sótano, sino el tejado.

—Sí, el tejado. Pero, en otro sentido, vale mucho más que ciento diez mil.

—No, la verdad.

—Viri, estoy muy contenta con el precio. Sólo que... bueno, no podemos volver a venderla, ¿no?

Zarpó en el *France* en la tarde ruidosa y triste. Nedra fue a despedirlo, como una hermana, como una vieja amiga. Había un gran gentío, una multitud que al final seguiría al barco hasta la punta del muelle, apiñada, agitando las manos, una muchedumbre de los años veinte, revoluciones en México, amenazas de guerra.

Tomaron una botella de champán sentados en el camarote.

—¿Quieres ver el cuarto de baño? —dijo él—. Es muy bonito.

—¿Cuánto tiempo estarás fuera, Viri? —preguntó ella, mientras examinaban los artilugios, los detalles concebidos para el mar encrespado.

—No lo sé seguro.

—¿Un año?

—Oh, sí. Por lo menos un año.

Franca llegó por fin.

—¡Qué tráfico! —dijo.

—¿Quieres un poco de champán?

—Sí, por favor. He tenido que apearme del taxi a tres manzanas de aquí.

Viri las llevó de inspección. Copas en mano, les mostró los salones, el comedor, el teatro vacío. Las escaleras estaban atestadas, los pasillos olían a humo de Gauloise.

—¿Se va toda esta gente? —preguntó Franca.

—O se van ellos o alguien que conocen.

—Es increíble.

—No sobra ni una plaza —dijo él.

Había sonado el aviso de que desembarcaran los visitantes. Caminaron hacia la pasarela. Viri besó a su hija y la abrazó, al igual que a Nedra.

—Adiós, Viri —dijo ésta.

Se quedaron en el muelle. Lo vieron en la barandilla de cubierta, donde se habían despedido, veían su cara muy blanca y pequeña. Él agitó la mano; ellas le respondieron. El buque era enorme, había pasajeros en todos los pisos, las dimensiones de su casco negro y manchado las apabullaron. Era como decirle adiós a una biblioteca, a un hotel. Por fin el barco empezó a moverse. «Adiós», gritaron ellas. «Adiós.» Los fuertes gemidos de la sirena inundaron el aire.

Esa noche, durante la cena, Nedra estuvo pensando en cosas que habían desaparecido junto con la casa; o, más bien, a su pesar, cosas que se le restituían como pecios de un naufragio en alta mar. Muchas otras, no obstante, perduraban. Su hija y ella estaban ahora sentadas en una casa —no eran más que unas cuantas habitaciones— que procedía de la que habían vendido. Bebieron vino, se contaron historias. Lo único que faltaba era un fuego de chimenea.

Viri cenó en el segundo turno. Tomó una copa en el bar, donde la gente entraba saludando a gritos al camarero. En el pasillo había mujeres de cincuenta años, vestidas para la cena, con colorete en las mejillas. Dos de ellas se sentaron cerca de él. Mientras una hablaba, la otra comía largos pedazos triangulares de pan con mantequilla, dos bocados de cada. Leyó el menú y un poema de Verlaine escrito en el reverso. Llegó el consomé. Eran las nueve y media. Navegaba hacia Europa. Debajo de él, mientras levantaba la cuchara, peces negros como hielo se deslizaban en un mar de medianoche. La quilla les pasaba por encima como un peine rugiente.

• • •

Franca era ahora editora. Tenía manuscritos en que pensar, propiciar que existieran. Trabajaba en un cubículo donde había una pila de libros nuevos, fotos, recortes, toda clase de distracciones. Iba a reuniones, almuerzos. En primavera iría a Grecia. Era tranquila, tenía una sonrisa encantadora, no conocía el camino a la felicidad pero sabía que llegaría a ella.

—¿Sigues viendo a Nile? —le preguntó Nedra.

—Pobre Nile —dijo Franca.

Nedra estaba fumando un puro, le confería una pizca de autoridad, de fuerza. Puso música, como haría un hombre para una mujer, y se recogió los pies por debajo del cuerpo en el sofá.

—Esta tarde, en el barco, estaba pensando en que todo está al revés. Deberíamos haberte despedido a ti —dijo.

—Yo voy en avión.

—Tienes que llegar más lejos que yo —dijo Nedra—. Tú lo sabes.

—¿Más lejos?

—En tu vida. Tienes que ser libre.

Ella no lo explicó; no podía. No se trataba de vivir sola, aunque en su caso había sido necesario. La libertad de la que hablaba era la conquista de una misma. No era un estado natural. Estada destinado solamente a quienes lo arriesgaran todo por conseguirla, a quienes eran conscientes de que sin ella la vida consistía únicamente en apetitos hasta que te quedabas sin dientes.

3

El apartamento de Nedra estaba cerca del Metropolitan. Era el anexo de un edificio y estaba a pie de calle. Sólo tenía dos habitaciones, pero había un jardín; más que eso, una pared compuesta enteramente por ventanas, como un invernadero. El jardín se había marchitado; estaba seco, las enredaderas eran frágiles, las jardineras de piedra estaban vacías. Pero le daba el sol todo el día, y en el interior, detrás del talud de cristal, Nedra tenía muchas plantas, protegidas, cuidadas. Las bañaba la luz; desprendían exuberancia y sosiego. La puerta del jardín, como la de una casa en Francia, era de hierro pintado, con cristal en la mitad superior. Había una chimenea en el dormitorio y un cuarto de baño estrecho y desastrado. Por las mañanas se sentaba a una mesita, sola, descalza, y dejaba correr la imaginación. El silencio, la luz del sol la envolvían. Comenzó —no en serio, se dijo; era demasiado orgullosa para arriesgarse a un temprano fracaso— a escribir cuentos para niños. Viri había inventado algunos maravillosos. A menudo pensaba en él como lo haría la viuda de un hombre famoso; lo veía de nuevo tomando el té por la mañana, fumando con cierta desmaña, y su ligero mal aliento y su pelo ralo únicamente se sumaban al recuerdo. Era tan dependiente, tan insensato. En una época de agitación o penuria, se habría hundido enseguida, pero había tenido la fortuna de vivir siempre en tiempos protegidos, en años de calma. Al rememorarlo veía sus manos pequeñas, su camisa azul a rayas, su ineficiencia, sus caprichos. Pero a la hora de inventar cuentos, era exacto y seguro como un hombre que conoce horarios ferroviarios. Comenzaba con frases magníficas, levemente ingeniosas. Sus cuentos eran ligeros pero no frívolos; poseían una claridad extraña, eran como una parte del océano donde se veía el fondo.

Ella se miró en el espejo. La luz era suave. Un lunar cerca de su mandíbula se había oscurecido. Las arrugas de su cara ya no eran indecisas. Era innegable que parecía más vieja, que aparentaba la edad de alguien a quien se admira pero no se ama. Había realizado su peregrinaje a través de la vanidad, las páginas de revistas, a través de la envidia, hasta un universo más vasto y tranquilo. Al igual que un viajero, tenía muchas cosas que contar, pero otras muchas que nunca podría referir.

A algunas mujeres jóvenes les gustaba hablar con ella, estar en su compañía. La tomaban como confidente. Estaba a gusto con ellas. Había una compañera de trabajo de Franca, Mati, cuyo marido la había abandonado y que se comportaba como si hubiese perecido ahogada. Una tarde, Nedra le enseñó a pintarse los ojos. En una hora, tal como Kasine había dicho que había convertido a una mujer en actriz, transformó un rostro feo y derrotado en una especie de Nefertiti capaz de sonreír.

Veía claramente la vida de aquellas jóvenes, cosas invisibles u ocultas para ellas. Y un día conoció a una muchacha japonesa, de huesos pequeños y misteriosa, que había nacido en St. Louis, pero era indeleblemente extranjera, un ser totalmente de otro mundo. Era como observar a un animal exótico que come a su manera, que tiene andares propios. Se llamaba Nichi. Iba a verla a menudo y a veces se quedaba dos o tres días. Sus eses eran suaves, dotadas de un secretismo oriental. Era grácil como un gato, podía caminar sobre platos sin hacer el menor ruido. Había vivido cinco años con un médico.

—Pero se acabó —dijo—. Un psiquiatra, no ejercía, estaba investigando. Un hombre muy inteligente, brillante.

—Pero no os casasteis.

—No. Poco a poco me di cuenta de que... la respuesta no está en la psiquiatría. Son extraños, ¿sabes?, tienen ideas muy raras. Ni siquiera quiero decírtelas. Se hará famoso —dijo—. Está escribiendo un libro. Lleva mucho tiempo trabajando en él. Es sobre las curaciones no convencionales. Tiene que ver con la mente, por supuesto, el poder del pensamiento. Ya sabes que hay hombres que pueden hacer lo que nosotros consideramos milagros. Había uno famoso en Brasil; fuimos a verlo. Era conserje en un hospital, pero después del trabajo recibía a pacientes que venían de todas partes, desde cientos de kilómetros de distancia. Incluso los operaba sin anestesia. Y no sangraban. Es cierto. Lo filmamos.

—No he oído hablar de él.

—Oh, el gobierno lo reprime todo —dijo ella. Hablaba con intensidad, certeza—. Los médicos intentan desmentirlo.

—Pero ¿cómo trabaja? ¿Qué le dice a un paciente?

—Bueno, yo no hablo su idioma, pero les pregunta: «¿Qué te ocurre? ¿Dónde te duele?» Los toca, igual que un ciego lo toca todo, y luego se para y dice: «Es aquí.»

—Increíble.

—Los abre con un cuchillo corriente.

—¿Lo esteriliza?

—Un cuchillo de cocina. Yo lo he visto.

Se hipnotizaban mutuamente con la charla y la admiración. Las horas transcurrían lentamente, horas en que la ciudad se hundía en la tarde, horas que les pertenecían a ellas solas. Nedra sentía un interés por Oriente que quizá le había inoculado Jivan, y ahora, en presencia de aquella chica esbelta que aseguraba que tenía nueve sentidos y se quejaba de no tener pechos, se sentía atraída nuevamente. Nichi tenía los dientes pequeños, en mal estado, juraba ella, acababa de pagarle al dentista doscientos dólares y aun así le había hecho un precio especial.

—Le dije que cuando estuviese anestesiada podía hacer lo que quisiera.

—¿Y?

—No estoy segura.

Tenía una figura perfecta. Era, como se suele decir tan a menudo, una muñeca. Tenía los dedos finos, y los de los pies huesudos como las patas de un gorrión. En su apartamento quemaba incienso; su ropa estaba levemente impregnada de ese olor. Era licenciada en Psicología, pero aparte de sus estudios no había leído nada. Nedra mencionó a Uspenskii. No, no lo conocía. No había leído a Proust, Pavese, Lawrence Durrell.

—¿Qué escribieron? —dijo.

—¿Y a Tolstói?

—Tolstói. Creo que he leído algo de él.

Se reunían en el jardín del Museo de Arte Moderno, con la ciudad muda más allá de sus muros. Almorzaban, hablaban. Por debajo de la brillante cabellera negra, llameante al sol, por detrás de sus ojos intensos, por un momento Nedra vio algo que la conmovió profundamente: aquella cosa rara, haber hecho una amiga cuando el corazón ya ha comenzado a cerrarse.

Era como un árbol frutal —pensaba—, estéril ya pero todavía fuerte, como los árboles del huerto en pendiente de Marcel-Maas, largo tiempo atrás. Su nombre había aparecido recientemente en la prensa. Tenía una exposición importante, había artículos sobre él. Por fin lo reconocían, era lo que había soñado y deseado, las cosas que no pudo decir, los amigos que no había tenido, la aclamación: todo ello se hallaba ahora a los pies de los lienzos que había pintado. Por fin estaba a salvo. Existía, no podía desaparecer. Aquello incluso salvó a su ex mujer. Ella formaba parte del triunfo, había hecho mutis por el foro antes del último acto, pero hablaría de ello mientras viviera: en cenas, en restaurantes, en las grandes y vacías habitaciones del granero, si todavía lo habitaba.

A Nedra iban a verla mujeres jóvenes. Llamadas de teléfono, conversaciones con amigas, una carta ocasional de Viri. Se percataba de que la vida se componía de aquellos guijarros. Le dijo a Nichi que había que someterse a ellos...

—... pisarlos —le dijo—, herirse los pies.

—¿Qué entiendes por guijarros? Creo que lo sé.

—... tumbarte encima de ellos, derrengada. ¿Sabes cuando notas las mejillas calientes por el sol que les ha dado?

—Sí.

—Déjame que te lea la mano.

Su mano era estrecha, sus líneas asombrosamente marcadas. Aquella palma parecía desnuda, como la de una mujer de más edad. Trazó las líneas principales. Sentía la inteligencia, la angostura, la inmovilidad de aquellos ojos mates levantados hacia ella, con fascinación y credulidad, pero no lo dio a entender.

—Tu mano está a caballo entre la emoción y el intelecto —dijo—, dividida entre los dos. Eres capaz de verte fríamente, hasta en los períodos en que te riges por las emociones, pero al mismo tiempo eres romántica, te gustaría entregarte totalmente, sin pensarlo. Tu intelecto es fuerte.

—Es la emoción lo que me preocupa.

—¿Que no haya suficiente?

—Sí.

—Hay suficiente. Hay más que de sobra. Oh, sí.

Las dos estaban examinando la palma parva y desnuda.

—Pero eso ya lo sabes —murmuró Nedra.

Estaba creando la verdad, ideándola. A su espalda brillaban las plantas y la luz del sol, rasgaban el aire rayos en los que flotaba un polvo luminoso. Ella no respondió, como habría podido hacerlo: «No, lo cierto es que eres una mujer que nunca estará satisfecha. Buscarás, pero no encontrarás nunca.»

Estaba próxima a cosas que eran demasiado poderosas. Intuía un ascendiente sobre aquella joven dócil, era fácil propasarse. De repente comprendió cómo era posible que matase un pinchazo de alfiler en una muñeca.

Se lo dijo a Eve más tarde, como si se tratase de un accidente que había sido evitado.

—Bueno, ¿qué hiciste?

—La llevé a comer a L'Étoile.

—¿L'Étoile?

—Me sentía culpable —dijo Nedra—. Por supuesto, me sentí algo menos culpable cuando vi la cuenta. Me costó treinta dólares.

—¿Qué comisteis?

—No sé lo que me impulsa a gastar dinero de ese modo. He combatido ese impulso.

—De vez en cuando.

Nedra sonrió. Sus dientes eran todavía blancos, los dientes de una mujer que se cuida.

—No, lo he intentado. Por alguna razón me resulta difícil. Sé que voy a morir en la pobreza...

—Nunca.

—... sin un céntimo. Después de haberlo vendido todo, las joyas, las ropas. Vendrán a llevarse los últimos muebles.

—Es imposible imaginar eso.

—Para mí no —dijo Nedra.

4

Viri estaba en Roma, había llegado a la ciudad despacio, como un pedazo de papel cae hasta la calle. Se hospedaba en el Inghilterra. Le planchaban la ropa, las camareras le llevaban su colada, las camisas encima, plegadas con esmero. Las camareras se llamaban Angela, Luciana, nombres de heroínas de fábula. La habitación era pequeña, el cuarto de baño, grande, y en el umbral había una tira de latón muy deslustrada. La bañera era estrecha, el suelo, de azulejos blancos, el grifo del agua caliente tenía un punto rojo y uno azul el de la fría. En el pasillo, Angela llamaba a Luciana. Se oían portazos. Un portero suspiraba.

Había deshecho el equipaje. Sus zapatos estaban ordenados debajo de la cama, había fotos en la mesa recubierta de cristal que le servía de escritorio, un cristal que amplificaba el tictac de su reloj de pulsera cuando lo depositaba encima. Estaba exiliado en aquel país de camareros y criadas cojas. No tenía ocupaciones. Fingía visitar sitios, ver por fin todas las cosas que había descuidado. Estaba leyendo una biografía de Montaigne. Una o dos veces habló de escribir un libro.

Amanecer. El tráfico había empezado. Cubría ya el día una luz opaca, italiana, como las puertas de un teatro que se abre por la mañana. Estaba solo. Con la solemnidad de un campesino, partía los panecillos ligeramente pálidos y polvorientos en la base que le servían con el desayuno. Esparcía en silencio los suaves rizos de mantequilla y bebía el té. En la ciudad lejana gruñían los coches y resonaba el tenue e insistente martilleo de obreros contra piedra.

En las calles angostas y descuidadas por donde le gustaba pasear, miraba los escaparates de tiendas de antigüedades, llenos de reflejos de transeúntes. En el frío del interior, entre sillas enormes, los anticuarios hablaban sentados mientras la mañana transcurría, haciendo gestos ocasionales con las manos, sin advertir la mirada de curiosidad de Viri.

Tenía cuarenta y siete años. Tenía el pelo escaso, paseaba bajo el sol de Roma. Se había extraviado en las ciudades de Europa, palomas se apiñaban en cada nicho, dormidas en las rodillas de santos. Era un hombre que esperaba a que llegase el *Tribune* a los quioscos, que comía solo. Se sobresaltaba cuando se veía la cara en los escaparates bañados de luz. Era la cara de antiguos políticos, de pensionistas, con arrugas que parecían negras como tinta. No me desprecien por ser viejo, suplicaba.

Almorzaba en un restaurante, sentado cerca de la ventana. Luz fría de un mediodía frío. Fuera, los árboles ya habían perdido sus hojas. Era en la Villa Borghese; el aire del gran parque estaba húmedo e inmóvil, el rumor de las cosas a lo lejos llegaba como remotas cascadas de hielo. Ante él tenía un pedazo de papel en donde escribía, durante los largos intervalos entre platos, una lista de las cosas que podían salvarlo, siquiera por un rato, es decir, los placeres que le quedaban. «Fuegos de leña —había escrito—, *The London Times*, cenas con amigos...»

El tiempo se le había agriado a Viri. Le apestaba en los bolsillos. Tenía proyectos un tanto vagos, citas, pero nada que hacer. No fijaba la mirada en cosas, resbalaba sobre ellas como un insecto moribundo. Se tambaleaba, oscilaba entre aquellos momentos en que no tenía ni un gramo de fuerza, ningún motivo, ningún impulso de lucha, en que sentía, ay, que ojalá pudiera correr hacia la muerte como un fanático, un creyente, delirante, atolondrado, con aquellos pies acelerados que corrían hacia el amor... y luego, en la quietud de las primeras horas de la tarde, sentado en cualquier sitio, al abrir el periódico, era una persona completamente distinta.

Estaba de pie en el cuarto de baño entre la silla blanca, el alféizar de mármol gris, las enormes ventanas esmeriladas que parecían intensificar la luz. La curva hacia adentro del borde del bidé, su tersura le provocaban por un instante la añoranza más profunda. La curva complementaba la porción del cuerpo que encajaba en ella, y Viri se debilitaba como uno se debilita al ver una prenda vacía o la ropa interior, limpia y mínima, de la mujer amada tirada en el suelo.

No se veía claramente a sí mismo, ahí estaba la cosa. Sabía que tenía talento, inteligencia, que no iba a perecer como un molusco arrojado a la orilla. Se dijo que todo el pasado, todo lo que había sido arduo, todo aquello contra lo que había luchado, como un viajero con demasiadas maletas —idealismo, lealtad, todas sus cualidades, su decencia—, lo necesitaría cuando fuese viejo, lo conservaría, lo mantendría vivo; esto es, interesaría a alguna otra persona. Y luego, un día después, la enfermedad llegaba; era algo que él no reconocía ni entendía. De repente nunca había estado tan nervioso, asustado, deprimido. Tuvo un atisbo de lo que era una depresión nerviosa: el acto de perder el control de la vida. Le dolía el pecho, tenía las piernas frías, tragaba saliva, su mente cobraba un ritmo febril. Contemplaba los patios traseros en las tardes de invierno, patios con balcones y rellanos acristalados. Su único contacto con el mundo, más allá del débil rumor del tráfico, de las voces incesantes en el pasillo, era el teléfono negro, un instrumento aterrador, estridente como una pesadilla, y por el cual llegaban voces bruscas, voces cuyo estado de ánimo apenas discernía. No tenía fuerzas, ganas de salir. Pensar en la gente lo asustaba. No quería hablar italiano; no era su lengua ni su sensibilidad. Quería ver de nuevo a sus hijas, una sola vez, antes del fin.

Al día siguiente, bajo la luz del sol, todo mejoró. El cielo era templado, la gente sonriente y amistosa. Era como si viesen que él era un inválido, el superviviente de un naufragio.

Fue al estudio de dos arquitectos con quienes se había carteado. Eran jóvenes y serios. A uno de ellos lo había conocido en Nueva York. La recepción era tranquila y suntuosa, del lujo compuesto por elecciones infalibles. Irradiaba orden, comprensión, se sintió inmediatamente a gusto. La fiebre había pasado.

La secretaria alzó la vista.

—*Buon giorno.*

—Soy el señor Berland.

—Buenos días, señor Berland. —Su cara miraba hacia arriba, era un rostro pequeño e inteligente, y tenía el pelo corto y negro como el ala de un pájaro—. Le esperábamos —dijo—. El señor Cagli tiene una visita; es cuestión de minutos.

—Muy bien.

Se miraron. Le pareció que ella asentía ligeramente, a la manera oriental.

—¿Lleva mucho tiempo en Roma? —preguntó ella.

—Varias semanas.

—¿Le gusta?

—Es extraño; creo que todavía no me he aclimatado del todo.

—¿Habla italiano?

—Bueno, he empezado.

—*Bene* —se limitó a decir ella.

—Soy pésimo para el italiano.

—No, no lo creo. *Trova quale più facile, parlare o capire?*

—*Capire.*

—*Sì* —convino ella.

Sonrió. Tenía una boca pequeña como la de un niño. Se llamaba Lia Cavalieri. Tenía treinta y tres años. Vivía cerca del cementerio protestante. ¿Había estado allí?, le preguntó.

Él tardó en contestar.

—No —murmuró.

—Keats está enterrado allí.

—¿Sí? ¿Aquí en Roma?

—¿No ha visto entonces su tumba? Es muy conmovedora. Está a trasmano, apartada. No tiene ningún nombre, ¿sabe?

—¿Ningún nombre?

—Una inscripción muy bonita, pero sin nombre.

Estuvo a punto de decir: «Le llevaré a verla, si quiere», pero se contuvo. Se lo dijo en la segunda visita.

Caminaron hacia la tumba un día tibio de invierno. El suelo estaba seco bajo los pies. Lejos, cerca de un árbol, Viri vio las dos lápidas. Después fueron a comer.

Al igual que Montaigne, cuya vida estaba leyendo, había conocido a una italiana durante un viaje y se había enamorado de ella. Lo único que faltaba eran los baños de Lucca. Montaigne tenía entonces cuarenta y ocho años. Un arroyo al que daban por muerto había resucitado.

5

Lia era del norte. Su padre había nacido en Génova, con su escarpada necrópolis; su madre, más románticamente, en Niza. Ella le contó todo esto. Él adoraba los pormenores de su vida, lo electrizaban. Había entrado en un período en que todo lo suyo parecía ser una repetición que acontecía por segunda o tercera vez, un espectáculo del que conocía todas las posibilidades. Ella se lo hizo olvidar.

—Niza. ¿Alguna vez perteneció a Italia?

—Todo perteneció a Italia alguna vez —dijo Lia.

Los nombres que ella decía, la historia, los incidentes de su infancia, todo era nuevo para él, todo brillaba como la energía en la negrura de su cabello. Lia poseía una inteligencia resignada, era maniática, era tímida. La gran desdicha de su vida era no haberse casado.

Desde el momento mismo en que la vio sentada, desenvuelta y menuda, detrás del escritorio, cuando la vio mecanografiar o utilizar el teléfono, supo lo competente que era. Pero ella no se había aventurado a nada, se limitaba a esperar, todos aquellos años había estado aguardando a un hombre. Era una especie de lisiada brillante; imaginaba cualquier cosa, pero no podía andar. Y él sólo era un poquito mejor. Aunque desde el principio ella lo atrajo intensamente, se sentía inseguro; hacía mucho tiempo que no cazaba y cuando lo había hecho tampoco había sido demasiado hábil.

Fueron a cenar a un restaurante, La Fornarina, llamado así por la hija del panadero que había sido la amante de Rafael. Era invierno, el jardín estaba cerrado. Ella le dijo que había querido hablar con él nada más verlo. Se había formado una idea de Viri por lo que había oído hablar de él y por sus cartas, pero ninguna expectativa alcanzaba a explicar la proximidad y el reconocimiento que sintió cuando él entró por primera vez en la recepción.

—Eres uno entre mil —le dijo ella—. Sí, eres muy especial.

A él lo inundó una calidez, un vértigo como si hubiese derrotado a un enemigo. Lia lo abrazaba con una palabra, una mirada; le había abierto el cielo gris, la luz se derramaba. Siempre nos salva un accidente. Una persona a quien jamás hemos visto.

Lia conocía Roma como la conoce un condenado a cadena perpetua. Conocía sus tiendas, sus llanuras de sol, sus calles con vistas especiales. Le enseñaba parte de estas cosas. Él recobraba sus apetitos, sus ansias, su capacidad para la alegría.

Ella le llenaba la copa de vino, pero se servía sólo un poco que no probaba. Le dijo, sin la más mínima urgencia, que carecía del poder de resistirse a él.

—Creo que lo sabes —dijo ella. Deslizó la mano debajo de la suya. El contacto de sus dedos dejó a Viri sin respiración.

Lia tenía un coche pequeño, muchos pares de zapatos, dijo con nostalgia, algo de dinero en Suiza; era como una comida preparada.

—Y tú has venido a comértela —dijo ella—. Sí, es una cena maravillosa, la comida de toda una vida.

Zuppa, carne, verdura, formaggi. La procesión sobre el mantel de platos blancos y mellados, el pan sencillo y tosco, los camareros con sus chaquetillas ligeramente manchadas. El vino no le hizo efecto, estaba demasiado estimulado para que se lo hiciera. Sintió el calor de la cara de Lia cuando ella se inclinó sobre la mesa para ayudarlo con el menú. Comía muy poco, fumó unos cuantos cigarrillos, hablaba. Su padre comerciaba con cereales. Era conservador, menudo, amargamente defraudado por el hermano de Lia. Había amado a su hija quizá excesivamente; en ocasiones había sido un amor demasiado intenso, demasiado carnal. Él la besaba siempre en la boca, besos profundos, sin ningún titubeo. Solía decir que cuando su mujer muriese iba a casarse con Lia. Bromeaba, por supuesto, pero una vez le tocó un pecho en el autobús y ella había sentido repulsión.

—¿Te estoy aburriendo?

—Desde luego que no —dijo él.

—¿Seguro?

—Me maravillas. Tienes un vocabulario riquísimo. ¿Cómo has aprendido inglés tan bien?

—Hace años que lo hablo —dijo ella.

—¿Cómo es eso?

—Supongo que te estaba esperando, *amore*.

¿Debo describir el acto de amor que los unió, puede que aquella misma noche? Ella tenía la llave del apartamento de una amiga. Dio tres vueltas a la cerradura; una puerta estrecha y barnizada, una de dos, se abrió. No había alfombras, el suelo estaba frío. Él no sintió vacilación ni miedo. Era como si nunca hubiese visto a una mujer; lo abrumó verla desnuda, ver la oscuridad en el fondo de su desnudo, su mente musitaba oraciones, sus oídos estaban llenos de susurros. La ciudad se le abrió como un jardín, las calles lo acogieron y recitaron sus nombres. Vio Roma como unos de los ángeles de Dios, desde arriba, desde lejos, sus luces, sus aposentos más pobres. La bendijo, se rindió a su corazón. Se convirtió en su apóstol, creyó en su gracia.

Lia lo dejó en la entrada del hotel, y su coche, ruidoso y vulgar, arrancó. Cada detalle del trayecto a su habitación —la cara del *portiere*, la pesada llave, el cerrarse puertas bruñidas, la ascensión, el lento recorrido de pasillos abovedados—apuntalaba su sensación de triunfo. Se tumbó en la cama jubiloso de estar solo en un momento tan solemne, de poder saborearlo. En las calles de la ciudad dormida, a lo largo de sus avenidas nuevas y desiertas, a través de sus plazas despobladas, el coche de Lia proseguía su marcha, los faros brincaban nerviosamente sobre los baches de la calzada, y los pensamientos de Viri lo envolvían, protegían su avance.

El teléfono sonó por la mañana.

—*Ciao, amore* —dijo ella.

—*Ciao*.

—Quería oír tu voz.

—Estaba dormido —confesó él.

—Sí, claro. El sueño de los bienaventurados. Yo también...

Sus palabras lo reanimaron. A las camareras se les caían las escobas en el pasillo.

—Te imagino ahí acostado... —Por fin hablaba libremente. Tenía tantas cosas que decir, había esperado tanto tiempo...—. Te imagino dándote un baño. El agua cae en la bañera y un ruido suntuoso llena la habitación.

—¿Estás en casa? —preguntó él.

—*Sì*. En mi casa, en la cama. Es una cama pequeña, no como la tuya.

—¿Como la mía?

—Tienes una cama grande, ¿no? Por lo menos me la imagino así.

Llamaba desde su cuarto con una voz ligeramente reservada, aunque, como ella dijo, su madre no hablaba inglés. Viri estaba en Italia. Las chicas de la calle, los mecánicos, los chicos de las afueras que las noches de invierno volvían en moto del trabajo a su casa, con las manos envueltas en papel de periódico... de pronto sentía que podría compartir sus vidas.

Fueron otra vez al apartamento con puertas de madera. De día parecía abandonado. El suelo tenía un impreciso diseño de flores, las paredes eran de color tabaco. Las ropas inglesas de la dueña, apartadas a un lado, colgaban en un ropero. El sol, como casualmente, entraba por una ventana. Era un lugar desnudo y escalofriante, pero visita tras visita se hizo suyo.

Iban los sábados. Él se sentaba a hacer bocetos de las ruinas de enfrente. Junto al codo tenía pilas de revistas ajadas: *Oggi*, *Paris-Match*. En la calle, el sonido de pisadas fugitivas, el estruendo de automóviles. Parecía tranquilo, pero estaba aterrorizado. Nunca aprendería, pensó, el idioma, los horarios, la vida. Se concentró en el dibujo, buscando los colores apropiados. Ella apareció a su lado.

—¿Te molesta la música?

—En absoluto.

Puso un disco. Lo observó dibujar. Por la tarde fueron al cine. Aparcaron a tres manzanas de distancia. Al acercarse al cine se sintió como un muchacho que no se ha estudiado la lección y está entrando en clase. Se mezcló incómodo con los demás espectadores. Sentados en la sala, ella le susurraba en la oscuridad los diálogos importantes.

La radio sonaba débilmente. Al atardecer hacía frío; estaban helados. La luz menguaba, aun en aquellas latitudes meridionales. Ella había puesto la cafetera en el fuego y estaba preparando las tazas y las cucharas: rumores tenues, caseros, que a él le sonaban como voces remotas. Sintió el primer acceso de pánico por la amabilidad de Lia. No era eso lo que necesitaba. Su vida se estaba decolorando, se estaba deshaciendo, flotaba como un papel en la marea; necesitaba horas productivas, trabajo, responsabilidad. Sonrió lánguidamente cuando ella llevó las tazas a su silla y se arrodilló a su lado. Silencio. Al estilo de una criada, empezó a quitarle los zapatos y los calcetines. Se quedó descalzo. Lia atrajo sus pies hacia ella.

—Estáis fríos —dijo. Los abrigó con las manos—. Voy a calentaros. —Les hablaba como a niños—. Así, así es mejor, ¿verdad? *Sì*. Sí, no estáis acostumbrados al invierno, a estos inviernos. Son algo nuevo. Pueden ser más fríos de lo que pensáis. Con vuestros bonitos zapatos ingleses todo el mundo cree que estáis calientes y contentos. Mirad qué bonitos son vuestros zapatos, dicen ellos, qué bonitos. Sí, creen que estáis calientes por vuestro aspecto, creen que sois felices. Pero no es fácil encontrar la felicidad, ¿eh? Es muy difícil. Es como el dinero. Sólo llega una vez. Si tienes suerte llega una vez y lo peor es que no puedes hacer nada. Puedes esperar, buscarla, cólera, rezos. Nada. Qué espanto no tenerla, esperar la felicidad, tener paciencia, estar preparada, levantar una cara luminosa como niñas en su primera comunión. Sí, te dices que tú, tú estás preparada.

Apretaba la mejilla contra los pies desnudos. Parecía una mujer muy pequeña.

—Y no ocurre nada —dijo—. Les ocurre a los demás. Sí, piensas que te sucederá a ti. Y año tras año tienes más que dar, no gastas nada, no te quitan nada, eres más rica, estás repleta y todos los años lo mismo: nada. Hasta que por fin casi no hay otros, estás sola como una flor en un prado grande, y es otoño, sí, los días se acortan, la hierba se inclina al paso del viento. Y sale el sol y todavía brilla sobre ti, sola en el campo grande, la última flor, hermosa, sí, debido a eso, y ahí estás en las tardes largas, interminables, esperando, esperando...

Era una mujer de gran fortaleza. Era liviana, pero poseía voluntad y también una soledad aterradora. La ciudad se hacía eco. Los amplios postigos de acero se cerraban de noche, las calles se despoblaban, la gente desaparecía. Había luces en algunos restaurantes y cafés vacíos; el resto era oscuridad y vacío. Los monumentos dormían, los gatos se acurrucaban debajo de coches estacionados. Era una ciudad edificada sobre el matrimonio y las leyes, aunque ridiculizados, aunque despreciados; todo lo demás era fugitivo, vano.

—Encontrarás la felicidad —le dijo él.

Estaban almorzando. El invierno deparaba días soleados, mediodías de infinita calma. Partió un pedazo de pan para encubrir su confusión, consternado por el tiempo del verbo que había empleado.

—¿Tú crees? —dijo ella fríamente. No se le escapaba nada.

—Sí.

—Es alentador.

Lia le examinó la cara. Lo hizo con cautela, prevenida.

Él se arrepintió de lo que había dicho, fue como si hubiese tratado de liberarse de toda participación en la vida de ella. La culpa, y las caras saludables de los comensales de las mesas vecinas, le produjeron agitación y vergüenza. La larga, morena cabellera de las italianas, sus rostros apasionados —tanto más conmovedores cuanto que eran blandos y no durarían un decenio—, la charla de parejas, de familias, su intenso interés recíproco, sus risas, todo ello parecía festejar la vida conyugal, cuyas múltiples facetas eran más ricas que la suya propia, y más densas también que todas las posibilidades de su vida. Lo asustó percatarse de que ya había incurrido con Lia en el silencio de las comidas rutinarias, con la atención centrada en otras personas, en la gente que se sentaba a las mesas, mientras aguardaban a que les sirvieran.

—Estás callado —dijo ella.

—¿Sí?

No supo qué otra cosa contestar. Veía enfrente de él, como si fuera un hecho consumado, a la mujer con la que se había casado y con la que estaba destinado a compartir la mesa todos los años que le quedasen de vida. Envidiaba a todos los que a su alrededor se habían casado con otra mujer y estaban enfrascados en una conversación fluida: a la larga, ¿hay algo más importante que eso? Es el pan de la vida sexual.

Al mismo tiempo, entendía que era una especie de pánico lo que lo impulsaba a guardar silencio, que no era él mismo, que estaba dubitativo. En aquella mujer había anhelos y apetitos profundos, casi invencibles. No se revelarían en un día, habían estado demasiado tiempo en suspenso. Ella era como un reo, un paria en quien hay que confiar para que no se hunda, necesitaba que alguien la salvara. Y asombraría a aquel hombre, al hombre que se comprometiera. Le pasaron por la mente pensamientos del río subterráneo, el viaje que pocos hombres osaban emprender, pues en él había que arriesgarlo todo.

—¿Sabes lo que me gustaría hacer, Lia...?

—Dime.

—Me gustaría hacer un viaje. Me gustaría ir a algún sitio contigo, lejos de Roma, juntos. ¿A ti te gustaría?

—*Sì, amore.*

—Una o dos semanas.

—*Sì.* ¿Puedes esperar sólo un poquito? Mis padres van a marcharse. Sería un buen momento.

—¿Adónde van?

—A Sicilia.

—Iremos al norte.

—No te preocupes, no nos buscarán.

No pudo mantener sus pensamientos intactos el tiempo suficiente para comprender lo que estaba ocurriendo. Estaba agitado; ¿lo estaba poniendo a prueba? ¿Todavía era posible que para él hubiese algo más que aquella caída en picado desde la apariencia de la felicidad al aburrimiento? O quizá, a la manera de alguien ciego para su propia debilidad, estuviera a punto de reproducir aquella domesticidad sin salida, de repetir las mismas situaciones que lo habían llevado hasta allí, a un país extraño, lejos del suyo.

A veces dormía en el apartamento, inquieto y solo. Ella iba a verlo por la mañana. Llevaba naranjas en su bolso, flores, fotos de su infancia, del padre que la adoraba con excesiva franqueza, fotos sacadas en Mikonos, en Londres cuando ella pesaba cincuenta y cinco kilos —qué horror, las pasaba aprisa, se avergonzaba de ellas, pero quería enseñárselo todo—, de la feúcha amiga inglesa en cuya casa de campo pasó una Navidad glacial. Quería que él compartiese su vida. Se arrodillaba en la cama, con sus bragas blancas, y pelaba una naranja. Se mostraba solemne, no decía nada. Los postigos estaban abiertos, la luz del sol entraba.

Ella le enseñó la ciudad, el ojo de cerradura, en la piazza dei Cavalieri di Malta, por el cual se veía un jardín escondido y más allá, flotando en el aire, vasta como el sol, la cúpula de san Pedro. Le mostró museos y las ruinas de Ostia, san Juan en la Porta Latina con el árbol herido por el rayo, santa Agnese, donde los barberos de Roma afeitaban a los mendigos, pequeños restaurantes, tumbas. En la pared de estuco, de un rojo desvaído, donde vivía un loco debajo de la acera cuando ella era una niña —solían escucharlo y corrían cuando aullaba— había una inscripción. Viri se paró a leerla. JOVEN, BUENA PRESENCIA, TRABAJADOR. OBJETO: MATRIMONIO. BUSCA CHICA SERIA Y «CARINA». Debajo había un número de teléfono y algunos comentarios irreverentes.

—Sí —dijo Lia secamente—. Matrimonio.

—¿Lo dirá en serio?

—Quién sabe.

Era un día templado. El invierno casi había terminado.

6

Fueron al Argentario en abril. Las carreteras estaban desiertas. Rodaron durante horas y con el calor del sol a través del parabrisas y el suave balanceo del coche, Viri se sentía en paz. El campo que atravesaban no era el paisaje que él había esperado; era costa industrial, pelada. No había ciudades tranquilas ni granjas.

Conducía Lia. Mientras la miraba, hablaba y observaba sus manos pequeñas, comprendió que en cierto modo, a pesar de todo, estaba postergando algo: era la opinión que tenía de ella. Se preguntaba vagamente qué pensaría Nedra; estaba casi nervioso, se lo imaginaba todo, hasta un rechazo cortante, se disponía a discutir con ella: eran siempre exasperantes aquellas discusiones que él nunca ganaba.

—¿En qué estás pensando, *amore*?

—¿En qué estoy pensando? Nunca soy capaz de responder a esa pregunta.

—¿Son pensamientos secretos?

—No, no exactamente.

—Dime.

—Nada es secreto. Es sólo que ciertas cosas no se pueden expresar muy bien.

—Excitas mi curiosidad.

—Te lo diré esta noche, en la cena —dijo él.

Ella sonrió.

—¿No me crees?

—No quiero husmear.

El hotel que Lia había escogido estaba en la ladera de una colina. Era un hotel aislado y caro. Firmaron con sus nombres en una recepción pequeña, en presencia de un joven que vestía pantalones de rayas y chaqué. Transportaron su equipaje a uno de los pabellones de abajo, y la puerta de su habitación estaba abierta. Al igual que un preso al que sacan de un despacho administrativo y, tras recorrer pasillos, oye finalmente los cerrojos de acero que cierran su celda, Viri, en el momento en que estuvieron solos, se sintió inmensamente deprimido. El suelo que pisaba era de azulejos. La habitación era fría y oscura, y la ventana se hallaba ensombrecida por otros muros. La cama era amplia, montada de una forma práctica: dos camas más pequeñas juntas. La cama privaba de mucho espacio adicional.

—Lo siento —dijo él—. ¿Te gusta la habitación?

Ella miró alrededor y se encogió de hombros.

Viri subió los escalones hasta la oficina, donde, tras mucho consultar el libro de reservas, pese a que el hotel estaba casi vacío, y tras varias conversaciones entre el recepcionista y alguien invisible en un cuarto trasero, accedieron a darles otra habitación: una suite, de hecho.

Viri no conseguía hablar en italiano.

—¿Es el mismo precio?

—Sí, señor, el mismo —dijo el recepcionista, sin molestarse en levantar la vista.

—Gracias.

—No hay de qué, señor.

Bajaron a la cala después de comer. El sol calentaba. Al bajar atravesaron un chalet tras otro, todos ellos nuevos, todos con el césped recién regado. Lia hablaba de dónde se podía vivir en Roma, en qué clase de apartamento. Viri divagaba. Los tejados de los chalets, los senderos de entrada eran todos idénticos. De vez en cuando asentía con un sonido. Procuraba parecer contento.

Se tumbaron en la playa de guijarros. El bar de bambú y palmas estaba cerrado, porque todavía no era temporada.

—Háblame —dijo ella—. Me hablas tan poco de ti. Me fascina tu nombre. ¿Cómo puedes llamarte Vladimir?

—Es un nombre ruso. Mi familia procedía de Rusia.

—¿De qué parte?

—No lo sé. Del sur.

Se callaron. Un empleado solitario estaba rastrillando algas. El agua estaba demasiado fría para bañarse. Al mirar abajo, él vio de pronto las piernas flacas y blancas de su padre. Se envolvió en la toalla. El viento le ponía la carne de gallina a Lia, cuya piel siempre era de un tenue color moreno, exótico, extraño.

—¿Quieres una toalla?

—Prefiero el sol —dijo ella.

—¿Cómo es Sicilia?

—Nunca he estado.

Subieron despacio el camino de vuelta. Era muy largo, al bajar él había procurado no pensar en el regreso. Ella se paró dos veces a descansar y Viri la esperaba de pie, una de las veces encima de un montón de basura.

—La tiran por todas partes —dijo ella—. Hay una huelga, *amore*, ¿sabes? No la recogen.

Él comenzó a fijarse en las bolsas de plástico verde metidas entre la maleza, a lo largo de la carretera.

—Deberíamos haber bajado en coche —dijo.

—*Sì*.

Al atardecer, el cuarto olía a humedad. Viri vio a un mosquito que planeaba por la pared superior. Se tendió en un sofá cerca de las puertas de la terraza, y Lia se tumbó a su lado. Tenía la bata abierta —él se la había desatado— y los ojos ocultos en la sombra. La marca negra de su ombligo, el aún más negro vello púbico, relucían ante él como piedras oscuras en el fondo de un estanque. Lia era delgada y tenía la piel blanda, fácilmente magullable. Él de pronto estuvo entre sus piernas y ella estaba destapada y tendida encima de la bata. El mosquito se había perdido de vista, desvanecido. Estaban fundidos en los brazos del otro, absortos, desnudos, manchando la colcha arrugada que cubría la cama.

El acto era un tanto vergonzoso, un acto de aburrimiento y desesperación, acometido porque todo lo demás había fallado. Concluyó enseguida. Se acostó al lado de ella y le colocó el brazo debajo de la cabeza, tapándola al mismo tiempo con la bata como si ella fuese una tienda y él la estuviese cerrando para la noche: una tienda con la que había que hablar. Lia no dijo nada. Permaneció inmóvil en la oscuridad.

En Porto Santo Stefano encontraron un restaurante y se sentaron a cenar. Sólo había otra mesa ocupada.

—Supongo que es un poco pronto —comentó él.

—*Sì.*

Viri contaba con la comida para rellenar parte de la alegría que había huido de él, al igual que uno confía en medicinas o en distracciones. Leyó el menú y lo releyó como un hombre en busca de algo que inexplicablemente falta. Tenía al camarero plantado cerca del codo.

Lia confesó que no tenía hambre. El anuncio desalentó a Viri. Empezó a sugerir platos que quizá le apeteciesen.

—*Bollito misto.*

—No.

—Tienen pescado.

—Nada, *amore.*

El restaurante estaba vacío; hasta la calle, fuera, estaba silenciosa. Derramó sal del platillo de cristal hundiendo en él la punta del cuchillo y dando un golpecito. Trató de beber el vino. Había pedido demasiado.

Lia lo observaba comer y habló poco. Era como una desconocida a la que hubiese encontrado en un viaje, y de improviso dudaba de si podía confiar en ella. Estaba seguro de que ella percibía su nerviosismo. El camarero estaba sentado cerca de la puerta de la cocina; el dueño parecía medio dormido.

—Es como si estuviéramos exiliados —dijo Viri—. Los *tagliatelle* están buenos. Prueba.

Lia aceptó. La mano de Viri le tendió el tenedor en la sala desierta, como un recinto en donde se hubiera cometido un asesinato.

—¿Quieres que volvamos a Roma? —preguntó ella.

Él se sintió culpable. Pensó que lo estaba estropeando todo.

—No lo sé. Lo decidimos mañana —dijo—. Estoy un poco nervioso. No sé por qué. Seguro que se me pasa. Y el hotel... Quizá sea el barómetro o algo. Dame un día o dos y estaré perfectamente.

Y más tarde, en la cama, la vio aproximarse, levantar los brazos y quitarse el camisón. Incluso ese acto lo asustó. Lia se deslizó a su lado, desnuda, sin prisas.

—*Amore* —dijo—, pues claro que esperaré. Tú lo sabes. Soy tuya —dijo, con una voz sin esperanza—. Haz conmigo lo que quieras.

7

Los terrores del destierro, de un mundo desconocido. Lo que al principio era nuevo, curioso, poco a poco forma una costra vital inextricable, la risa cesa, es como un aprendizaje difícil, que nunca terminará. Él no reconocía las fiestas. Hasta los domingos carecían de sentido, eran temibles, cerrados como un libro.

Adorato, susurraba ella, *amore dolce*. Perdona este cortejo incesante. Le quedaba muy poca contención, dijo. Tenía apetitos que sólo una huérfana podía conocer. Había empezado a perder la esperanza. Eso, de algún modo, la fortaleció. Ahora eliminó el pavor del ansia desesperada que había desplegado ante Viri. En su lugar había una especie de sumisión aristocrática. Fue a Milán con sus padres. Fueron a la ópera. Se cortó el pelo. «El dueño del hotel quiere que su hija se lo corte como yo», escribió. Fueron a exposiciones, de compras. «Ni siquiera eso suprime del todo la soledad. Te añoro. Fumo un puro habano por las noches. Me llaman Cigarello, por morena y flaca.» Regresó ocurrente y preciosa. Sus ojos eran serenos. Le deseaba, dijo. Estaba viviendo una pasión dannunziana, de aceptación y desesperanza. Me gustaría ser para tus manos tu jabón favorito. Estaban sentados en un banco de la Villa Borghese, comiendo chocolate con leche de un papel de aluminio. Del color de sus pezones, dijo ella más tarde. Tenía que irse a cenar a casa. *Ciao*, mi cisne, sonrió.

Se casaron un domingo. La madre de Lia le regaló a Viri un anillo francés esmaltado que había pertenecido a su familia. Confiaba en Viri. Estuvo alegre en el banquete nupcial, el mayor de sus temores se había desvanecido. Hasta el hermano se mostró cordial.

Empezaron una nueva vida. Vivían en via Giulia, en un apartamento en un tercer piso. Al fondo del zaguán, había que subir una escalera oval. No era muy grande, pero tenía un estudio. Había sol por la mañana, una cocina pequeña, un baño. Lia era muy feliz. Un apartamento intelectual, decía.

Estaban en calma, estaban en paz en la Vecchia Roma, la parte de la ciudad que a él le gustaba. Comenzó a pasear por sus tiendas y calles, recorría el trayecto a la piazza Navona, a Sant'Eustachio. Dormía bien. Estaba delgado. Trabajaba con Cagli y Rova. Parecía más joven, tenía menos arrugas en la cara o se le estaban quitando, después de que la incertidumbre se las hubiese arado como surcos. Quizá era sólo la luz.

La puerta tenía dos cerraduras.

—Roma está llena de ladrones —dijo Lia.

Él permanecía a su lado mientras ella giraba la llave dos, tres, cuatro veces, introduciendo más adentro el cerrojo. Había también una llave del portal y dos del coche. Él se acordaba de cuando nunca cerraban nada, excepto cuando iban a la ciudad. Recordaba el río, prados secos de otoño calentados por el sol. Añoraba su hogar.

Era consciente de su situación. ¿He sido libre sólo ese breve lapso?, pensaba. Al mirar atrás le parecía engañosamente dulce. Su vida estaba circundada por muros antiguos, familias con las que no estaba emparentado, hábitos que nunca cambiarían. En el reducido espacio de la casa, en las calles angostas, los defectos de Lia parecían saltar a la vista, ponerse de manifiesto: su nerviosismo, su falta de independencia, su insistencia en que la amaran. Viri aprendió que ella no sabía divertirse sola, que estaba perdida sin él.

—Te quiero —explicaba—. Quiero estar cerca de ti, *amore*. No me abandones, no me tengas ansiosa.

Él no podía desengañarla. Veía en su ojos la seriedad con que ella lo decía. Su devoción, demasiado fuerte, tenía un sello patético.

Fueron en coche a comer al campo, a un lugar sencillo llamado Montarozzo. Era un día templado, como el primero de una convalecencia. Lia llevaba una falda azul marino y una blusa sin mangas. Había niñas jugando en los campos, vestidas de primera comunión, blancas al sol, mientras sus familias comían. Había vías de tren más alla. De vez en cuando, atrayendo las miradas, pasaba un gran expreso.

Como de costumbre, Lia comía poco, él se había habituado. Había llegado finalmente a una profunda veta de entendimiento. No estaba de viaje, iba a pasarse la vida allí, a vivir aquella vida y ninguna otra. Paciencia, se decía; se ensanchará. El pan era delicioso. Untaba pedazos en el vino, como un campesino. Aquel era el mar de Lia, aquel sol que los bañaba a través de las hojas de parra. Ella brillaba en él; tenía el pelo corto y reluciente, había perdido la timidez. Los tenues cercos debajo de los ojos, azules, duraderos, le prestaban un aire sensual. Era como una refugiada, una mujer que ha visto pasar a ejércitos, destrucción, absurdidad. Había sobrevivido a todo aquello, estaba indemne.

—Eres un arquitecto muy bueno. Sabes que te respetan mucho.

—¿De veras?

—Te aprecian mucho.

Él sonrió vagamente, pero estaba complacido.

—Sería curioso, ¿no crees?, que aquí consiguiera hacer algo después de haber fracasado en América.

—No. Tu llegada estaba predestinada.

—Supongo.

—Para descubrirme —dijo ella.

—Para descubrirte...

—Sí, como a una seta. Apartaste las hojas y allí estaba yo. —Hablaba con calma, sumisa—. Tienes el olfato de esos cerdos que buscan las trufas, *amore.*

—¿Tú crees?

—Tienes intuición —dijo ella—. Muy fuerte, muy desarrollada. Me interesan esas cosas, ya sabes, las estudio. A la larga me convertiré en una mística —confesó—. Cuando llegue el momento. Cuando me hayan abandonado los últimos apetitos carnales —añadió, con una ligera sonrisa.

Visitaba a menudo a una vidente que vivía rodeada de animales. Viri la acompañó. Era en un barrio residencial, en un edificio como otro cualquiera, moderno y frío. El apartamento estaba lleno de plantas, pájaros, cuadros estrafalarios, peceras. Había otras visitas: parejas que querían tener hijos, mujeres con hijos enfermos. La *signora* Clara los tocaba. Les hablaba con la voz de alguien que se debate, lejos. El débil borboteo de los ventiladores se alzaba detrás de ella. A Viri le dijo:

—Venga a ver esto. ¿Habla italiano?

Estaban delante del agua borrosa, perlada de un reguero de burbujas. Ella llevaba pantuflas de felpa y un jersey desabrochado.

—Éstos son mis hijos —dijo.

Los peces gravitaban en la sombra luminosa, y sus movimientos eran extrañamente bruscos. Dio un golpecito contra el cristal.

—Vamos, niños, vamos —dijo y, metiendo la mano lentamente en la pecera, cogió un pez en la palma y lo sacó del agua. Lo mantuvo inmóvil en su mano mojada—. Toda la vida es igual —dijo.

Vivía con su sirvienta. Tenía marido y familia, dijo Lia, pero los había dejado para consagrarse a su trabajo.

Dentro de usted hay dos semillas, le dijo a Viri: una viva y otra muerta. Usted ama más a la muerta. Él no supo qué había querido decir.

—Cura a la gente —dijo Lia—. Lo sabe todo.

—Me ha parecido fría —contestó Viri—. Muy distante.

—Sí, es fría. Entenderlo todo es no amar nada —recitó Lia.

Le preparaba el té, le mantenía la ropa en orden, le llenaba la bañera. Los estantes del botiquín estaban repletos de sus cremas y lociones. En el patio al que daban las ventanas del baño nunca había el menor cambio. Atardecía. Cuando él salió, ella estaba acostada, con su piel aceitunada desnuda, enjuta como una línea. Viri se cepillaba los dientes con pasta dentífrica italiana, comía comida italiana, se perdía días tras día en las calles vetustas, en las multitudes de rostro atezado. Subía a los grandes autobuses verdes, con sus números de plata, y pasaba por delante, fijándose cada vez menos, de las columnas erosionadas, las llorosas estatuas, negras. Se extraviaba entre ellos, pasajeros, públicos, muchedumbres, condenado al igual que ellos a los más humildes actos cotidianos. Doblaba esquinas a la luz del sol, desaparecía bajo la sombra de toldos que anunciaban TRATTORIA, se demoraba ante librerías.

Había horas entre la tarde y la noche en que lloraba amargamente por sus hijas. Les escribía cartas febriles que apenas conseguía terminar, y se le representaban los rostros de ellas, los días pasados juntos. Sus manos eran como las de un enfermo. «Sed generosas —escribió—, conoced lo que significa la alegría, mi amor os acompaña durante toda la vida.»

Era amable, sereno. Iban de una comida a otra y de un sitio a otro, almuerzos que se volvían silenciosos sobre las tazas vacías.

—¿*Kari kiri*? —sugería ella, solemnemente, empuñando el cuchillo.

Él logró sonreír.

—Ten paciencia conmigo —le dijo. No pensaba en otra cosa.

Y por la noche, tarde, ella le hablaba. Lo despertaba, si era necesario, y él la escuchaba.

—Sí —decía Lia—, estás asustado. Sé que estás asustado. Conozco tus costumbres, conozco tus pensamientos. Te has casado conmigo por mi bien, pero no por el tuyo... todavía no. Eso llegará. Oh, sí. Llegará porque esperaré. Soy una cornucopia. Desbordo. No soy dulce, no, no de la manera en que algo sabe al principio. Pero las cosas dulces se olvidan enseguida, las cosas dulces son débiles. Tengo paciencia para esperar, sí, todo el tiempo que sea necesario. Esperaré un mes, un año, cinco, me sentaré a jugar como una viuda una especie de *napoleone*, porque lentamente, poco a poco, te esclavizaré. Lo haré cuando llegue el momento, cuando sepa que ha llegado y que puedo hacerlo. Hasta entonces estaré sentada a tu mesa, acostada a tu lado como una concubina... sí, me entregaré a ti del modo que tú quieras, haré una batida de tus fantasías, las saquearé y guardaré los pedazos para hipnotizarte con ellos. Diré: «Esas cosas que sueñas yo las haré reales.» Seré tu muchacha árabe, te serviré desnuda, sí, te sostendré la comida entre mis dientes, seré tu hija, seré tu puta. No te creerías lo que sé, no, nunca, lo que he imaginado. *Amore*, el secreto consiste en tener el valor de vivir. Si lo tienes, tarde o temprano todo cambiará.

Él se levantó y fue a refugiarse en el cuarto de baño. La intensidad, la soledad de la voz de Lia lo agobiaban. Vio en el espejo a un hombre con la cara pálida de quien acaba de despertarse. Su aspecto le pareció mortal, débil. Vio claramente que algo impensable comenzaba ya a expresarse: iba a transformarse en un viejo. No se lo creía, tenía que impedirlo, no podía permitirlo; pero, al mismo tiempo, aquello constituía el sentido de toda su vida.

Ella estaba llamando a la puerta.

—¿Estás bien, *amore*?

—Sí. —Abrió la puerta. Lia se había puesto la bata—. Sí, estoy bien.

—Ven —dijo ella—. Voy a prepararte un té.

Progresaba despacio, como el decurso de los días, pero llegó el momento en que ya no notaba la frialdad de los suelos de terrazo, el timbre estridente del teléfono, los grifos por los que el agua salía sin fuerza, como en mitad de una sequía. Tras una depresión interminable, noches de insomnio, conciencia de que la vida que había emprendido era una calamidad sin esperanza, lentamente llegó a la lucidez, incluso al sosiego. Fue capaz de leer y pensar. Los días amanecían en silencio. Lo he superado, pensó. Como el superviviente de un naufragio, hizo un balance personal. Se tocó los miembros, la cara, e inició el proceso esencial de olvidar lo que había ocurrido.

Atravesaba un período de conformidad con la vida cotidiana, un período de paz. Miraba alrededor con gratitud. Lo que veía no era para él totalmente real, era como un paisaje que se contempla desde un tren, en parte vívido, desfilando, y en parte vacío.

8

En el buzón había un sobre escrito con la letra clara que reconoció al instante. Lo abrió en el pasillo y empezó a leer, con el corazón acelerado. «Queridísimo Viri...» Qué instantáneamente ella le hablaba a través de la distancia, a través de todo. Sus ojos devoraron las líneas. Siempre esperaba que Nedra le dijera que se había equivocado, que había cambiado de opinión. No había un solo día, una sola hora en que su reacción inmediata e indefensa no hubiese sido la capitulación. Era como esos veteranos, jubilados hace mucho tiempo, a quienes un día llaman a filas; nada puede retenerlos, su corazón resucita, dejan sus herramientas, abandonan su casa y sus tierras y acuden a la llamada.

Nedra le pedía prestados diez mil dólares; los necesitaba, dijo: «Ya sabes cómo es la vida.» Prometía devolvérselos.

Diez mil dólares. No se atrevió a decírselo a Lia; sabía lo que diría. La venalidad de la vida italiana, su rigidez, lo impregnaba todo. La mujer que limpiaba el apartamento ganaba veinte mil liras a la semana, menos incluso que el precio de un par de zapatos en la via Veneto. ¿Cómo iba a decírselo? Roma era una ciudad meridional, una capital trazada sobre los ejes de hierro del dinero y la riqueza, los bancos eran como depósitos de cadáveres. Los italianos enseñaban los dientes ante el dinero, los mostraban como perros.

Lia leyó la carta. Guardó silencio, fría.

—No —dijo al cabo—. No puedes. ¿Para qué necesita dinero?

—Nunca me ha pedido nada.

—Te ordeñará. Le importa un bledo el dinero, tú me lo dijiste, lo gasta a manos llenas. Si se lo das ahora, al cabo de seis meses te pedirá más.

—Ella no es así.

Sabía que no podía explicarlo, no a aquella mujer súbitamente suspicaz, alerta. Era menuda, era firme, conocía el lenguaje, la maquinaria de este mundo.

Esa noche, en la cena, Lia abordó de nuevo el asunto. Se cernía en el aire el sonido desolado de los tenedores.

—*Amore*, quiero pedirte una cosa.

Él sabía lo que iba a decirle.

—Sí, claro, desde luego —accedió.

Ella parecía abatida, dominada, como si aceptara la presencia de aquella otra mujer.

—No se lo mandes —suplicó.

—Lia, ¿por qué?

—No se lo mandes.

—De acuerdo —dijo él.

—Créeme, *amore*. Yo sé.

Era la guardiana de un conocimiento amargo.

—Pero la cuestión es —dijo él, sin alterarse— que no sabes.

Se hizo un silencio. Ella llevó los platos a la cocina. Volvió.

—¿Has oído hablar de Paul Malex? —preguntó.

—No.

—Paul Malex es un escritor, es la inteligencia de Europa. ¿Nunca has oído hablar de él?

—Creo que no.

—Entonces créeme, es un pozo de ciencia, de perspicacia; nadie le llega a la suela del zapato. Lee de corrido griego y árabe. Se mueve a sus anchas en los grupos más cultivados de Europa.

—¿Qué tiene eso que ver con...?

—Malex ha buceado por debajo del plancton. Ha llegado a un nivel profundo de la mente, como la profundidad del mar donde se alimentan las ballenas. Debajo de eso está la oscuridad, el frío, criaturas con dientes enormes que se devoran entre ellas, muerte. Él ha llegado hasta ahí. Lo hace a voluntad. Percibe estructuras en ese nivel, las estructuras básicas de la vida.

Viri había perdido el hilo.

—¿De qué estás hablando? —preguntó.

—Estoy diciendo que en Europa sabemos ciertas cosas. Se han demostrado una y otra vez. Esta ciudad tiene casi tres mil años. Ya verás.

La carta descansaba en la superficie de cristal pardo de una cómoda del dormitorio, y sus palabras eran invisibles en la oscuridad. Habían sido escritas rápidamente, como escribía Nedra, con largas frases sin pausa, palabras que, como un insulto o un juicio certero, había que releer, uno no las recordaba exactamente, eran como su autora, instintivas, chispeantes, como un pez que uno vislumbra en el mar.

> ... sabes lo que detesto revolver en las cosas del pasado, pero ojalá hubiésemos comprado una casita cerca de Amagansett. O una casa o cinco hectáreas de terreno. Marina me dijo lo que pedían ahora por un terreno y me costó creerlo. Supongo que no lo hicimos por la misma razón de siempre: no teníamos dinero. Estoy haciendo ahora cosas interesantes, cosas que siempre he querido hacer. Trabajo a tiempo parcial para una florista, es un empleo ideal para mí, como ir a una casa a la que

le tengo un especial cariño. Poquísimas flores, en realidad. Sobre todo plantas. No suena muy grandioso ahora que lo escribo —una florista—, pero puede que lo deje y que haga otra cosa. Viri, hay un gran favor que podrías hacerme, y quiero pedírtelo sin un montón de explicaciones...

Esas palabras estuvieron plegadas toda la noche. Habían llegado a Roma como tantas otras llamadas y ahora estaban esperando, se habían unido al mundo en que todo espera, intemporal, desesperado. Pero eran peligrosas. Yacían entre botellas de cristal, billetes de liras raídos, un peine, una pluma de oro. Seguían allí al alba.

Lia, desnuda, se arrodilló a la altura de la cintura de Viri. La luz matutina bañaba la habitación, él estaba aún medio dormido. Le estaba desabrochando los botones blancos y gastados del pijama, y sus dedos fríos no titubeaban, los movía con calma y aplomo, como la mujer árabe que había jurado ser. Él tenía la cabeza recostada hacia un lado y los ojos cerrados.

—Mírame —ordenó ella.

Era morena, como una chica de la calle, y la brillante luz de la mañana le iluminaba un costado.

—Mírame —dijo.

Era la cuchilla de una luz angelical, tenía los brazos enjutos y los pechos como una muchacha de dieciséis años.

Vaciló. Sus movimientos eran lentos y ensoñados, se sostenía el cuerpo con las manos cerca de los muslos. La carta era su auditorio, actuaba para ella como si tuviera ojos, como si fuera un niño pobre y desvalido a quien ella demostraba su desvergüenza y su poder. Su voz, al encorvarse, era desigual.

—Sí —susurró—. Seré tu puta.

Él tenía la cabeza recostada, como cortada, entre las almohadas. Viri tenía el pensamiento revuelto.

—Todo —juró ella.

Después se bajó de la cama. Actuaba con premeditación, sin prisas, su número no había acabado todavía. Cerró la puerta del cuarto de baño. Él permaneció acostado en la habitación cada vez más silenciosa, cuyas paredes y techo se desvanecían, igual que aguas plateadas tras el salto de un pez grande. Era testigo de aquel escenario perdurable, de aquel mundo de recuerdos en oposición al de la carne, y sus pensamientos evocaban, irresistibles, todo lo que le habían rogado que olvidase: a Nedra, cuya vida proseguía a pesar de la carta, cuya vida aún dimanaba fuerza, y en pos de quien —incluso antes de que hubiesen sido marido y mujer, antes, durante y después— siempre había viajado. Y luego pensaba en su rival, que le inspiraba miedo. Era demasiado tímido, demasiado indulgente, jamás conquistaría a aquellas mujeres con sus necesidades y su seguridad en sí mismas, su egoísmo deslumbrante, sus sonrisas. Estaba inerme ante ellas; las sentía próximas, sí, enormemente próximas, hasta semejantes, pero al mismo tiempo totalmente distintas y solas, como un recluta cojo en los cuarteles.

Yacía solo entre las sábanas de la cama todavía caliente. Se había subido las mantas hasta la cintura, notaba algo mojado, denso y frío debajo de una pierna; solo en aquella ciudad, solo en aquel mar. Los días se desperdigaban alrededor, estaba ebrio de días. No había logrado nada. Tenía su vida —no valía gran cosa—, que no era como una que, aunque consumada, hubiese sido realmente notable. Si hubiese tenido el valor, pensó, si hubiese tenido fe. Nos protegemos como si eso fuera importante, y siempre lo hacemos a expensas de otros. Nos acaparamos. Triunfamos si ellos fracasan, somos sabios si ellos son necios, y seguimos adelante, aferrados, hasta que no queda nadie, hasta que no nos queda más compañía que Dios. En quien no creemos. De quien sabemos que no existe.

9

Los últimos pasos de la muerte son veloces, apresurados.

Nedra estaba enferma. No lo admitía, salvo que de pronto se sintió incómoda en la ciudad. Quería respirar aire puro, quería lo invisible. Como esas criaturas anádromas que se mueven sin conocer su destino final, que de algún modo, atravesando distancias increíbles, hallan el camino hasta su hogar, ella fue a Amagansett —era a principios de primavera— y alquiló una casita que había sido antaño el cobertizo de una granja. Había algunos manzanos, secos desde hacía tiempo. Los tablones del suelo estaban bruñidos por el uso. En el pueblo y los campos reinaba un vacío silencioso. Allí asentó su *ashram*, bajo los cielos abiertos, junto a fuegos ocasionales, cerca del borde en forma de dedo del continente.

Tenía cuarenta y siete años, el cabello hermoso y abundante y las manos fuertes. Parecía que todo lo que había conocido y leído, sus hijas, sus amistades, cosas que en algún momento habían sido dispares y discrepantes, se había aquietado por fin y hallado su sitio en su interior. La embargaba un sentimiento de cosecha, de abundancia. No tenía nada por hacer y esperaba.

Despertó en el silencio de un dormitorio aún frío y oscuro. No tenía sueño, se daba cuenta de que la noche ya había pasado. Un viento inaudible removía las ramas pequeñas y nudosas de los manzanos. El sol no había salido. El cielo, hacia el oeste, era azulísimo, con nubes que casi brillaban demasiado y eran excesivamente espesas. En el este era casi blanco.

Tenía el cuerpo y la mente descansados y en paz. Se estaban preparando para una transformación definitiva que Nedra solamente adivinaba.

En Roma, la mujer de la limpieza de Lia estaba llorando. Tenía ochenta años. Era lenta pero todavía apta para el trabajo. Tenía las manos entumecidas por la edad.

—¿Qué tiene? —le preguntó Lia—. ¿Qué le pasa?

La anciana siguió llorando desconsoladamente. Su cuerpo sollozaba.

—¿*Ma come,* Assunta?

—*Signora* —gimió ella—, no quiero morir.

Estaba sentada en una silla de la cocina, acongojada.

—¿Morir? ¿Está enferma?

—No, no. —Su cara ajada y suplicante era la de una niña vieja—. No estoy enferma.

—¿Pues a qué viene eso?

—Es que tengo miedo.

—Oh, vamos —dijo suavemente Lia—. Venga, no se apene. No sea tonta. —Tomó la mano de la anciana—. Todo irá bien, no se preocupe.

—*Signora...*

—Sí.

—¿Usted cree que después hay algo?

—Assunta, no llore.

Qué conmovedores son los viejos, pensó. Qué sinceros son, qué desprovistos de engaños y orgullo.

—Tengo miedo.

—Le diré cómo es —le dijo Lia para calmarla—. Es como estar cansada, muy, muy cansada, y quedarse dormida.

—¿Usted cree?

—Un sueño hermoso —dijo ella—. Un sueño que sólo merecen los que han trabajado mucho, y que no se acaba.

La consolaba con el calor y la fuerza de quienes no tienen nada que perder. Para ella era inimaginable el final de su propia vida. Tenía decenios por delante, viajes a París en diciembre con su marido, cenas en hotelitos cerca de la place Vendôme, con las luces y los adornos navideños en la calle y ostras —sus primeras ostras— en la tarde fría, las mitades de limón ante ellos, los cuadraditos de pan.

—Un sueño delicioso —dijo.

La anciana se secó los ojos. Ahora estaba más tranquila.

—Sí —asintió—. Sí, eso es.

—Por supuesto.

—Pero... —dijo Assunta— qué bonito es despertar por la mañana y tomar un café recién hecho...

—Sí.

—Huele tan bien.

—Pobre mujer —dijo Viri más tarde.

—Le he dado algo de vino —dijo Lia.

—¿Tiene familia?

—No, todos han muerto.

Aquel verano, Franca fue a visitar a su madre una vez más. Se sentaron debajo de los árboles. Nedra tenía dinero, había comprado un vino de marca.

—¿Te acuerdas de *Ursula*? —preguntó.

—¿El poni? Sí.

—Era ingobernable. Yo quería venderla, pero tu padre no lo consintió.

—Lo sé. La quería muchísimo.

—La quería en determinados momentos. ¿Te acuerdas de Leslie, de Leslie Dahlander?

—Pobre Leslie.

—Es extraño. He pensado en ella últimamente —dijo Nedra.

—Pero no la conocías muy bien.

—No, pero conocí aquellos años.

Miró a su hija y la invadió un sentimiento de envidia y felicidad, una ráfaga tan densa como el aire. Hablaron de la casa, de los días pasados, y las horas se tendían junto a ellas como un arroyo que apenas se moviese. Todo alrededor se extendía el vasto terreno de la granja, estremecido a causa del mar oculto. Había conejos comiendo en los campos polvorientos, había aves marinas en la orilla. Todo aquello se esfumaría, pasaría a pertenecer a dueños de caniches, como había dicho Arnaud. Su ubicación recóndita lo había salvado, pero ahora las granjas se fundían como hielo en la primavera; se estaban desmenuzando, deshaciendo para siempre. Todo aquel confín lejano, aquella comarca yerma desaparecería. Vivimos demasiado tiempo, pensó Nedra.

—¿Te acuerdas de Kate? —preguntó Franca.

—Sí. ¿Qué ha sido de ella?

—Tiene tres hijos.

—Era tan delgada... Era casi un chico, un chico guapo y perverso.

—Vive en Poughkeepsie.

—Exiliada.

—Su padre es famoso —dijo Franca—. ¿Has visto el artículo?

Entró en la casa a buscar el ejemplar de *Bazaar.*

—Leí algo —recordó Nedra.

Franca estaba pasando las páginas.

—Ten —dijo. Se lo tendió. Era un texto largo—. Hizo una exposición en el Whitney.

—Sí, ya recuerdo.

La miró fijamente una cara ancha, gris, de poros visibles en la nariz y barbilla. Era como si estuviese mirando una especie de pasaporte, el único que importaba.

—Realmente es un pintor muy bueno —dijo Franca.

—Tiene que serlo. Aquí mismo está con las condesas francesas.

—Te estás burlando de él.

—No, no me burlo. Bueno, adiós, Robert. —Pasó la página y encontró fotos vívidas y verdes de las Bahamas, verde y azul, muchachas largas y bronceadas, con caftanes y sombreros blancos.

—Sólo que es difícil creer en la grandeza —dijo—. Sobre todo en la de los amigos.

Tendidas al sol sagrado que las envolvía, los pájaros las sobrevolaban, la arena les caldeaba los tobillos y las pantorrillas. Ella también, como Marcel-Maas, había llegado. Había llegado por fin. Una voz de enfermedad le había hablado. Como la voz de Dios, Nedra no conocía su fuente, sólo sabía lo que le estaba ofreciendo, que era degustarlo todo, verlo todo con una última y larga mirada. Había alcanzado el sosiego, la calma de un gran viaje acabado.

—Léeme —pedía.

En la alta hierba parda de las dunas, sentada en un diván que dominaba el mar, abrazándose las piernas, escuchaba a Franca leyendo, como Viri había leído tantas veces para sus hijas y también para ella. Era la vida de Tolstói escrita por Troyat, un libro como la Biblia, tan rico en sucesos, en tristeza, en despedidas, tan lleno de luchas que en cada página resurgía la fuerza. Los capítulos se fundían con tu piel, se apropiaban de ti; las tribulaciones te purificaban. Al calor, resguardada del viento, escuchaba la voz clara de Franca describiendo el paisaje de Rusia, prosiguiendo la lectura hasta cansarse finalmente y detenerse. Guardaron silencio, como leonas en la hierba seca, poderosas, saciadas.

—Es bueno, ¿verdad? —preguntó su hija.

—Cuánto te quiero, Franca —dijo Nedra.

De todos ellos, aquél era el auténtico amor. De todos ellos, era el mejor. El otro, aquel suntuoso amor que te embriagaba, que uno anhelaba, envidiaba y en el cual creía, aquel amor no era la vida. Era lo que la vida buscaba; era una suspensión de la vida. Pero estar próximo a un hijo, por quien uno lo daba todo, cuya vida estaba protegida y nutrida por la tuya propia, tener a ese hijo a tu lado era la alegría verdadera, la más profunda, la única.

Descalzas a lo largo de la orilla susurrante, a veces tocándose, cadera con cadera, en el interior sombreado de automóviles, entrando en tiendas, había parejas abismadas en sí mismas, henchidas de la satisfacción de poseer, lastrados por ella, rebosantes. Ella las vio pasar por delante insulsamente, como un peregrino ve a las almas ordinarias. No le interesaban. Eran mustias, translúcidas como pétalos. Aún no les había llegado su hora. Había perdido por completo el conocimiento que antiguamente pensaba que habría de conservar siempre: el gusto, la exaltación de los días que el amor volvía luminosos; con eso lo tenías todo.

—Es una ilusión —dijo.

Sus pensamientos se remontaron atrás, profundamente clementes, afectivos. Había cosas que casi había olvidado, que nunca había dicho. Acudían a su mente inesperadamente, quizá por última vez.

—Tu abuelo —dijo—, mi padre, estuvo en la marina, ¿lo sabías? Fue campeón de boxeo de su barco. Contaba historias de eso. Cuando yo era una niña, lo recuerdo boxeando, reviviendo el combate. Lo ganó, ¿sabes? Estaba el almirante, y todos sus compañeros. Y al otro lado del ring, con la cara reluciente y los dientes de oro, el cubano...

—Nunca me lo has contado.

—A mí me encantaban esas historias. Supongo que él quería un varón. Cuando yo tenía unos doce años, cuando estaba clarísimo que era una chica, entonces dejó de hacerlo. Era un hombre difícil. No era fácil de conocer. ¿Sabes?, lo más extraño es que lo supe por casualidad: la madre de Eve y la mía están enterradas en el mismo cementerio de Maryland. Es un cementerio muy pequeño. En pleno campo.

»Ella era de allí. Conoció a mi padre en un picnic. Hace tantos años. Y ahora están muertos. La familia de mi madre eran tenderos. Procedían de Virginia. Ella tenía dos hermanas y un hermano, pero el hermano murió cuando era niño. Era el predilecto. Se llamaba Waddy.

—Me hubiera gustado conocerla.

—Tenía unas manos preciosas. Creo que echaba de menos Maryland. No era una mujer muy fuerte.

—¿Cuál era su apellido de soltera?

—McRae.

—Sí, McRae.

—Ninguno de ellos tenía dinero —dijo Nedra—. Ésa es la pena. Honrados, sí, pero no se puede vivir de la honra.

—O sea que tengo sangre escocesa.

—Sobre todo rusa, creo. Te pareces muchísimo a tu padre.

—¿Lo dices en serio?

—Sí, y es bueno.

—¿Por qué?

—Déjame que te mire. Bueno —dijo—, porque hay algo insondable ahí. —Extendió la mano para tocar la mejilla de Franca—. Sí —dijo—. Insondable y divino.

Ella le cogió la mano y se la besó.

—Mamá... —empezó. Estaba al borde de las lágrimas.

—¿Sabes?, me alegro tanto de que hayas podido venir este año... —dijo Nedra—. Sigo pensando que no vendremos aquí muchas más veces, tendremos que encontrar otro sitio. Deberíamos salir a cenar de vez en cuando. Catherine dice que hay un restaurante griego que llevan dos hermanos y que no está mal. Podemos tomar *musaka*. La probé en Londres. Hay un restaurante maravilloso allí. Iremos algún día.

—Sí.

Estaba acariciando el pelo de su hija.

—Me gustaría —dijo Franca.

10

Murió como su padre, de repente, en otoño de aquel año. Como si abandonase un concierto durante un fragmento que amaba, como si capitulase una hora antes de la luz. O eso pareció. A Nedra le encantaba el otoño, era una criatura de los días azules y diáfanos, en que el sol al mediodía calentaba tanto como el sol africano y el frío de las noches era inmenso y claro. Como sonriendo y actuando rápidamente, como si partiese hacia un país, una habitación, un atardecer más hermosos que los nuestros.

Murió como su padre. Se encontró mal. Dolores abdominales. En un primer momento, no acertaron a diagnosticarle nada. Los rayos X no detectaron nada, tampoco los numerosos análisis de sangre. Las hojas de los árboles habían caído, como quien dice, en una sola noche. La prodigiosa arboleda del pueblo se desprendió de ellas velozmente; cayeron como lluvia. Se extendían como regueros de agua a lo largo de la carretera melancólica. Con el cambio de estaciones aquellos grandes árboles reverdecerían. Las ramas muertas serían podadas y las otras volverían a cubrirse enseguida. Además de su belleza, del techo que formaban bajo el cielo, de sus susurros, sus sonidos lentos e inarticulados, las riquezas que vertían, además de todo esto, servirían de medida para todas las cosas, una medida exacta, tranquilizadora, sabia. No vivimos tanto tiempo, no sabemos tanto.

Se habían desprendido de sus hojas como en duelo por Nedra, como si llorasen a una reina arbórea.

Entre quienes asistieron al entierro, Franca acudió sola. No estaba casada. Su cara y sus manos parecían desnudas, como depuradas. Era un ser sobrenatural, pálido, y su rostro era el vivo retrato de la difunta pero más hermoso, más de lo que su madre lo había sido nunca. El presente es poderoso. Los recuerdos se marchitan.

Danny llevó a sus hijas, dos niñas de dos y cuatro años que apenas habían conocido a su abuela. ¡Su abuela! Parecía increíble. Tenían facciones límpidas y un carácter sereno, aunque la mayor habló en voz alta durante la ceremonia como si no hubiese nadie más presente. Dos hermanas, una junto a la otra, que, aunque lo ignorasen, habrían de conocer otro siglo, el milenio. Tal vez leerían en voz alta como Viri había hecho en aquellas largas veladas de invierno y aquellos veranos ociosos en que, en una casa a la orilla del mar, se diría que la familia que él había creado duraría para siempre. Sin duda serían apasionadas y altas y algún día organizarían para sus hijos —no hay garantía al respecto, nos lo imaginamos, no podemos hacer otra cosa— fiestas de cumpleaños espléndidas, con tartas llenas de velas, concursos, juegos de adivinanzas, no demasiados invitados, seis u ocho, en una habitación que da a un jardín, desde lejos se oyen las risas, las puertas se abren de repente y salen corriendo a la tarde larga y agradable.

Había tantas cosas que uno hubiera querido preguntarle a Nedra. Ya no había respuestas. Quisieron que reposara en el pequeño cementerio de la carretera, cerca de la casa de los Daro. Puede que incluso ella hubiese hablado de eso alguna noche en que había bebido, pero no pudo ser. La misma Nedra podría haberlo arreglado, pero Franca lo intentó en vano. Le dijeron que había pocos terrenos, un consejo de administración decidía sobre esas cosas; ¿vivía la familia en la ciudad? Cuanto más difícil era obtener una parcela, más se convirtía en la única opción. Querían que yaciera aparte de los muertos ordinarios. No querían igualdad; Nedra jamás había creído en ella, ni por un momento.

Eve asistió a la ceremonia. Las muñecas huesudas que asomaban por debajo de las mangas de su chaqueta le daban un aspecto demacrado. Sus manos de dedos largos y delgados eran como las de una mujer en una granja cuya hipoteca se ha ejecutado. Su chaqueta era de paño, su sombrero, de paja oscura. Como siempre, había algo conmovedoramente vulgar en ella. Era la clase de mujer que podía decir con toda calma: «¿Qué sabes tú realmente de eso?», y por su cara uno veía que sí, que comparado con ella, uno no sabía nada. Estuvo impasible. Cuando bajaron el féretro, de pronto pareció que tosía, que agachaba la cabeza como si se ahogase. Tenía la cara bañada en lágrimas.

—Tus hijas son preciosas, Danny —dijo Eve cuando terminó el entierro. Se las presentaron. Ella se quitó una sortija del dedo y la pulsera de su muñeca y se las dio a las niñas—. Tomad. No os regalé nada cuando os bautizaron. Pero seguramente no os han bautizado, ¿verdad?

—No —respondió Danny.

—No importa. Había que regalaros algo. Es una sortija muy bonita —le dijo a la niña mayor—. No la perderás, ¿verdad? Hubo un tiempo en que hubiera dado cualquier cosa por esta sortija.

Artis, que era la pequeña, había dejado caer la pulsera. Danny la recogió del suelo.

—Sujétala fuerte —le ordenó.

—Es de oro antiguo —dijo Eve.

Hubo una breve reunión en casa de Catherine Daro. Los familiares se despidieron de todos, recibieron los murmullos de pésame, se quedaron un rato y finalmente regresaron a la ciudad en un automóvil alquilado. Las niñas se habían dormido. El sol calentaba mucho. Al principio no hubo nada que decir. Atravesaron en silencio los campos desiertos, y el calor intempestivo y postrero del año las recorría desde el brazo hasta el regazo.

—Ahí está la tienda con forma de pato —dijo Franca—. ¿Te acuerdas?

La vieron delante, donde la carretera trazaba una curva, la forma redonda y un tanto primitiva, con una puerta en su seno. Una reliquia de amor infantil, cuántas veces habían pasado por allí al anochecer, cuando una luz iluminaba la puerta.

—Papá la detestaba —dijo Danny.

—¿Te acuerdas?

—Era porque a nosotras nos encantaba. Queríamos vivir en una casa que tuviese la forma de una gallina gigantesca. Yo tendría mi cuarto en el pico. De acuerdo, dijo él. Pero recubierta de plumas de verdad, insistimos nosotras. Y entonces nos echamos a llorar. Llorábamos a gritos y al oír los de la otra gritábamos más fuerte.

Franca asintió.

—¿Por qué no lo hacemos ahora? —murmuró.

—Porque ahora no es de mentira.

—No.

Eve callaba en su asiento, a solas consigo misma, y las lágrimas rodaban por sus mejillas lisas.

El coche, que tenía ventanillas ahumadas, recorría las carreteras, la tierra desnuda y sin cultivar a los dos lados, los puestos de fruta con sus letreros pintados a mano, las casas feas. Una hora después, entraban en el espesor de edificios, la tarde era todavía calurosa, y rodaban entre apartamentos, comercios, calzadas sembradas de basura, en el centro de la vida, en el hormigueo.

11

Cuando Viri regresó era primavera. Salió de Nueva York en coche un día caluroso. Había vuelto solo. Había quietud y silencio en el aire, lleno de una especie de temor, el miedo a ver de nuevo cosas demasiado intensas para él. Se detuvo en un paraje sobre los acantilados encima del río y se asomó a verlo. La altura le dio un extraño vértigo. Abajo, a centenares de metros, había escombros glaciales al pie de las paredes verticales. El río amplio y sucio brillaba bajo el sol. En la ribera de enfrente, las casas interminables; casi alcanzaba a oler sus habitaciones silenciosas, la cálida comida en el interior, los manteles, las alfombras. Las radios sonaban bajo, los perros estaban tumbados en recuadros de sol. Se había desgajado de todo aquello, lo miraba con cierta indiferencia, incluso con odio. ¿Por qué lo hería tanto lo que había rechazado? ¿Por qué le dedicaba siquiera desdén?

Miró abajo una vez más, en una secuencia de pensamientos lentos. La idea de una caída le pareció horrible, pero en aquel instante tuvo la sensación de que todo lo que había sucedido antes, su vida entera, no era en cierto modo más amplia que el tiempo que tardaría en caer por los aires.

Había sólo otros dos coches aparcados, los dos vacíos cuando se marchó. No vio adónde habían ido sus ocupantes. Tenía miedo de encontrarse con alguien, incluso de que le sonriera un desconocido. Los cubos de basura estaban vacíos, el puesto de refrescos estaba cerrado.

Lo que no había cambiado le resultó terrible, una gasolinera con sus edificios de madera, la tierra misma. Se le embotó la mente. Procuró no pensar en nada, no ver las cosas. Todo era una confirmación de que los días habían continuado su curso, de vida recobrada. La suya se componía de desesperación, vagabundeo.

Entró en los bosques verdeantes más allá de su casa. La vio brevemente a través de los árboles, silenciosa y extraña. Las hojas de alrededor, pálidas, estaban bañadas de sol. Hojas de vid caídas se le enredaron en los pies.

Vestía un traje gris comprado en Roma. Caminaba despacio. La humedad le oscureció las suelas de los zapatos. Los árboles, enormes, carecían de ramas inferiores. Se habían muerto y caído mientras las copas buscaban la luz. Húmedas, sepultadas, se quebraban bajo sus pies. Vio el banderín descolorido en el poste de un agrimensor; más allá, olvidado, un fuerte infantil. Cerca había un martillo oxidado, con el mango carcomido. A cada paso que daba crujían las ramitas y las ramas, desechos de años. Cogió el martillo y se partió el mango. Rompían el silencio gorjeos de pájaros. En el aire había moscas diminutas. Arriba, en lo alto del cielo, el estruendo de aviones con destino a Europa.

El fuerte se había derrumbado, los niños se habían ido. Se habían escondido en aquellos bosques, tumbado entre las pequeñas flores silvestres. *Hadji* había rodado en la nieve, se había bañado en ella, restregado el lomo, un animal fragante, de ojos oscuros como el café, de hocico risueño. Aquellas tardes que nunca se esfumarían: todas perecidas. Él, trasplantado. Sus hijas, lejos.

Anciano en los bosques, sus pensamientos se adelantaban tan aprisa como se habían remontado al ayer. Caminaba con pasos lentos y cautelosos, mirando al suelo. Entonces vio algo, abombado y portentoso. Se detuvo, incrédulo. No entendía cómo había eludido los coches, los ojos agudos de los niños, de los perros, pero lo había hecho. Era la tortuga. Ella no lo había visto a él, que la observó avanzar y escuchó el crujido de hojas que producían sus patas. Se agachó y la recogió. La cara del reptil, impasible, juiciosa, no reconoció nada; los ojos pálidos, brillantes como abalorios, parecían ansiosos de mirar a otro lado. Las patas potentes curvaban en vano sus zarpas sobre los dedos humanos. Finalmente se refugió en su concha, que portaba, tenue como algo escrito en una tabla, el garabato de las iniciales. Apenas logró descifrarlas. Se humedeció un dedo y frotó; misteriosamente se volvieron nítidas. Depositó la tortuga en el suelo, a desgana. La observó un rato. No se movía.

Parecía que los bosques estaban respirando, que lo habían reconocido, convertido en algo propio. Intuyó el cambio. Se conmovió, como con una gratitud profunda. La sangre le fluía a borbotones, directamente desde la cabeza.

Se encamina hacia el río, con pasos cuidadosos. El traje prieto le da mucho calor. Llega a la orilla del agua. El embarcadero, actualmente en desuso, tiene la pintura descascarillada y los tablones podridos, y sus postes empapados de verde. Aquí, en el gran río oscuro, aquí en la ribera.

Sucede en un instante. Todo es un largo día, una tarde interminable, los amigos se marchan, nos quedamos en la orilla.

Sí, pensó, estoy listo, siempre he estado preparado, por fin estoy dispuesto.